大数据与人工智能技术丛书

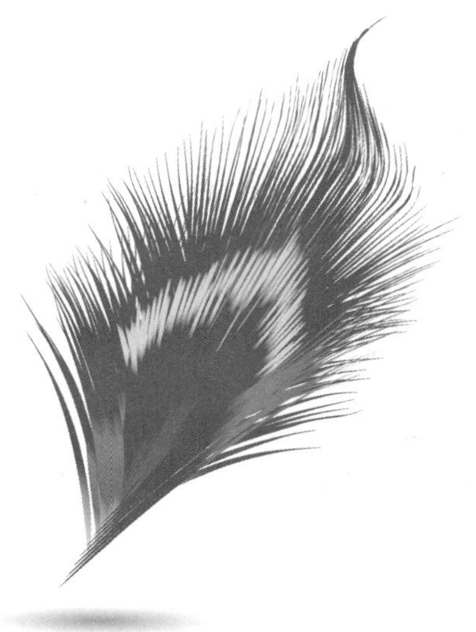

云计算导论

（第2版）

◎ 吕云翔 柏燕峥 许鸿智 张璐 王佳玮 编著

清华大学出版社
北京

内 容 简 介

本书从云计算最基本的概念开始，由浅入深地带领读者领会云计算的精髓，以梳理知识脉络和要点的方式带领读者进入云计算知识的殿堂。

本书的第 1 章和第 2 章为云计算的基础部分，介绍云计算的产生、发展以及基本概念；第 3～8 章为云计算的技术部分，介绍虚拟化、云安全、分布式文件系统、数据处理与并行编程技术、分布式存储系统等；第 9 章介绍当前一些热门的云计算的应用；第 10 章为综合实践，主要通过实验讲解主流公有云 AWS、国内比较有代表性的公有云"腾讯云"以及开源私有云 OpenStack 等的搭建。

本书既适合作为高等院校计算机相关专业的"计算机导论"课程的教材，也适合非计算机专业的学生及广大计算机爱好者阅读。

图书在版编目（CIP）数据

云计算导论/吕云翔等编著. —2 版. —北京：清华大学出版社，2020.3(2022.9重印)
（大数据与人工智能技术丛书）
ISBN 978-7-302-53690-1

Ⅰ. ①云…　Ⅱ. ①吕…　Ⅲ. ①云计算　Ⅳ. ①TP393.027

中国版本图书馆 CIP 数据核字(2019)第 183256 号

策划编辑：魏江江
责任编辑：王冰飞
封面设计：刘　键
责任校对：白　蕾
责任印制：朱雨萌

出版发行：清华大学出版社
网　　址：http://www.tup.com.cn，http://www.wqbook.com
地　　址：北京清华大学学研大厦 A 座　　**邮　　编**：100084
社 总 机：010-83470000　　**邮　　购**：010-62786544
投稿与读者服务：010-62776969，c-service@tup.tsinghua.edu.cn
质量反馈：010-62772015，zhiliang@tup.tsinghua.edu.cn
课件下载：http://www.tup.com.cn，010-83470236
印 装 者：定州启航印刷有限公司
经　　销：全国新华书店
开　　本：185mm×260mm　　**印　　张**：18.25　　**字　　数**：418 千字
版　　次：2017 年 2 月第 1 版　　2020 年 6 月第 2 版　　**印　　次**：2022年9月第8次印刷
印　　数：38301～42300
定　　价：49.80 元

产品编号：083675-01

前 言

本书第1版自2017年2月正式出版以来经过了几次印刷，许多高校将它作为“云计算导论”课程的教材，深受这些学校师生的喜爱，获得了良好的社会效益。从另外一个角度来看，编者有责任和义务维护好这本教材的质量，及时更新该教材的内容，做到与时俱进。

这些年来，云计算技术逐渐成熟并落地应用，一方面，围绕私有云建设，企业更多地将传统的数据中心建设为云数据中心，这就要求云数据中心可以兼顾传统数据中心的功能，提供标准、弹性、可伸缩、可计量的服务体系，这对管理的复杂性有了新的要求，同时随着一些新技术的成熟，这些新技术也更多地融入云数据中心的范畴；另一方面，公有云在国内市场的占有率进一步提高，用户也更多地喜欢和依赖基于公有云服务的资源供给。对于前一版涉及的一些内容，此次改版对内容及时做出更新，改动内容如下。

(1) 第2章增加了“分布式计算和云计算的区别与联系”，更新了“云交付模型”下“平台即服务”中的部分内容，删除了“虚拟机监控器”。

(2) 第3章更新了“云管理机制”中的大部分内容。

(3) 第4章更新了“网络虚拟化”中的内容。

(4) 第5章增加了“身份识别和访问管理”，以及“操作系统安全”和“操作审计”。

(5) 第10章增加了AWS、“腾讯云”和“Hadoop平台搭建与数据分析”等实验。

编者希望经过这样的修改之后，教师和学生能更喜欢这本书；也希望本书信息容量大、知识性强、面向云计算导论能力的全面培养和实际应用这些特点能够很好地延续下去。

本书提供教学大纲、教学课件、电子教案、习题答案等配套资源，扫描封底的课件二维码可以下载；本书还提供240分钟视频讲解，扫描书中相应位置的二维码可以在线观看、学习。

本书的编者为吕云翔、柏燕峥、许鸿智、张璐、王佳玮，曾洪立参加了部分内容的编写和素材整理以及配套资源的制作等，许清源、刘炜、曾俊豪对本书也提供了大力支持。

最后，请读者不吝赐教，提出宝贵的意见。

编　者

2020年3月

目录

第 1 章

云计算概论

本章介绍云计算的定义，旨在让读者对云计算有一个大体的了解，然后介绍云计算的产生背景，接着介绍云计算的发展历史。通过本章的学习，读者能够对云计算有一个初步的认识。

1.1 什么是云计算

云计算(Cloud Computing)是基于互联网的相关服务的增加、使用和交付模式，通常涉及通过互联网来提供动态、易扩展且经常是虚拟化的资源。云是网络、互联网的一种比喻说法。过去在图中往往用云来表示电信网，后来也用云表示互联网和底层基础设施的抽象。因此，云计算甚至可以让用户体验每秒 10 万亿次的运算能力，拥有这么强的计算能力，使得它可以模拟核爆炸、预测气候变化和市场发展趋势。用户可通过计算机、笔记本、手机等方式接入数据中心，按自己的需求进行运算。

对云计算的定义有多种说法。对于到底什么是云计算，至少可以找到 100 种解释。现阶段广为人们接受的是美国国家标准与技术研究院(NIST)的定义：云计算是一种按使用量付费的模式，这种模式提供可用的、便捷的、按需的网络访问，进入可配置的计算资源共享池(资源包括网络、服务器、存储、应用软件、服务)，这些资源能够被快速提供，只需投入很少的管理工作，或与服务供应商进行很少的交互。

1.2 云计算的产生背景

云计算是继 20 世纪 80 年代大型计算机到客户端-服务器大转变之后的又一种信息技术的巨变。

云计算是分布式计算(Distributed Computing)、并行计算(Parallel Computing)、效用计算(Utility Computing)、网络存储(Network Storage Technologies)、虚拟化(Virtualization)、负载均衡(Load Balance)、热备份冗余(High Available)等传统计算机和网络技术发展融合的产物。

1.3 云计算的发展历史

1983 年,太阳微系统公司(Sun Microsystems)提出“网络是电脑”的概念。2006 年 3 月,亚马逊公司(Amazon)推出弹性计算云(Elastic Compute Cloud,EC2)服务。

2006 年 8 月 9 日,Google 公司首席执行官埃里克·施密特(Eric Schmidt)在搜索引擎大会(SES San Jose 2006)上首次提出云计算的概念。Google 公司的“云端计算”源于 Google 工程师克里斯托弗·比希利亚所做的“Google 101”项目。

2007 年 10 月,Google 公司与 IBM 公司开始在美国大学校园(包括卡内基梅隆大学、麻省理工学院、斯坦福大学、加州大学柏克莱分校及马里兰大学等)推广云计算的计划,这项计划希望能降低分布式计算技术在学术研究方面的成本,并为这些大学提供相关的软/硬件设备及技术支持(包括数百台个人计算机及 BladeCenter 与 System x 服务器,这些计算平台将提供 1600 个处理器,支持 Linux、Xen、Hadoop 等开放源代码平台)。学生可以通过网络开发各项以大规模计算为基础的研究计划。

2008 年 1 月 30 日,Google 公司宣布在中国的台湾启动“云计算学术计划”,与台湾台大、交大等学校合作,将云计算技术推广到校园的学术研究中。

2008 年 2 月 1 日,IBM 公司宣布将在中国无锡的太湖新城科教产业园为中国的软件公司建立全球第一个云计算中心(Cloud Computing Center)。

2008 年 7 月 29 日,雅虎、惠普和英特尔公司宣布一项涵盖美国、德国和新加坡的联合研究计划,推进云计算的研究进程。该计划要与合作伙伴创建 6 个数据中心作为研究试验平台,每个数据中心配置 1400～4000 个处理器。这些合作伙伴包括新加坡资讯通信发展管理局、德国卡尔斯鲁厄大学的 Steinbuch 计算中心、美国伊利诺伊大学香槟分校、英特尔研究院、惠普实验室和雅虎。

2008 年 8 月 3 日,美国专利商标局网站信息显示,戴尔正在申请云计算商标,此举旨在加强对这一未来可能重塑技术架构的术语的控制权。

2010 年 3 月 5 日,Novell 公司与云安全联盟(CSA)共同宣布一项供应商中立计划,名为“可信任云计算计划”。

2010 年 7 月,美国国家航空航天局和 Rackspace、AMD、英特尔、戴尔等支持厂商共同宣布 OpenStack 开放源代码计划。微软公司在 2010 年 10 月表示支持 OpenStack 与 Windows Server 2008 R2 的集成,而 Ubuntu 已经把 OpenStack 加至其 11.04 版本中。

2011 年 2 月,思科公司正式加入 OpenStack,重点研制 OpenStack 的网络服务。

2013 年,我国的 IaaS(基础设施即服务)市场规模约为 10.5 亿元,增速达到了 105%,显示出旺盛的生机。IaaS 相关企业不仅在规模、数量上有了大幅度提升,而且吸引了资本市场的关注,UCloud、青云等 IaaS 初创企业分别获得了千万美元级别的融资。

在过去几年里，腾讯、百度等互联网巨头纷纷推出了各自的开放平台战略。新浪SAE等PaaS(平台即服务)的先行者也在业务拓展上取得了显著的成效，在众多互联网巨头的介入和推动下，我国PaaS市场得到了迅速发展，2013年市场规模增长近20%；但目前国内PaaS服务仍处于吸引开发者和产业生态培育的阶段，大部分PaaS服务都采用免费或低收费的策略，因此整体市场规模并不大，估计为2.2亿元，而这并不影响人们对PaaS的发展前景抱有足够的信心。

无论是国内还是国际，SaaS(软件即服务)一直是云计算领域最为成熟的细分市场，用户对于SaaS服务的接受程度也比较高。2015年，SaaS市场增长率估计达117.5%，市场规模增长至8.1亿元人民币。

自2015年以来，云计算方面的相关政策不断推出。2015年年初，国务院发布了《国务院关于促进云计算创新发展培育信息产业新业态的意见》，明确了我国云计算产业的发展目标、主要任务和保障措施；7月，国务院又发布了《关于积极推进"互联网+"行动的指导意见》，提出到2025年，"互联网+"成为经济社会创新发展的重要驱动力量；11月，工业和信息化部印发《云计算综合标准化体系建设指南》。

经过近10年的发展，云计算已从概念导入进入广泛普及、应用繁荣的新阶段，已成为提升信息化发展水平、打造数字经济新动能的重要支撑。结合"中国制造2025"和"十三五"系列规划部署，工业和信息化部编制印发了《云计算发展三年行动计划(2017—2019年)》。

1.4　如何学好云计算

云计算是一种基于互联网的计算方式，如果要实现云计算，则需要一整套的技术架构去实施，包括网络、服务器、存储、虚拟化等。云计算目前分为公有云和私有云。两者的区别为提供的服务对象不同，一个是企业内部使用，另一个是面向公众。云平台底层技术主要是通过虚拟化来实现的，建议读者了解一下虚拟化行业的前景和发展。

虚拟化目前分为服务器虚拟化(以VMware为代表)、桌面虚拟化(思杰要比VM的优势大)、应用虚拟化(以思杰为代表)。学习虚拟化需要的基础如下。

(1) 懂得Windows操作系统(例如Windows Server 2008、Windows Server 2012、Windows 7、Windows 8、Windows 10等)的安装和基本操作、懂得AD域角色的安装和管理、懂得组策略的配置和管理。

(2) 数据库的安装和使用(例如SQL Server)。

(3) 存储的基础知识(例如磁盘性能、RAID、IOPS、文件系统、FC SAN、iSCSI、NAS等)、光纤交换机的使用、使用Open-E管理存储。

(4) 网络的基础知识(例如IP地址规划、VLAN、Trunk、STP、EtherChannel)。

1.5　小结

云计算作为一种新型的计算模式，利用高速互联网的传输能力将数据的处理过程从个人计算机或服务器转移到互联网上的计算机集群中，带给用户前所未有的计算体验。

云计算的产生与发展使用户的使用观念发生了彻底变化,他们不再觉得操作复杂,他们直接面对的不再是复杂的硬件和软件,而是最终的服务。云计算将计算任务分布在由大量计算机构成的资源池上,使各种应用系统能够根据需要获取计算能力、存储空间和各种软件服务。云计算现在还存在着一些问题,例如数据安全问题、网络性能、互操作问题等,但它的优点是毋庸置疑的。云计算不仅大大降低了计算的成本,而且推动了互联网技术的发展。在众多公司和学者的研究下,未来的云计算将会有更好的发展。在不久的将来,一定会有越来越多的云计算系统投入使用。通过本章的学习,读者能够对云计算有大体的了解,为后面章节的学习做好铺垫。

1.6 习题

1. 美国国家标准与技术研究院(NIST)是如何定义云计算的?
2. 云计算的发展历史经历了哪些过程?
3. 虚拟化指的是什么?

第 2 章

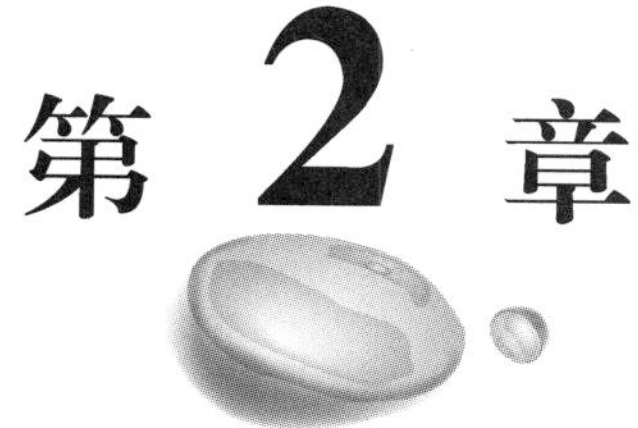

云计算基础

本章主要介绍关于云计算的各种基础知识，包括分布式计算、云计算的基本概念、实现云计算的几种关键技术以及云交付和部署模式，同时介绍云计算有哪些优势以及面临的挑战，还介绍了几种典型的云应用。通过本章的学习，读者能够对云计算有一个基本的认识。

2.1 分布式计算

分布式的概念很广，凡是去中心的架构都可以理解为分布式。人们日常生活中最早接触到的分布式应该就是 P2P 了，用户下载的文件不是集中存放到某个中心，而是分别存储在网络中不同的节点，当用户有下载需求时，可以从网络上的节点中获取相应资源碎片，并形成下载文件。例如用迅雷下载文件就是采用了 P2P 方式。

除了 P2P 以外，还有很多分布式架构的应用场景。例如 CDN 技术，也就是将视频网站中的内容分布存储在附近的服务器上，从而形成分布式网络；在大数据技术中也会应用到分布式存储架构，将数据存储于不同的节点磁盘中，当需要执行分析任务时，将分析任务切分为片段在分散的服务器节点中进行运算；区块链技术实现“去中心化”，也是分布式计算的代表，将账目信息记录在不同的节点，当处理交易时，更新网络上所有的账目副本。应用架构中的分布式计算架构多应用于微服务。

分布式计算是一种计算方法，和集中式计算是相对的。随着计算技术的发展，一些应用需要超强的计算能力才能完成，如果采用集中式计算，则需要耗费很长的时间才能完成；而分布式计算将应用分解成许多更小的部分，分配到多台计算机进行处理，这样可以节省整体计算时间，大大提高计算效率。云计算是分布式计算技术的一种，也是分布式计算这种科学概念的商业实现。

分布式计算的优点是发挥“集体的力量”,将大任务分解成小任务,分配给多个计算节点同时去计算,分布式计算将计算扩展到多台计算机,甚至是多个网络,在网络上有序地执行一个共同的任务。各节点间的通信可以通过 RPC 调用、Q 消息队列或者是当前最流行的 Webservice 方式。在分布式计算发展起来之前,网络协议并不能满足分布式计算的要求,于是产生了 Web Service 技术。

分布式计算借助 Web Service 接口,Web Service 是一个平台独立的、低耦合的、自包含的、基于可编程的 Web 的应用程序接口,可使用开放的 XML(标准通用标记语言下的一个子集)标准来描述、发布、发现、协调和配置这些应用程序,用于开发分布式的、互操作的应用程序。

对于目前比较流行的微服务架构而言,主要采用 RPC 和 Webservice 方式提供服务间访问,基于 Webservice 的 API 访问获得了更多的应用和认可。如图 2.1 所示,微服务的体系结构是基于微服务提供者、微服务请求者、微服务注册中心 3 个角色和发布、发现、绑定 3 个动作构建的。简单地说,微服务提供者就是微服务的拥有者,等待为其他服务和用户提供自己已有的功能;微服务请求者就是微服务功能的使用者,利用 SOAP 或 Restful 消息向微服务提供者发送请求以获得服务;微服务注册中心的作用是把一个服务请求者与合适的微服务提供者联系在一起,它充当管理者的角色,一般是 UDDI。这 3 个角色是根据逻辑关系划分的,在实际应用中角色之间很可能有交叉:一个微服务既可以是微服务提供者,也可以是微服务请求者,或者二者兼而有之,显示了微服务角色之间的关系。其中,“发布”是为了让用户或其他服务知道某个微服务的存在和相关信息;“发现”是为了找到合适的微服务;“绑定”则是在微服务提供者与微服务请求者之间建立某种联系。在更为复杂的技术架构中,通常还会采用 Webservice 网关实现对服务请求的分发和处理,包括实现熔断、权限控制等高级功能。

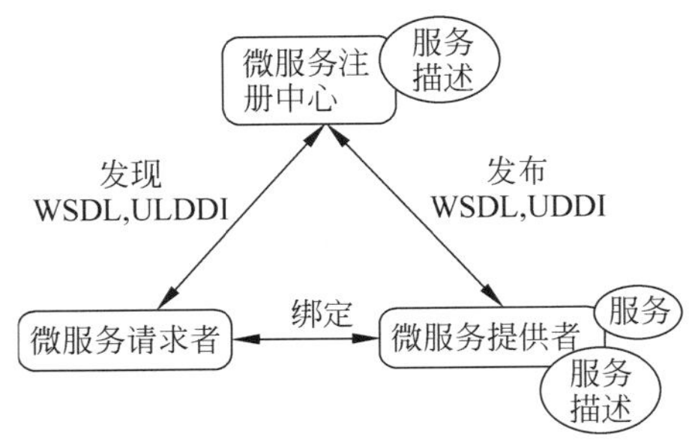

图 2.1 微服务的体系结构

简单地说,这种技术的功能和中间件的功能有相似之处:微服务技术是屏蔽掉不同开发平台开发的功能模块的相互调用的障碍,从而可以利用 HTTP 和 SOAP/Restful 协议使商业数据在微服务上传输,可以调用这些开发平台上不同的功能模块来完成计算任务。这样看来,如果要在互联网上实施大规模的分布式计算,则需要微服务做支撑。

2.2 云计算的基本概念

“云计算”这个名称正在广为流传,它正在成为一个大众化的词语,似乎每个人对于云计算的理解各不相同。通过学习第 1 章,大家已经对云计算有了一个大体的概念、通俗的理解。如图 2.2 所示,云计算的“云”就是存在于互联网上的服务器集群中的资源,它包括硬件资源(服务器、存储器、CPU 等)和软件资源(例如应用软件、集成开发环境等),本地计算机只需要通过互联网发送一个需求信息,远端就有成千上万台计算机为用户提供需要的资源并将结果返回给本地计算机,这样本地计算机几乎不需要做什么,所有的处理都由云计算提供商提供的计算机集群来完成。简而言之,云计算是一种商业计算模型,它将计算任务分布在由大量计算机构成的资源池上,使用户能够按需获取计算能力、存储空间和信息服务。

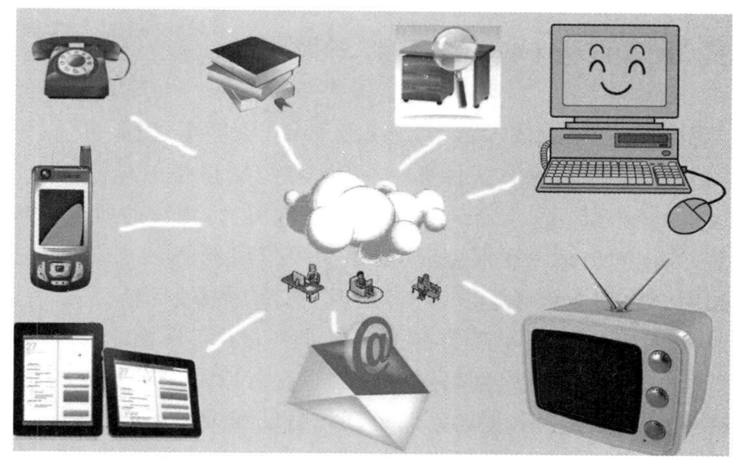

图 2.2 云计算

最简单的云计算技术在网络服务中已经随处可见,例如搜索引擎、网络信箱等,使用者只需要输入简单的指令即可得到大量信息。

云计算的组成可以分为 6 个部分,它们由下至上分别是基础设施(Infrastructure)、存储(Storage)、平台(Platform)、应用(Application)、服务(Services)和客户端(Clients)。

(1) 基础设施:云基础设施,即 IaaS(Infrastructure as a Service),是经过虚拟化后的硬件资源和相关管理功能的集合,对内通过虚拟化技术对物理资源进行抽象,对外提供动态、灵活的资源服务。其具体应用如 Sun 公司的 Sun 网格(Sun Gird)、亚马逊(Amazon)的弹性计算云(Elastic Compute Cloud,EC2)。

(2) 存储:云存储是指将存储作为一项服务,包括类似数据库的服务,通常以使用的存储量为计算基础。全球网络存储工业协会(SNIA)为云存储建立了相应标准。它既可以交付作为云计算服务,又可以交付给单纯的数据存储服务。其具体应用如亚马逊的简单存储服务(Simple Storage Service,S3)、谷歌应用程序引擎的 BigTable 数据存储。

(3) 平台:云平台,即 PaaS(Platform as a Service),直接提供计算平台和解决方案作为服务,以方便应用程序部署,从而节省购买和管理底层硬件与软件的成本。其具体应用如谷歌应用程序引擎(Google App Engine),这种服务让开发人员可以编译基于 Python 的应用程序,并可以免费使用谷歌的基础设施来进行托管。

(4) 应用:云应用利用云软件架构,往往不再需要用户在自己的计算机上安装和运行该应用程序,从而减轻了软件维护、操作和售后支持的负担。其具体应用如 Facebook 的网络应用程序、谷歌的企业应用套件(Google Apps)。

(5) 服务:云服务是指产品、服务和解决方案都实时地在互联网上进行交付和使用。这些服务可能通过访问其他云计算的部件,例如软件,直接和最终用户通信。其具体应用如亚马逊的简单排列服务(Simple Queuing Service)、贝宝在线支付系统(PayPal)、谷歌地图(Google Maps)等。

(6)客户端：云客户端包括专门提供云服务的计算机硬件和计算机软件终端，例如苹果手机(iPhone)、谷歌浏览器(Google Chrome)。

2.3 分布式计算和云计算的区别与联系

大家经常会听到很多新的技术名词，例如区块链、大数据、微服务、人工智能、容器等。这些概念(包括2.1节介绍的分布式计算)与云计算的关系是怎样的呢？应该说，云计算是更抽象、更广泛的一个概念。云计算可以简单地理解为，用户的所有需求都可以以服务的形式进行封装，当用户申请一个服务时，云平台可以将服务请求转换为技术请求，自动在云平台的数据中心处理该服务请求，并将处理完的结果返回给用户。在这期间，用户可以更加专注于业务需求本身，而不需要再关注和维护为了实现该业务需求所衍生的安装、调试和维护等工作。因此，无论是面对企业内的私有云或是面对公众的公有云，云平台成为一个对外提供服务的统一窗口，同时借助自动化引擎和策略调度机制将服务进行自动转换和处理。简而言之，云计算解决的是人和IT资源的关系。就如QQ解决的是人和人的关系，淘宝解决的是人和实体物品的关系，只不过淘宝并不生产物品，简单地说它实现了一个信息交易和共享平台，在某种角度上是一个大的集成商的角色。在云计算平台中，不仅仅解决交易和信息，而是要实际地去提供基础架构和应用与服务的租赁，实现端到端的交付。这也就不难理解为什么AWS和阿里云在云计算领域做得最早也发展得最好，因为它们都是在解决人和物以及人和资源的问题。

区块链、大数据、微服务、人工智能、容器，对这些概念仔细进行分析，不难发现它们都不是解决人和服务或者人和物品的关系。这些技术大多是对传统架构的升级和发展，或是对于某一个问题提供了更智能的算法模型，抑或是提供了更加高效、高可靠、更低成本的实现方式和技术变革。因此，这些技术都应涵盖在云计算概念之下。这些技术既可以通过云计算实现，以服务的方式提供给用户进行使用，同时也可以不用云计算技术实现。现在，大家经常发现这些新技术会和云计算技术一起出现，因为这些新技术(包括所运用的分布式技术)都是需要创建多个计算或存储节点来实现的，而大批量地创建和弹性伸缩这些节点，云计算的弹性服务往往提供了便利的部署和使用。

在2.1节中讲述了很多分布式存储的应用场景，云存储作为最典型的一个分布式场景，它也是和云计算最紧密的一种技术形态，云存储和云计算有着天然的结合。正如本章所述，云计算解决的是人和IT资源之间的关系，而云存储是作为基础架构中的重要部分对外提供服务。

2.4 云计算的关键技术

云计算是一种新型的超级计算方式，以数据为中心，是一种数据密集型的超级计算。云计算的目标是以低成本的方式提供高可靠、高可用、规模可伸缩的个性化服务。如果要实现这个目标,需要分布式海量数据存储、虚拟化技术、云平台技术、并行编程技术、数据管理技术等若干关键技术的支持。

2.4.1　分布式海量数据存储

随着信息化建设的不断深入,信息管理平台已经完成了从信息化建设到数据积累的职能转变,在一些信息化起步较早、系统建设较规范的行业,例如通信、金融、大型生产制造等领域,海量数据的存储、分析需求的迫切性日益明显。

以移动通信运营商为例,随着移动业务和用户规模的不断扩大,每天都会产生海量的业务、计费以及网关数据,然而庞大的数据量使得传统的数据库存储已经无法满足存储和分析需求,主要面临的问题如下。

(1) 数据库容量有限:关系型数据库并不是为海量数据而设计,在设计之初并没有考虑到数据量能够庞大到PB级。为了继续支撑系统,不得不进行服务器升级和扩容,成本高昂,让人难以接受。

(2) 并行取数困难:除了分区表可以并行取数外,其他情况都要对数据进行检索才能将数据分块,并行读数效果不明显,甚至增加了数据检索的消耗。虽然可以通过索引来提升性能,但实际业务证明,数据库索引的作用有限。

(3) 对J2EE应用来说,JDBC的访问效率太低:由于Java的对象机制,读取的数据都需要序列化,导致读数速度很慢。

(4) 数据库并发访问数太多:由于数据库并发访问数太多,导致产生I/O瓶颈和数据库的计算负担太重两个问题,甚至出现内存溢出、崩溃等现象,但数据库扩容成本太高。

为了解决以上问题,使分布式存储技术得以发展,在技术架构上,可以分为解决企业数据存储和分析使用的大数据技术、解决用户数据云端存储的对象存储技术,以及满足云端操作系统实例需要用到的块存储技术。

对于大数据技术,理想的解决方案是把大数据存储到分布式文件系统中,云计算系统由大量服务器组成,同时为大量用户服务,因此云计算系统采用分布式存储的方式存储数据,用冗余存储的方式(集群计算、数据冗余和分布式存储)保证数据的可靠性。冗余的方式通过任务分解和集群,用低配计算机替代超级计算机的性能来保证低成本,这种方式保证分布式数据的高可用、高可靠和经济性,即为同一份数据存储多个副本。在云计算系统中广泛使用的数据存储系统是Google的GFS和Hadoop团队开发的GFS的开源实现——HDFS。值得注意的是,大数据技术目前在处理交易系统的时候,较之传统的数据库存储方式,TPS(每秒交易量)表现还差很远,因此大数据多用于分析系统,而在线实时交易还是采用数据库方式。

对于对象存储,大家非常熟悉的云盘就是基于该技术实现的。用户可以将照片、文本、视频直接通过图形界面进行云端上传、浏览和下载。其实,上传等操作的界面最终都是通过Webservice与后台的对象存储系统打交道,前端界面更多的是在用户、权限以及管理层面上提供支持。其主要特点如下。

(1) 所有的存储对象都有自身的元数据和一个URL,这些对象在尽可能唯一的区域复制3次,而这些区域可以被定义为一组驱动器、一个节点、一个机架等。

(2) 开发者通过一个 Restful HTTP API 与对象存储系统相互作用。

(3) 对象数据可以放置在集群的任何地方。

(4) 在不影响性能的情况下,集群通过增加外部节点进行扩展。这是相对全面升级性价比更高的近线存储扩展。

(5) 数据无须迁移到一个全新的存储系统。

(6) 集群可无宕机增加新的节点。

(7) 故障节点和磁盘可无宕机调换。

(8) 在标准硬件上运行,普通的 x86 服务器即可接入。

云平台中的存储技术,有 S3 这一种存储是不是就足够了?答案是否定的。正所谓"术业有专攻",S3 搭建的对象存储可以方便地利用普通的计算机服务器组建集群实现对象的分布式存储。但对于商业中的类似数据库和操作系统,都是要在裸存储上进行安装才能发挥其最大的性能,因此块级别存储就是给 MySQL 等传统数据库,通过调用操作系统的系统调用与磁盘交互的软件。其在云平台上可以独立创建,然后挂接到某个云实例上。但如 2.3 节中提到的,云平台的优势在于提供简化的服务给用户使用,因此对于数据块的开通和挂接,云平台会完成相应的处理,用户只需要使用即可,否则按传统方式处理,需要人工在存储上做大量操作和处理才能进行划分和挂接。

2.4.2 虚拟化技术

虚拟化技术是云计算系统的核心组成部分之一,是将各种计算及存储资源充分整合和高效利用的关键技术。云计算的虚拟化技术不同于传统的单一虚拟化,它是涵盖整个 IT 架构的,包括资源、网络、应用和桌面在内的全系统虚拟化。通过虚拟化技术可以实现将所有硬件设备、软件应用和数据隔离开来,打破硬件配置、软件部署和数据分布的界限,实现 IT 架构的动态化,实现资源集中管理,使应用能够动态地使用虚拟资源和物理资源,提高系统适应需求和环境的能力。

虚拟化技术可以提供以下特点。

(1) 资源分享:通过虚拟机封装用户各自的运行环境,有效实现多用户分享数据中心资源。

(2) 资源定制:用户利用虚拟化技术配置私有的服务器,指定所需的 CPU 数目、内存容量、磁盘空间,实现资源的按需分配。

(3) 细粒度资源管理:将物理服务器拆分成若干虚拟机,可以提高服务器的资源利用率,减少浪费,而且有助于服务器的负载均衡和节能。

基于以上特点,虚拟化技术成为实现云计算资源池化和按需服务的基础。

2.4.3 云管理平台技术

云计算资源规模庞大,服务器数量众多且分布在不同的地点,同时运行着数百种应用。如何有效地管理这些服务器、保证整个系统提供不间断的服务是对用户巨大的挑战。

云平台技术能够使大量的服务器协同工作,方便地进行业务部署,快速发现和恢复系统故障,通过自动化、智能化的手段实现大规模系统的可靠运营。

云平台的主要特点是用户不必关心云平台底层的实现。用户使用平台，或开发者（服务提供商，或者云平台用户）使用云平台发布第三方应用，只需要调用平台提供的接口就可以在云平台中完成自己的工作。利用虚拟化技术，云平台提供商可以实现按需提供服务，这一方面降低了云的成本，另一方面保证了用户的需求得到满足。云平台基于大规模的数据中心或者网络，因此云平台可以提供高性能的计算服务，并且对于云平台用户而言，云的资源几乎是无限的。

云平台服务的对象除了个人以外，大部分都是企业级用户，企业级用户无论是内部使用（私有云）还是外部租赁（公有云）都会涉及管理问题，不同部门使用资源的监控、预算、计量、自动化运维、审计、安全管控、流程控制、容量规划和管理等都是云平台上管理中涉及的问题，本书在后续章节会展开介绍。

2.4.4 并行编程技术

目前两种最重要的并行编程模型是数据并行和消息传递，数据并行编程模型的编程级别比较高，编程相对简单，但它仅适用于数据并行问题；消息传递编程模型的编程级别相对较低，但消息传递编程模型有更广泛的应用范围。

数据并行编程模型是一种较高层次上的模型，它给编程者提供一个全局的地址空间，一般这种形式的语言本身就提供了并行执行的语义，因此对于编程者来说，只需要简单地指明执行什么样的并行操作和并行操作的对象就实现了数据并行的编程。

例如对于数组运算，使得数组 B 和 C 的对应元素相加后送给 A，则通过语句 A＝B＋C 或其他的表达方式就能够实现，使并行机对 B、C 的对应元素并行相加，并将结果并行赋给 A，因此数据并行的表达是相对简单和简洁的，它不需要编程者关心并行机是如何对该操作进行并行执行的。数据并行编程模型虽然可以解决一大类科学与工程计算问题，但是对于非数据并行类的问题，如果通过数据并行的方式来解决，一般难以取得较高的效率。

消息传递是各个并行执行的部分之间通过传递消息来交换信息、协调步伐、控制执行，消息传递一般是面向分布式内存的，但是它也适用于共享内存的并行机。消息传递为编程者提供了更灵活的控制手段和表达并行的方法，一些用数据并行方法很难表达的并行算法都可以用消息传递模型来实现灵活性和控制手段的多样化，这是消息传递并行程序能提供高的执行效率的重要原因。

消息传递编程模型一方面为编程者提供了灵活性，另一方面，它也将各个并行执行部分之间复杂的信息交换和协调、控制任务交给了编程者，这在一定程度上增加了编程者的负担，这也是消息传递编程模型的编程级别低的主要原因。虽然如此，但消息传递的基本通信模式是简单和清楚的，大家学习和掌握这些部分并不困难。

因此，目前大量的并行程序设计仍然采用消息传递编程模型。

云计算采用并行编程模型。在并行编程模型下，并发处理、容错、数据分布、负载均衡等细节都被抽象到一个函数库中，通过统一接口，用户的大型计算任务被自动并发和分布执行，即将一个任务自动分成多个子任务，并行地处理海量数据。

2.4.5 数据管理技术

云计算系统对大数据集进行处理、分析,向用户提供高效的服务。因此,其中的数据管理技术必须高效地管理大数据集。其次,如何在规模巨大的数据中找到特定的数据,也是云计算数据管理技术亟待解决的问题。

应用于云计算的最常见的数据管理技术是 Google 的 BigTable 数据管理技术,由于它采用列存储的方式管理数据,如何提高数据的更新速率以及进一步提高随机读速率是未来云计算数据管理技术必须解决的问题。

Google 提出的 BigTable 技术是建立在 GFS 和 MapReduce 之上的一个大型的分布式数据库,BigTable 实际上是一个很庞大的表,它的规模可以超过 1PB(1024TB),它将所有数据都作为对象来处理,形成一个巨大的表格。Google 对 BigTable 给出了如下定义:BigTable 是一种为了管理结构化数据而设计的分布式存储系统,这些数据可以扩展到非常大的规模,例如在数千台商用服务器上达到 PB 规模的数据,现在有很多 Google 的应用程序建立在 BigTable 之上,例如 Google Earth 等,而基于 BigTable 模型实现的 Hadoop HBase 也在越来越多的应用中发挥作用。

2.5 云交付模型

根据现在最常用,也是比较权威的 NIST(National Institute of Standards and Technology,美国国家标准技术研究院)的定义,云计算主要分为 3 种交付模型,并且这 3 种交付模型主要是从用户体验的角度出发的。

如图 2.3 所示,这 3 种交付模型分别是软件即服务(Software as a Service,SaaS)、平台即服务(Platform as a Service,PaaS)和基础设施即服务(Infrastructure as a Service,IaaS)。对于普通用户而言,他们面对的主要是 SaaS 这种服务模式,而且几乎所有的云计算服务最终的呈现形式都是 SaaS。除此之外,大家还经常听到 DaaS、DBaaS、CaaS 等概念,但所有的概念都可以归为 IaaS、PaaS 和 SaaS 中的一种。例如 CaaS(容器即服务),它是以容器为核心的公有云平台,作为开发平台的一部分,可以看作 PaaS。

2.5.1 软件即服务

SaaS 是 Software as a Service(软件即服务)的简称,它是一种通过网络提供软件的模式,用户无须购买软件,而是向提供商租用基于 Web 的软件来管理企业经营活动。相对于传统的软件,SaaS 解决方案有明显的优势,包括较低的前期成本、便于维护、快速展开使用、由服务提供商维护和管理软件,并且提供软件运行的硬件设施,用户只需拥有接入互联网的终端即可随时随地使用软件。SaaS 软件被认为是云计算的典型应用之一。

SaaS 的主要功能如下。

(1) 随时随地访问:在任何时候,任何地点,只要接上网络,用户就能访问这个 SaaS 服务。

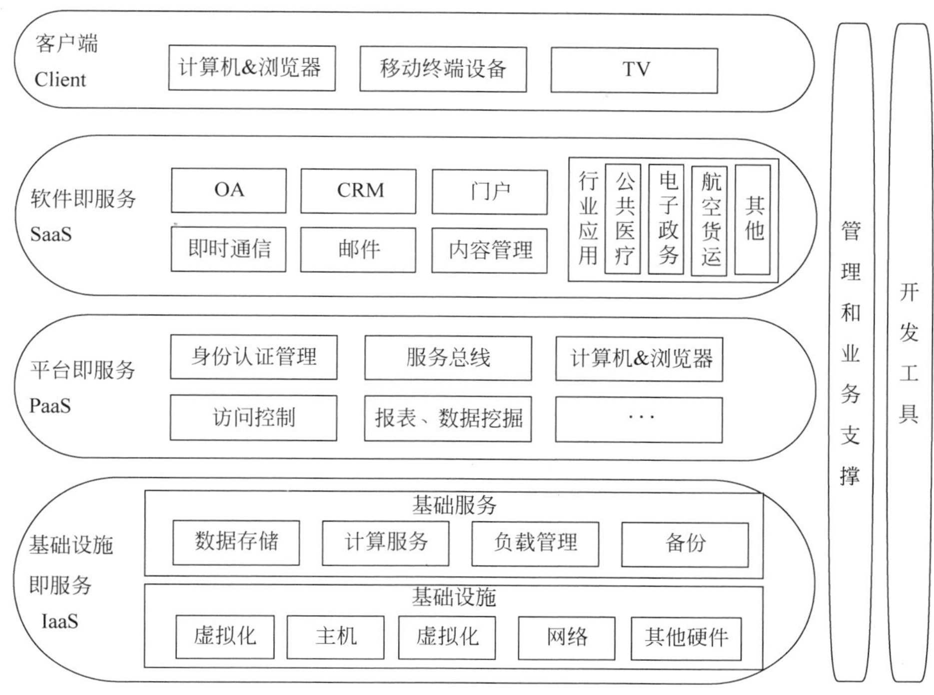

图 2.3 云计算的 3 种交付模型

(2) 支持公开协议：通过支持公开协议(例如 HTML4、HTML5)，能够方便用户使用。

(3) 安全保障：SaaS 供应商需要提供一定的安全机制，不仅要使存储在云端的用户数据处于绝对安全的境地，而且也要在客户端实施一定的安全机制(例如 HTTPS)来保护用户。

(4) 多租户：Multi-Tenant 机制，通过多租户机制，不仅能更经济地支持庞大的用户规模，而且能提供一定的可指定性，以满足用户的特殊需求。

用户消费的服务完全是从网页(例如 Netflix、MOG、Google Apps、Box. net、Dropbox 或者苹果公司的 iCloud)进入这些分类。尽管这些网页服务是用作商务和娱乐(或者两者都有)，但这也算是云技术的一部分。

一些用作商务的 SaaS 应用包括 Citrix 公司的 GoToMeeting、Cisco 公司的 WebEx，以及 Salesforce 公司的 CRM、ADP 等。

2.5.2 平台即服务

通过网络进行软件提供的服务称为软件即服务(Software as a Service，SaaS)，而相应地，将服务器平台或者开发环境作为服务进行提供就是平台即服务(Platform as a Service，PaaS)。所谓 PaaS，实际上是指将软件研发的平台作为一种服务，以 SaaS 的模式提交给用户。因此，PaaS 也是 SaaS 模式的一种应用。但是，PaaS 的出现可以加快 SaaS

的发展,尤其是加快 SaaS 应用的开发速度。

在云计算应用的大环境下,PaaS 的优势显而易见。

(1) 开发简单:因为开发人员能限定应用自带的操作系统、中间件和数据库等软件的版本,例如 SLES 11、WAS 7 和 DB2 9.7 等,这样将非常有效地缩小开发和测试的范围,从而极大地降低开发测试的难度和复杂度。

(2) 部署简单:首先,如果使用虚拟器件方式部署,能将本来需要几天的工作缩短到几分钟,能将本来几十步的操作精简到轻轻一击鼠标;其次,能非常简单地将应用部署或者迁移到公有云上,以应对突发情况。

(3) 维护简单:因为整个虚拟器件都是来自同一个 ISV(独立软件商),所以任何软件的升级和技术支持都只要和一个 ISV 联系就可以了,不仅避免了常见的沟通不当现象,而且简化了相关流程。

PaaS 的主要功能如下。

(1) 有好的开发环境:通过 SDK 和 IDE 等工具让用户能在本地方便地进行应用的开发和测试。

(2) 丰富的服务:PaaS 平台会以 API 的形式将各种各样的服务提供给上层应用。

(3) 自动的资源调度:也就是可伸缩特性,它不仅能优化系统资源,而且能自动调整资源来帮助运行于其上的应用更好地应对突发流量。

(4) 精细的管理和监控:通过 PaaS 能够提供对应用层的管理和监控,例如能够观察应用运行的情况和具体数值(例如吞吐量和响应时间)来更好地衡量应用的运行状态,还能够通过精确计量应用所消耗的资源来更好地计费。

涉足 PaaS 市场的公司在网上提供了各种开发和分发应用的解决方案,例如虚拟服务器和操作系统,既节省了用户在硬件上的费用,也让分散的工作室之间的合作变得更加容易。这些解决方案包括网页应用管理、应用设计、应用虚拟主机、存储、安全以及应用开发协作工具等。

一些大的 PaaS 提供商有 Google(App Engine)、微软(Azure)、Salesforce(Heroku)等。

1. 服务平台交付(IaaS+)

在严格意义上,标准的 IaaS 提供的是虚拟实例,也就是虚拟机。用户申请的是一个干净的实例或者安装了某个软件的实例。实例开通后,用户需要在实例中安装软件,或者做相应的配置,然后再将多个实例进行对接。这显然没有实现云计算开箱即用的服务理念,因此 IaaS+应运而生。云平台提供了一个典型的开发平台服务,该开发平台基于传统的应用架构,用户申请时,可以直接生成相应的开发平台实例,不需要做相关配置(例如修改配置文件,让 Web 服务器指向另一个 DB 实例),只需要关注部署业务代码。从某种角度讲,通过 IaaS+服务开通出来的也是开发平台,用户不需要关注平台本身,只需要在开通出来的计算机上部署业务代码即可。因为它是 IaaS 平台的延伸,所以可以算 PaaS 的一种,属于 IaaS+方式实现。典型的就是,云平台提供了一个开发平台开通服务,在该服务生成实例时,可以自动部署 Web 节点服务器、中间件节点服务器以及数据库节点服务器,当用户申请该服务时,可以自动生成并根据该业务开发平台的特点按顺序安装软件及互相对接访问关系，同时对于该平台安装的软件做好相应的配置。

2. 无服务器架构(Serverless)

顾名思义，Serverless是无服务器的架构。用户不需要了解底层的部署和配置，开发人员直接编写运行在云上的函数、功能和服务，由云平台提供操作系统、运行环境、网关等一系列的基础环境，开发人员只需要关注编写自己的业务代码即可。过去在实现一段业务逻辑的时候需要调用很多方法或者函数，然后进行程序的编写，为了实现这个目标，用户需要安装操作系统、JDK、Tomcat，并且做大量配置和调试，而目的只有一个，就是基于现有函数进行扩展，从而实现业务。Serverless的理念就在于此，用户可以直接访问云平台上的服务，可以实现函数调用和程序编写。

那么到底什么是Serverless呢？无服务器架构是基于互联网的系统，其中应用开发不使用常规的服务进程。相反，它们仅依赖于第三方服务(例如AWS Lambda服务)、客户端逻辑和服务托管远程过程调用的组合。Serverless有以下特点。

(1) 在Serverless应用中，开发者只需要专注业务，对于剩下的运维等工作都不需要操心。

(2) Serverless是真正的按需使用，当请求到来时才开始运行。

(3) Serverless是按运行时间和内存来计费的。

(4) Serverless应用严重依赖于特定的云平台、第三方服务。

Serverless中的服务或功能代表的只是微功能或微服务，Serverless是思维方式的转变，从过去"构建一个框架运行在一台服务器上，对多个事件进行响应"变为"构建或使用一个微服务或微功能来响应一个事件"，用户可以使用Django、node.js和Express等实现，但是Serverless本身超越这些框架概念。框架变得也不那么重要了。

3. 容器即服务(CaaS)

容器即服务(Container as a Service，CaaS)也称为容器云，是以容器为资源分割和调度的基本单位，封装整个软件运行时环境，为开发者和系统管理员提供用于构建、发布和运行分布式应用的平台。CaaS具备一套标准的镜像格式，可以把各种应用打包成统一的格式，并在任意平台之间部署迁移，容器服务之间又可以通过地址、端口服务来互相通信，做到了既有序又灵活，既支持对应用的无限定制，又可以规范服务的交互和编排。

容器云的Docker容器几乎可以在任何平台上运行，包括物理机、虚拟机、公有云、私有云、个人计算机、服务器等。这种兼容性可以让用户把一个应用程序从一个平台直接迁移到另外一个。容器云的这种特性类似于Java的JVM，Java程序可以运行在任何安装了JVM的设备上，在迁移和扩展方面变得更加容易。

下面介绍CaaS与IaaS和PaaS的关系。

作为后起之秀的CaaS，它介于IaaS和PaaS之间，起到了屏蔽底层系统IaaS，支撑并丰富上层应用平台PaaS的作用。

CaaS解决了IaaS和PaaS的一些核心问题，例如IaaS在很大程度上仍然只提供机器和系统，需要自己把控资源的管理、分配和监控，没有减少使用成本，对各种业务应用的支持也非常有限；而 PaaS 的侧重点是提供对主流应用平台的支持，其没有统一的服务接口标准，不能满足个性化的需求。CaaS 的提出可谓是应运而生，以容器为中心的 CaaS 很好地将底层的 IaaS 封装成一个大的资源池，用户只要把自己的应用部署到这个资源池中，不再需要关心资源的申请、管理，以及与业务开发无关的事情。

所以 Docker 的可移植性方便开发人员基于某个成熟的 Docker 直接部署代码来继续开发，从而属于 PaaS 平台这个范围。

2.5.3 基础设施即服务

IaaS 是 Infrastructure as a Service(基础设施即服务)的简称。IaaS 使消费者可以通过互联网从完善的计算机基础设施获得服务。基于互联网的服务(例如存储和数据库)是 IaaS 的一部分。在 IaaS 模式下，服务提供商将多台服务器组成的"云端"服务(包括内存、I/O 设备、存储和计算能力等)作为计量服务提供给用户。其优点是用户只需提供低成本硬件，按需租用相应的计算能力和存储能力即可。

IaaS 的主要功能如下。

(1) 资源抽象：使用资源抽象的方法，能更好地调度和管理物理资源。

(2) 负载管理：通过负载管理，不仅使部署在基础设施上的应用能更好地应对突发情况，而且还能更好地利用系统资源。

(3) 数据管理：对云计算而言，数据的完整性、可靠性和可管理性是对 IaaS 的基本要求。

(4) 资源部署：也就是将整个资源从创建到使用的流程自动化。

(5) 安全管理：IaaS 的安全管理的主要目标是保证基础设施和其提供的资源被合法地访问和使用。

(6) 计费管理：通过细致的计费管理能使用户更灵活地使用资源。

几年前，如果用户想在办公室或者公司的网站上运行一些企业应用，需要去买服务器，或者其他昂贵的硬件来控制本地应用，让业务运行起来。但是使用 IaaS，用户可以将硬件外包到其他地方。涉足 IaaS 市场的公司会提供场外服务器、存储和网络硬件，用户可以租用，这样就节省了维护成本和办公场地，并可以在任何时候利用这些硬件运行其应用。

一些大的 IaaS 提供商有亚马逊、微软、VMware、Rackspace 和 Red Hat。不过这些公司都有自己的专长，例如亚马逊和微软提供的不只是 IaaS，还会将其计算能力出租给用户来管理自己的网站。

2.5.4 基本云交付模型的比较

SaaS、PaaS 和 IaaS 3 个交付模型之间没有必然的联系，只是 3 种不同的服务模式，都是基于互联网，按需、按时付费，就像水、电、煤气一样。

但是在实际的商业模式中，PaaS 的发展确实促进了 SaaS 的发展，因为提供了开发平台后 SaaS 的开发难度就降低了。

(1) 从用户体验角度而言，它们之间的关系是独立的，因为它们面向的是不同的用户。

(2) 从技术角度而言，它们并不是简单的继承关系，因为 SaaS 可以基于 PaaS 或者直接部署在 IaaS 之上；其次 PaaS 可以构建在 IaaS 之上，也可以直接构建在物理资源之上。

表 2.1 对 3 种基本交付模型进行了比较。

表 2.1　3 种交付模型的比较

云交付模型	服务对象	使用方式	关键技术	用户的控制等级	系统实例
IaaS	需要硬件资源的用户	使用者上传数据、程序代码、环境配置	虚拟化技术、分布式海量数据存储等	使用和配置	Amazon EC2、Eucalyptus 等
PaaS	程序开发者	使用者上传数据、程序代码	云平台技术、数据管理技术等	有限的管理	Google App Engine、Microsoft Azure 等
SaaS	企业和需要软件应用的用户	使用者上传数据	Web 服务技术、互联网应用开发技术等	完全的管理	Google Apps、Salesforce CRM 等

这 3 种交付模式都是采用外包的方式，减轻了云用户的负担，降低了管理与维护服务器硬件、网络硬件、基础架构软件和应用软件的人力成本。从更高的层次上看，它们都试图去解决同一个问题，即用尽可能少甚至为 0 的资本支出获得功能、扩展能力、服务和商业价值。成功的 SaaS 和 IaaS 可以很容易地延伸到平台领域。

2.6　云部署模式

部署云计算服务的模式有三大类，即公有云、私有云和混合云，如图 2.4 所示。公有云是云计算服务提供商为公众提供服务的云计算平台，理论上任何人都可以通过授权接入该平台。公有云可以充分发挥云计算系统的规模经济效益，但同时也增加了安全风险。私有云则是云计算服务提供商为企业在其内部建设的专有云计算系统。私有云系统存在于企业防火墙之内，只为企业内部服务。与公有云相比，私有云的安全性更好，但管理复杂度更高，云计算的规模经济效益也受到了限制，整个基础设施的利用率要远低于公有云。混合云则是同时提供公有和私有服务的云计算系统，它是介于公有云和私有云之间的一种折中方案。

第三方评测机构曾经做过市场调查，发现公有云的使用成本在某些客户中高于私有云的使用成本，这往往和客户建设私有云所采用的厂商品牌有关。同时，公有云对外提供的服务是按月收取，而对于大型部门，有时往往无法及时、准确地洞察下属部门对公有云的使用量，因此造成了很大浪费。

2.6.1　公有云

公有云，是指为外部客户提供服务的云，它所有的服务是供别人使用，而不是自己用。

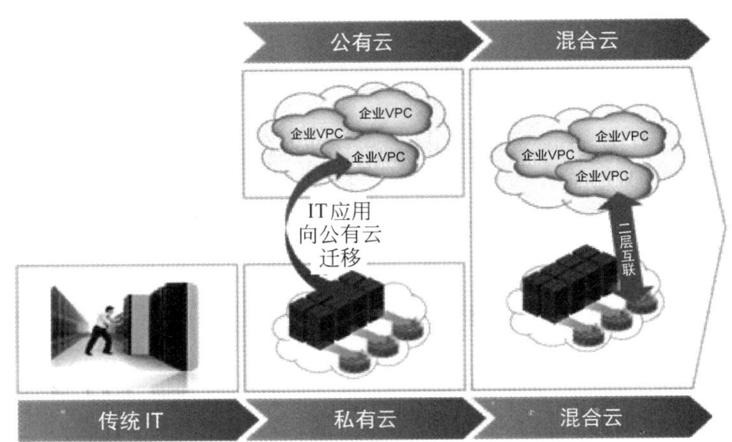

图 2.4 云部署模式示意图

在此种模式下，应用程序、资源、存储和其他服务都由云服务供应商提供给用户，这些服务多半是付费的，也有部分出于推广和市场占有需要提供免费服务，这种模式只能使用互联网来访问和使用。同时，这种模式在私人信息和数据保护方面比较有保证。这种部署模式通常都可以提供可扩展的云服务并能高效设置。

目前，典型的公有云有微软的 Windows Azure Platform、亚马逊的 AWS，以及国内的阿里巴巴、用友、伟库等。对于用户而言，公有云的最大优点是其所应用的程序、服务及相关数据都存放在公有云的提供者处，自己无须做相应的投资和建设。目前最大的问题是，由于数据不存储在用户自己的数据中心，其安全性存在一定的风险。同时，公有云的可用性不受使用者控制，在这方面也存在一定的不确定性。

2.6.2 私有云

私有云，是指企业自己使用的云，它所有的服务不是供别人使用，而是供自己内部人员或分支机构使用。

这种云基础设施专门为某一个企业服务，不管是自己管理还是第三方管理，也不管是自己负责还是第三方托管，都没有关系。

私有云的部署比较适合于有众多分支机构的大型企业或政府部门。随着这些大型企业数据中心的集中化，私有云将会成为他们部署 IT 系统的主流模式。相对于公有云，私有云部署在企业自身内部，因此其数据安全性、系统可用性都可由自己控制。其缺点是投资较大，尤其是一次性的建设投资较大。

2.6.3 混合云

混合云，是指供自己和客户共同使用的云，它所提供的服务既可以供别人使用，也可以供自己使用。

混合云是两种或两种以上的云计算模式的混合体，例如公有云和私有云混合。它们相互独立，但在云的内部又相互结合，可以发挥出所混合多种云计算模型的各自的优势。

相比而言，混合云的部署方式对提供者的要求较高。

2.7　云计算的优势与挑战

云计算具有以下优势。

(1) 超大规模："云"具有相当的规模。Google 云计算已经拥有 100 多万台服务器，亚马逊、IBM、微软、雅虎等的"云"均拥有几十万台服务器。企业私有云一般拥有数百上千台服务器。"云"能赋予用户前所未有的计算能力。

(2) 虚拟化：云计算支持用户在任意位置使用任意终端获取应用服务，所请求的资源来自"云"，而不是固定的、有形的实体。应用在"云"中的某处运行，实际上用户无须了解，也不用担心应用运行的具体位置。用户只需一台笔记本式计算机或者一部手机就可以通过网络服务来实现所需要的一切，甚至包括超级计算这样的任务。

(3) 高可靠性："云"使用了数据多副本容错、计算节点同构可互换等措施来保障服务的高可靠性，使用云计算比使用本地计算机可靠。

(4) 通用性：云计算不针对特定的应用，在"云"的支撑下可以构造出千变万化的应用，同一个"云"可以同时支撑不同的应用运行。

(5) 高可扩展性："云"的规模可以动态伸缩，满足应用和用户规模增长的需要。

(6) 按需服务："云"是一个庞大的资源池，用户按需购买即可。云可以像自来水、电、煤气那样计费。

(7) 便利性：无论是公有云还是私有云，其所采用的技术的核心思想就是将人工处理转变为自动化，原来人工在接到用户请求时，需要由运维人员来开通资源，这往往会花费数天甚至数周的时间，而私有云可以让内部用户随时自动化地开通资源，这将大大缩短项目开发周期，缩短业务交付周期。公有云则对外提供服务运营，用户不需要筹建数据中心，就可以随时获取资源，大幅度提高 IT 开发并获得效率。

虽然人们看到了云计算在国内的广阔前景，但也不得不面对一个现实，那就是云计算需要应对众多的客观挑战才能够逐渐发展成为一个主流的架构。

对于私有云和混合云来说，建设的成本和管理复杂度都较高，不同于传统数据中心，云数据中心为了实现弹性、可伸缩、自服务、可计量、自动化等特性，需要采用虚拟化、一体化监控、容量规划、CMDB、ITIL、安全、云管理、自动化运维、计费计量等技术，从而带来的是成本的提升和复杂度的提高。在企业端，受到招标要求的限制，往往不能锁定某一个厂商的产品，所以在企业内从各层面看都是采用异构资源，因此也就提升了标准化和管理的复杂度。

对于公有云，云计算所面临的挑战如下。

(1) 服务的持续可用性：云服务都是部署及应用在互联网上的，用户难免会担心服务是否一直都可以使用。就像银行一样，储户把钱存入银行是基于对银行倒闭的可能性极小的信任。对于一些特殊用户(例如银行、航空公司)来说，他们需要云平台提供一种 7×24 的服务。遗憾的是，微软公司的 Azure 平台在 2014 年 9 月份运行期间发生的一次故障影响了 10 种服务，包括云服务、虚拟机和网站，直到两个小时之后，才开始处理宕机和中断问题；Google 的某些功能在 2009 年 5 月 14 日停止服务两个小时；亚马逊在 2011 年 4 月故障 4 天。这些网络运营商的停机在一定程度上制约了云服务的发展。

(2) 服务的安全性：云计算平台的安全问题由两方面构成，一是数据本身的保密性和安全性，因为云计算平台(特别是公共云计算平台)的一个重要特征就是开放性，各种应用整合在一个平台上，对于数据泄露和数据完整性的担心都是云计算平台要解决的问题，这就需要从软件解决方案、应用规划角度进行合理而严谨的设计；二是数据平台上软/硬件的安全性，如果由于软件错误或者硬件崩溃导致应用数据损失，都会降低云计算平台的效能，这就需要采用可靠的系统监控、灾难恢复机制，以确保软/硬件系统的安全运行。

(3) 服务的迁移：如果一个企业不满意现在所使用的云平台，可以将现有数据迁移到另一个云平台上吗？如果企业绑定了一个云平台，当这个平台提高服务价格时，该企业又有多少讨价还价的余地呢？虽然不同的云平台可以通过 Web 技术等方式相互调用对方平台上的服务，但在现有技术的基础上还是会面对数据不兼容等各种问题，使服务的迁移非常困难。

(4) 服务的性能：既然云计算通过互联网进行传输，那么网络带宽就成为云服务质量的决定性因素。如果有大量数据需要传输，云服务的质量就不会那么理想。当然，随着网络设备的飞速发展，带宽问题将不会成为制约云计算发展的因素。

云计算为产业服务化提供了技术平台，使生产流程的最终交付品是一种基于网络和信息平台的服务。在未来几年中，中国云计算市场将会保持快速增长。目前云计算市场仍处于发展初期，但是只要能把握好云计算这次巨大的浪潮，就有机会将信息化普及到各行各业，并且推动我国科技创新的发展。

2.8 典型的云应用

“云应用”是“云计算”概念的子集，是云计算技术在应用层的体现。云应用和云计算最大的不同在于，云计算作为一种宏观技术发展概念而存在，云应用则是直接面对客户解决实际问题的产品。云应用遍及各个方面，如图 2.5 所示。下面重点介绍云存储、云服务以及云物联。

2.8.1 云存储

云存储是在云计算概念上延伸和发展出来的一个新的概念，是一种新兴的网络存储技术，是指通过集群应用、网络技术或分布式文件系统等功能，将网络中大量各种不同类型的存储设备通过应用软件集合起来协同工作，共同对外提供数据存储和业务访问功能的一个系统。

典型的云存储包括 Dropbox、百度云(图 2.6 为百度云的网页界面图)、阿里云、网盘等，这些应用可以帮助用户存储资料，例如大容量文件就可以通过云存储留给他人下载，节省了时间和金钱，有很好的便携性。现在，除了互联网企业以外，许多计算机厂商也开始有自己的云存储服务，以达到捆绑客户的作用，例如联想的“乐云”、华为的网盘等。

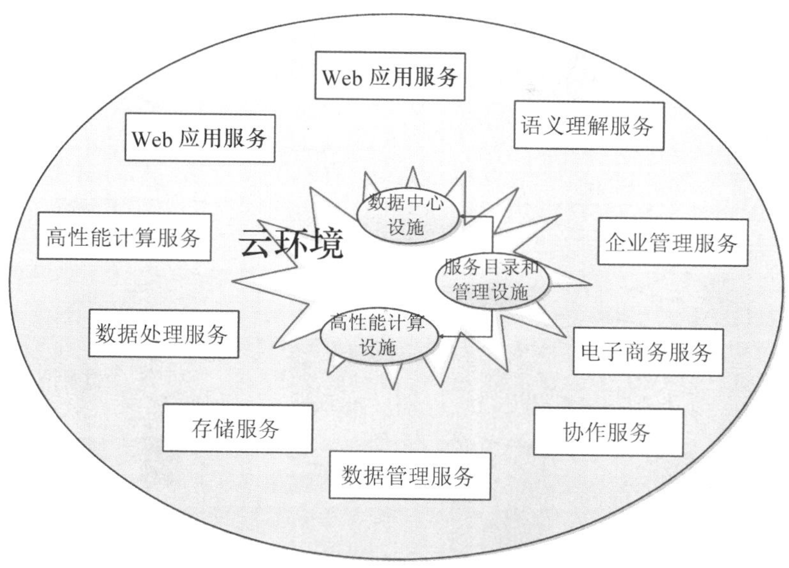

图 2.5　典型的云应用

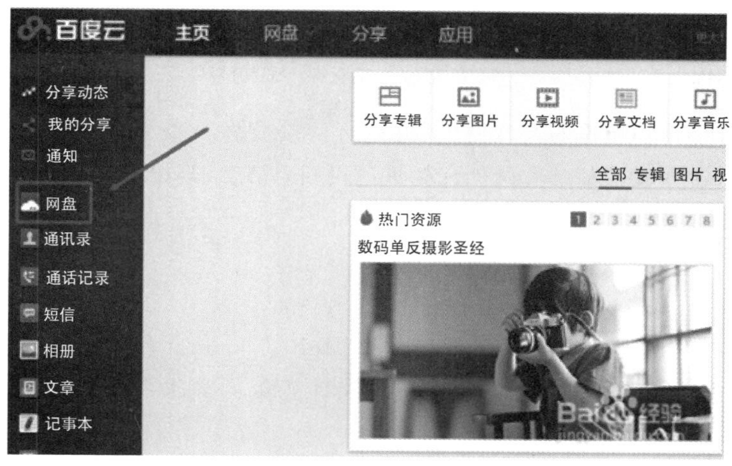

图 2.6　百度云

2.8.2　云服务

云服务如图 2.7 所示，目前很多公司都有自己的云服务产品，例如 Google、微软、亚马逊等。典型的云服务有微软的 Hotmail、Google 的 gmail、苹果的 iCloud 等。这项服务主要以邮箱为账号，实现用户登录账号后内容在线同步的效果。当然，邮箱也可以达到这个效果，在很多没有 U 盘的情况下，人们经常会把文件发给自己的邮箱，以方便回家阅览，这也是云服务最早的应用，可以实现在线运行，随时随地接收文件。

现在的移动设备基本都具备了自己的账户云服务，像苹果的 iCloud，只要用户的东西

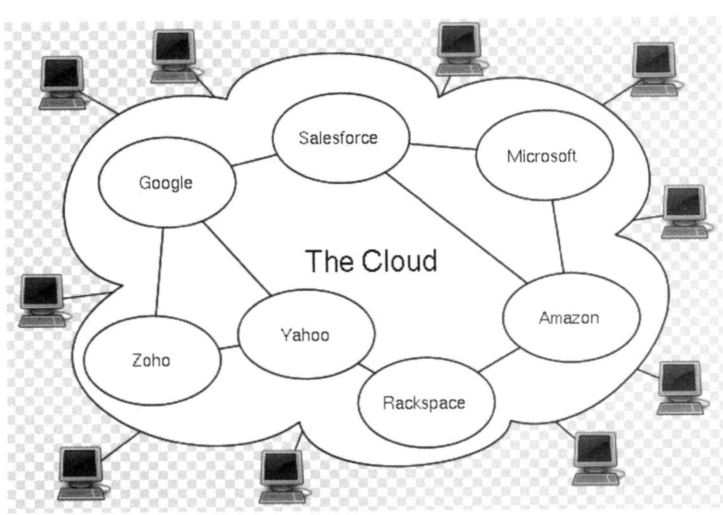

图 2.7　云服务

存入了 iCloud,就可以在计算机、平板、手机等设备上轻松读取自己的联系人、音乐和图像数据。

2.8.3　云物联

“物联网就是物物相连的互联网”。这里有两层意思：第一,物联网的核心和基础仍然是互联网,是在互联网基础上延伸和扩展的网络；第二,其用户端延伸和扩展到了任何物品与物品之间,进行信息交换和通信。

物联网有以下两种业务模式。

(1) MAI(M2M Application Integration)和内部 MaaS;

(2) MaaS(M2M as a Service)、MMO 和 Multi-Tenants(多租户模型)。

随着物联网业务量的增加,对数据存储和计算量的需求将带来对“云计算”能力的要求。

(1) 云计算：从计算中心到数据中心,在物联网的初级阶段,PoP(Point of Presence,拥有独自网址的上网连接点)即可满足需求。

(2) 在物联网的高级阶段,可能出现 MVNO/MMO(Mobile Virtual Network Operator/M2M Mobile Operator)营运商(国外已存在多年),需要虚拟化云计算技术、SOA(Service-Oriented Architecture,面向服务的体系结构)等技术的结合实现互联网的泛在服务,即 TaaS (everyThing as a Service)。

图 2.8　单轨窗帘开关——云物联产品

图 2.8 是一款叫作 ZigBee 系列智能开关的云

物联产品，可应用于家庭、办公、医院和酒店等场合。

2.9　云计算与大数据

目前，大数据正在引发全球范围内深刻的技术和商业变革，如同云计算的出现，大数据也不是一个突然而至的新概念。“云计算和大数据是一个硬币的两面，云计算是大数据的 IT 基础，而大数据是云计算的一个杀手级应用。”百度的张亚勤说。云计算是大数据成长的驱动力，另外，由于数据越来越多、越来越复杂、越来越实时，这就更加需要云计算去处理，所以二者之间是相辅相成的。

30 年前，存储 1TB（也就是约 1000GB）数据的成本大约是 16 亿美元，如今存储到云上只需不到 100 美元，但存储下来的数据，如果不以云计算的模式进行挖掘和分析，将只是僵死的数据，没有太大的价值。

目前，云计算已经普及并成为 IT 行业的主流技术，其实质是在计算量越来越大及数据越来越多、越来越动态、越来越实时的需求背景下被催生出来的一种基础架构和商业模式。个人用户将文档、照片、视频、游戏的存档上传至“云”中永久保存，企业客户根据自身需求可以搭建自己的“私有云”，或托管、或租用“公有云”上的 IT 资源与服务，这些都已不是新鲜事。可以说，云是一棵挂满了大数据的树。

在技术上，大数据使从数据当中提取信息的常规方式发生了变化。“在技术领域，以往更多的是依靠模型的方法，现在可以借用规模庞大的数据，用基于统计的方法，有望使语音识别、机器翻译这些技术领域在大数据时代取得新的进展。”张亚勤说。在搜索引擎和在线广告中发挥重要作用的机器学习被认为是大数据发挥真正价值的领域，在海量的数据中统计与分析出人的行为、习惯等方式，计算机可以更好地学习和模拟人类智能。随着包括语音、视觉、手势和多点触控等在内的自然用户界面越来越普及，计算系统正在具备与人类相仿的感知能力，其看见、听懂和理解人类用户的能力不断提高。这种计算系统不断增强的感知能力与大数据以及机器学习领域的进展相结合，已使得目前的计算系统开始能够理解人类用户的意图和语境。

在商业模式上，对商业竞争的参与者来说，大数据意味着激动人心的业务与服务创新机会。零售连锁企业、电商业巨头都已在大数据挖掘与营销创新方面有了很多的成功案例，它们都是商业嗅觉极其敏锐、敢于投资未来的公司，也因此获得了丰厚的回报。

IT 产业链的分工、主导权也因为大数据产生了巨大影响。以往，移动运营商和互联网服务运营商等拥有大量的用户行为习惯的各种数据，在 IT 产业链中具有举足轻重的地位；而在大数据时代，移动运营商如果不能挖掘出数据的价值，可能会彻底地被管道化。运营商和更懂用户需求的第三方开发者互利共赢的模式已取得大家一定的共识。

云计算与大数据到底有什么关系？

本质上，云计算与大数据的关系是静与动的关系，云计算强调的是计算，这是动的概念；而数据则是计算的对象，是静的概念。如果结合实际的应用，前者强调的是计算能力，后者看重的是存储能力，但是这样说并不意味着两个概念就如此泾渭分明。大数据需要处理大数据的能力（数据获取、清洁、转换、统计等能力），其实就是强大的计算能力。另一方面，云计算的动也是相对而言的，例如基础设施（即服务中的存储设备）提供的主要是数据存储能力，所以可谓是动中有静。

如果数据是财富，那么大数据就是宝藏，而云计算就是挖掘和利用宝藏的利器。

云计算能为大数据带来哪些变化？

首先，云计算为大数据提供了可以弹性扩展、相对便宜的存储空间和计算资源，使得中小企业也可以像亚马逊公司那样通过云计算来完成大数据分析。

其次，云计算的IT资源庞大，分布较为广泛，是异构系统较多的企业及时、准确地处理数据的有力方式，甚至是唯一方式。

当然，大数据要走向云计算还有赖于数据通信带宽的提高和云资源的建设，需要确保原始数据能迁移到云环境以及资源池可以随需弹性扩展。

数据分析集逐步扩大，企业级数据仓库将成为主流，未来还将逐步纳入行业数据、政府公开数据等多来源数据。

当人们从大数据分析中尝到甜头后，数据分析集就会逐步扩大。目前大部分企业所分析的数据量一般以TB为单位，按照目前数据的发展速度，很快将会进入PB时代，目前在100～500TB和500＋TB范围的分析数据集的数量呈3倍或4倍增长。

随着数据分析集的扩大，以前部门层级的数据集市将不能满足大数据分析的需求，它们将成为企业及数据库（EDW）的一个子集。根据TDWI的调查，如今大概有2/3的用户已经在使用企业级数据仓库，未来这一比例将会更高。传统分析数据库可以正常持续，但是会有一些变化，一方面，数据集市和操作性数据存储（ODS）的数量会减少；另一方面，传统的数据库厂商会提升他们产品的数据容量、细目数据和数据类型，以满足大数据分析的需要。

大数据技术与云计算的发展密切相关，大数据技术是云计算技术的延伸。大数据技术涵盖了从数据的海量存储、处理到应用多方面的技术，包括海量分布式文件系统、并行计算框架、NoSQL数据库、实时流数据处理以及智能分析技术（例如模式识别、自然语言理解、应用知识库）等。对电信运营商而言，在当前智能手机和智能设备快速增长、移动互联网流量迅猛增加的情况下，大数据技术可以为运营商带来新的机会。大数据在运营商中的应用可以涵盖多个方面，包括企业管理分析（例如战略分析、竞争分析）、运营分析（例如用户分析、业务分析、流量经营分析）、网络管理维护优化（例如网络信令监测、网络运行质量分析）、营销分析（例如精准营销、个性化推荐）等。

大数据逐步“云”化，纵观历史，过去的数据中心无论是应用层次还是规模大小，都仅仅是停留在过去有限的基础架构之上，采用的是传统精简指令集计算机和传统大型机，各个基础架构之间相互孤立，没有形成一个统一的有机整体。在过去的数据中心里面，各种资源都没有得到有效、充分利用。传统数据中心的资源配置和部署大多采用人工方式，没有相应的平台支持，使大量人力资源耗费在繁重的重复性工作上，缺少自助服务和自动部署能力，既耗费时间和成本，又严重影响工作效率。当今越来越流行的云计算、虚拟化和云存储等新IT模式的出现，再一次说明了过去那种孤立、缺乏有机整合的数据中心资源并没有得到有效利用，并不能满足当前多样、高效和海量的业务应用需求。

在云计算时代背景下，数据中心需要向集中大规模共享平台推进，并且数据中心要能实现实时动态扩容，实现自助和自动部署服务。从中长期来看，数据中心需要逐渐过渡到“云基础架构为主流企业所采用，专有架构为关键应用所采用”阶段，并最终实现“强壮的云架构为所有负载所采用”，无论是大型机还是x86都融入云端，实现软/硬件资源的高度整合。

数据中心逐步过渡到“云”，既包括私有云又包括公有云。

2.10 小结

云计算涵盖了计算机系统结构、计算机网络、并行计算、分布式计算和网格计算等各种技术。云计算的需求，还将融合智能手机、3G、物联网、移动计算以及三网合一等各种网络及终端技术。因此，云计算是当今IT技术发展的一个相对高级的阶段，必将引领和促进IT技术的全面发展，甚至是引发某种理论上的突破。

本章从分布式计算出发分别介绍了有关云计算的基础知识，包括上面提到的支撑云计算的一些关键技术；然后介绍了云计算相关的交付模型和部署模式，并总结了云计算在发展过程中体现出的优势以及面临的挑战；最后展示了3种典型的云应用，并且提到了目前互联网中的热点“大数据”与云计算的关系。通过对本章的学习，读者在概论的基础上可以对云计算建立详细的知识框架。

2.11 习题

1. 什么是云计算？
2. 云计算的特点是什么？
3. 云计算存在的问题有哪些？
4. 云计算有哪些应用？

第 3 章

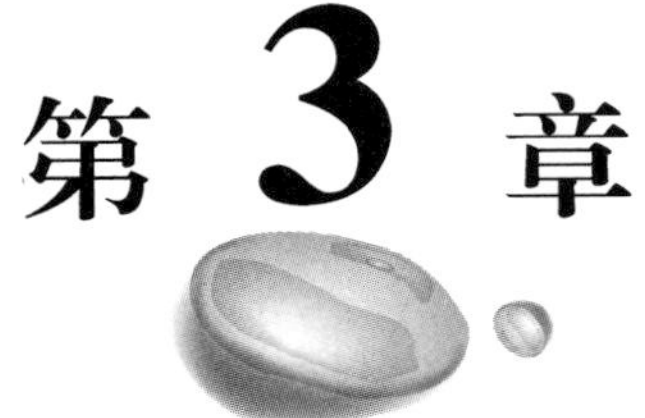

云计算机制

本章主要介绍常见的云计算机制，包括云基础设施机制、云管理机制和特殊云机制。通过本章的学习，读者能够对云计算的机制有所了解。

3.1 云基础设施机制

云基础设施机制是云环境的基础构件块，它是形成云技术架构基础的主要构件。云基础设施机制主要针对计算、存储、网络，包括虚拟网络边界、虚拟服务器、云存储设备和就绪环境。

这些机制并非全都应用广泛，也不需要为其中的每一个机制建立独立的架构层。相反，它们应被视为云平台中常见的核心组件。

3.1.1 虚拟网络边界

虚拟网络边界(Virtual Network Perimeter)通常是由提供和控制数据中心连接的网络设备建立，一般是作为虚拟化环境部署的。例如虚拟防火墙、虚拟网络(VLAN、VPN)。该机制被定义为将一个网络环境与通信网络的其他部分隔开，形成一个虚拟网络边界，包含并隔离了一组相关的基于云的 IT 资源，这些资源在物理上可能是分布式的。

该机制可被用于如下几个方面。

- 将云中的 IT 资源与非授权用户隔离；
- 将云中的 IT 资源与非用户隔离；
- 将云中的 IT 资源与云用户隔离；
- 控制被隔离 IT 资源的可用带宽。

1. 虚拟防火墙

图3.1是虚拟防火墙的示意图。虚拟防火墙是一个逻辑概念，该技术可以在一个单一的硬件平台上提供多个防火墙实体，即把一台防火墙设备在逻辑上划分成多台虚拟防火墙，每台虚拟防火墙都可以被看成是一台完全独立的防火墙设备，可拥有独立的管理员、安全策略、用户认证数据库等。

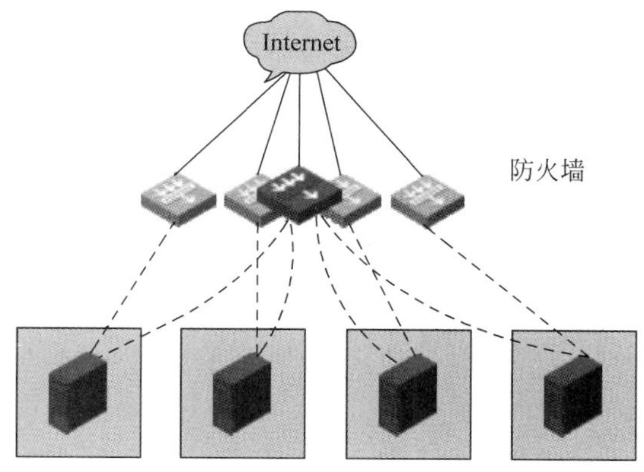

图3.1 虚拟防火墙的示意图

每个虚拟防火墙都能够实现防火墙的大部分特性，并且虚拟防火墙之间相互独立，一般情况下不允许相互通信。

虚拟防火墙具有以下技术特点。

(1) 每个虚拟防火墙独立维护一组安全区域。

(2) 每个虚拟防火墙独立维护一组资源对象(地址/地址组、服务/服务组等)。

(3) 每个虚拟防火墙独立维护自己的包过滤策略。

(4) 每个虚拟防火墙独立维护自己的ASPF策略、NAT策略、ALG策略。

(5) 可限制每个虚拟防火墙占用的资源数，例如防火墙Session以及ASPF Session数目。

虚拟防火墙不仅解决了业务多实例的问题，更主要的是，通过它可将一个物理防火墙划分为多个逻辑防火墙使用。多个逻辑防火墙可以单独配置不同的安全策略，并且在默认情况下，不同的虚拟防火墙之间是隔离的。

2. 虚拟专用网络

虚拟专用网络(VPN)是一种通过公用网络(例如Internet)连接专用网络(例如办公室网络)的方法。

它将拨号服务器的拨号连接的优点与Internet连接的方便与灵活相结合。通过使用Internet连接，用户可以同时在大多数地方通过距离最近的Internet访问电话号码连接到自己的网络。

VPN使用经过身份验证的链接来确保只有授权用户才能连接到自己的网络，而且这些用户使用加密来确保他们通过 Internet 传送的数据不会被其他人截取和利用。Windows 使用点对点隧道协议(PPTP)或第二层隧道协议(L2TP)实现此安全性。

图 3.2 所示为虚拟专用网络的基本原理。VPN 技术使得公司可以通过公用网络(例如 Internet)连接到其分支办事处或其他公司,同时又可以保证通信安全。通过 Internet 的 VPN 连接从逻辑上来讲相当于一个专用的广域网(WAN)连接。

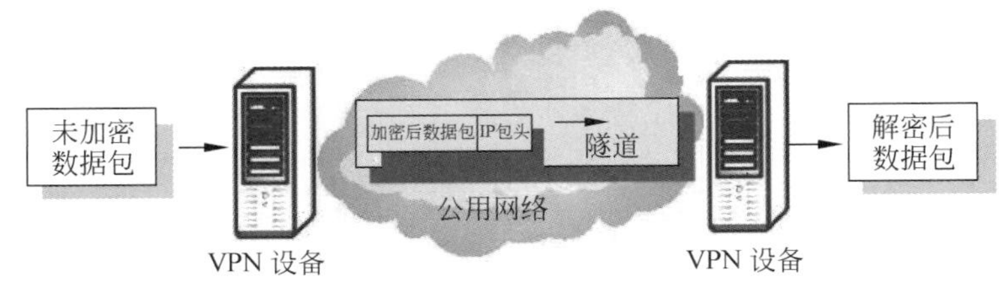

图 3.2 虚拟专用网络(VPN)的基本原理

VPN 系统的主要特点如下。

(1) 安全保障:虽然实现 VPN 的技术和方式很多,但所有的 VPN 均应保证通过公用网络平台传输数据的专用性和安全性。在安全性方面,由于 VPN 直接构建在公用网上,实现简单、方便、灵活,但同时其安全问题更为突出。企业必须确保其 VPN 上传送的数据不被攻击者窥视和篡改,并且要防止非法用户对网络资源或私有信息的访问。

(2) 服务质量保证(QoS):VPN 应当为企业数据提供不同等级的服务质量保证。不同的用户和业务对服务质量保证的要求差别较大。在网络优化方面,构建 VPN 的另一重要需求是充分、有效地利用有限的广域网资源,为重要数据提供可靠的带宽。广域网流量的不确定性使其带宽的利用率很低,在流量高峰时会引起网络阻塞,使实时性要求高的数据得不到及时发送;而在流量低谷时又造成大量的网络带宽空闲。QoS 通过流量预测与流量控制策略可以按照优先级实现带宽管理,使得各类数据能够被合理地先后发送,并预防阻塞的发生。

(3) 可扩充性和灵活性:VPN 必须能够支持通过 Intranet 和 Extranet 的任何类型的数据流,方便增加新的节点,支持多种类型的传输媒介,可以满足同时传输语音、图像和数据等应用对高质量传输以及带宽增加的需求。

(4) 可管理性:从用户角度和运营商角度而言,应可方便地进行管理、维护。VPN 管理的目标为减小网络风险,具有高扩展性、经济性、高可靠性等优点。事实上,VPN 管理主要包括安全管理、设备管理、配置管理、访问控制列表管理、QoS 管理等内容。

3.1.2 虚拟服务器

服务器通常通过虚拟机监视器(VMM)或虚拟化平台(Hypervisor)来实现硬件设备的抽象、资源的调度和虚拟机的管理。虚拟服务器(Virtual Server)是一种模拟物理服务器的虚拟化软件。虚拟服务器与虚拟机(VM)是同义词,虚拟基础设施管理器(VIM)用于协调与 VM 实例创建相关的物理服务器。虚拟服务器需要对服务器的 CPU、内存、设备及 I/O 分别实现虚拟化。

通过向云用户提供独立的虚拟服务实例,云提供者使多个云用户共享同一个物理服务器,如图 3.3 所示。

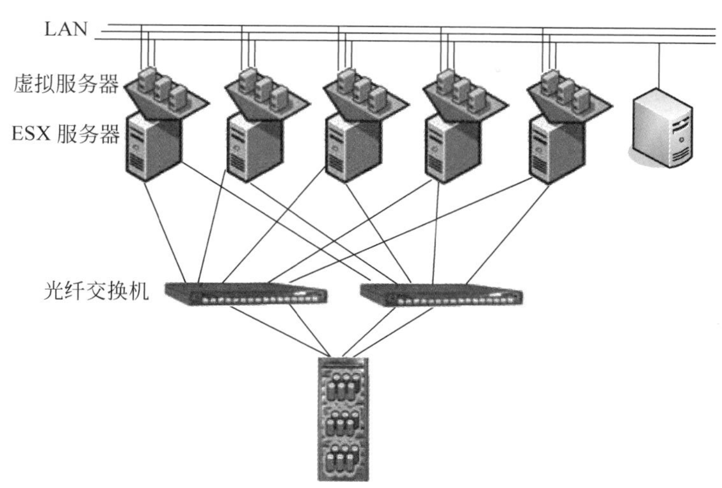

图 3.3 虚拟服务器的基本架构

每个虚拟服务器都可以存储大量的 IT 资源、基于云的解决方案和各种其他的云计算机制。从映像文件进行虚拟服务器的实例化是一个可以快速且按需完成的资源分配过程。通过安装和释放虚拟服务器,云用户可以定制自己的环境,这个环境独立于其他正在使用由同一底层物理服务器控制的虚拟服务器的云用户。虚拟服务器的具体内容将在 4.2 节详细介绍。虚拟服务器有以下几个特性。

(1) 多实例:通过服务器虚拟化,一台物理机上可以运行多个虚拟服务器,支持多个客户操作系统,并且物理系统的资源是以可控的方式分配给虚拟机。

(2) 隔离性:虚拟服务器可以将同一台物理服务器上的多个虚拟机完全隔离开来,多个虚拟机之间就像多个物理机器之间一样,每个虚拟机都有自己独立的内存空间,一个虚拟机的崩溃并不会影响到其他虚拟机。

(3) 封装性:一个完整的虚拟机环境对外表现为一个单一的实体,便于在不同的硬件设备之间备份、移动和复制。同时,虚拟服务器将物理机器的硬件封装为标准化的虚拟硬件设备提供给虚拟机内的操作系统和应用程序,提高了系统的兼容性。

基于以上这些特性,虚拟服务器带来了如下优点。

(1) 实时迁移:实时迁移是指在虚拟机运行时,将虚拟机的运行状态完整、快速地从一个宿主平台迁移到另一个宿主平台,整个迁移过程是平滑的,且对用户透明。由于虚拟服务器的封装性,实时迁移可以支持原宿主机和目标宿主机硬件平台之间的异构性。

当一台物理机器的硬件需要维护或更新时,实时迁移可以在不宕机的情况下将虚拟机迁移到另一台物理机器上,大大提高了系统的可用性。

(2) 快速部署:在传统的数据中心中,部署一个应用需要安装操作系统、安装中间件、安装应用、配置、测试、运行等多个步骤,通常需要耗费十几个小时甚至几天的时间,并且在部署过程中容易产生错误。

在采用虚拟服务器之后,部署一个应用其实就是部署一个封装好操作系统和应用程序的虚拟机，部署过程只需要复制虚拟机、启动虚拟机和配置虚拟机几个步骤，通常只需要十几分钟，且部署过程自动化，不易出错。

(3) 高兼容性：虚拟服务器提供的封装性和隔离性使应用的运行平台与物理底层分离，提高了系统的兼容性。

(4) 提高资源利用率：在传统的数据中心中，出于对管理性、安全性和性能的考虑，大部分服务器都只运行一个应用，导致服务器的 CPU 使用率很低，平均只有 5%～20%。在采用虚拟服务器之后，可以将原来多台服务器上的应用整合到一台服务器中，提高了服务器资源的利用率，并且通过服务器虚拟化固有的多实例、隔离性和封装性保证了应用原有的性能和安全性。

(5) 动态调度资源：虚拟服务器可以使用户根据虚拟机内部资源的使用情况即时、灵活地调整虚拟机的资源，例如 CPU、内存等，而不必像物理服务器那样需要打开机箱变更硬件。

3.1.3 云存储设备

云存储设备(Cloud Storage Device)机制是指专门为基于云配置所设计的存储设备。这些设备的实例可以被虚拟化。其单位如下。

- 文件(file)：数据集合分组存放于文件夹中的文件里；
- 块(block)：存储的最低等级，最接近硬件，数据块是可以被独立访问的最小数据单位；
- 数据集(dataset)：基于表格的以分隔符分隔的或以记录形式组织的数据集合；
- 对象(object)：将数据及其相关的元数据组织为基于 Web 的资源，各种类型的数据都可以作为 Web 资源被引用和存储，例如利用 HTTP 的 CRUD(Create、Retrieve、Update、Delete)操作(例如 CDMI，全称为 Cloud Data Management Interface)。

随着云存储的广泛应用(如图 3.4 所示)，一个与云存储相关的主要问题出现了，那就是数据的安全性、完整性和保密性，当数据被委托给外部云提供者或其他第三方时，更容易出现危害。此外，当数据出现跨地域或国界的迁移时，也会导致法律和监管问题。

图 3.4 云存储的广泛应用

1. 用户的操作安全

当一个用户在公司编辑某个文件后，回到家中再次编辑，那么他再次回到公司时文件已是昨晚更新过的，这是理想状态下的，在很多时候用户编辑一个文件后会发现编辑有误，想取回存在公司的文件版本时，可能在没有支持版本管理的云存储中用户的副本已经被错误地更新了。同样的道理，当删除一个文件的时候，如果没有额外备份，也许到网盘回收站中再也找不到了。版本管理在技术上不存在问题，但是会加大用户的操作难度。目前的云存储服务商只有少数的私有云提供商提供有限的支持，多数情况下这种覆盖时常发生。

2. 服务端的安全操作

云存储设备早已成为黑客入侵的目标，因为设备上不仅有无穷的用户数据，而且对此类大用户群服务的劫持更是黑色收入的重要来源。也就是说，云存储设备的安全性直接影响着用户上传数据的安全。在虚拟服务器技术的支撑下，V2V(Virtual to Virtual)迁移的可靠性相当高，多数云存储厂商都预备了安全防护方案。

3.1.4 就绪环境

PaaS平台是指云环境中的应用即服务(包括应用平台、集成、业务流程管理和数据库服务)，也可以说是中间件即服务。PaaS平台在云架构中位于中间层，其上层是SaaS，其下层是IaaS，基于IaaS之上的是为应用开发(可以是SaaS应用，也可以不是)提供接口和软件运行环境的平台层服务。

就绪环境机制是PaaS云交付模型的定义组件，基于云平台，已有一组安装好的IT资源，可以被云用户使用和定制。云用户利用就绪环境机制进行远程开发及配置自身的服务和应用程序，例如数据库、中间件、开发工具和管理工具，以及进行开发和部署Web应用程序。

Oracle的共享、高效的PaaS框架如图3.5所示，其中解释了就绪环境机制的实现位于应用运行环境层(aPaaS)，为用户提供了一套完整的运行环境。

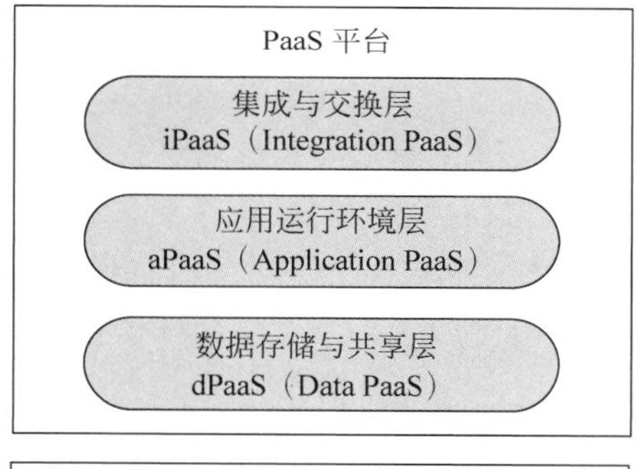

图3.5 Oracle的PaaS框架

(1) iPaaS：基于SOA、ESB、BPM等架构，是云内/云与企业间的集成平台。

(2) aPaaS：共享，基于Java等应用技术架构，是应用的部署与运行环境平台。

(3) dPaaS：可灵活伸缩，是数据存储与共享平台，提供多租户环境下高效与安全的数据访问。

(4) 硬件资源池：为PaaS平台提供所需要的高性能硬件资源系统。

3.2 云管理机制

云管理(CMP)这个概念的产生来源于私有云和混合云。对于企业来说，企业内部既存在传统架构，也存在云架构，采买和使用的设备以及软件厂商和型号各异，不同的企业又存在不同的环境差异，同时私有云的需求和服务也有差异，因此需要一个云管理平台，从资源池规划、服务目录管理、云CMDB、流程管控、监控容量等多个方面对数据中心进行管理和治理。

对于公有云本身来说，公有云平台已经将各种管理任务封装为标准的服务，用户在使用公有云时也会涉及管理工作，但其管理工作大多是账号管理、账单管理、权限管理等，例如在公有云上的资源开通、架构设计、迁移等都属于服务使用范畴,使用者根据业务需求进行使用即可,不需要负责管理工作。

表 3.1 是云管理与传统管理的比较。

表 3.1 云管理与传统管理的比较

	传统管理	云管理
管理对象	网络、存储、服务器、OS、数据库、中间件、应用	IaaS、PaaS、SaaS 等各种云服务
管理目标	实现 IT 系统的正常运作	实现云服务的端对端交付及云数据中心运维
管理特色	需要专业的管理技能 手动管理 竖井式管理	通过封装屏蔽底层细节 自服务、自动化 多租户,共享管理平台
管理平台的易用性	安装配置复杂	自配置、自修复、自优化
管理规模	100 节点	10000 节点+
用户	管理员	分层管理,多租户
整合	基于事件、数据库、私有接口的整合	面向服务的整合
管理手段	离散的工具	充分自动化

经过表 3.1 所示的云管理与传统管理的比较,不难发现基于云的 IT 资源需要被建立、配置、维护和监控。远程管理系统是必不可少的,它们促进了形成云平台与解决方案的 IT 资源的控制和演化,从而形成了云技术架构的关键部分,与管理相关的机制有远程管理系统、资源池化管理、SLA 管理系统、计费管理系统、资源备份、云监控、自动化运维、服务模板管理、云 CMDB 及流程管理、服务目录管理、租户及用户管理、容量规划及管理。

3.2.1 远程管理系统

远程管理系统(Remote Administration System)机制向外部的云资源管理者提供工具和用户界面来配置并管理基于云的 IT 资源。

如图 3.6 所示,远程管理系统能建立一个入口,以便访问各种底层系统的控制和管理功能,这些功能包括资源管理、SLA(服务等级协议)管理和计费管理。

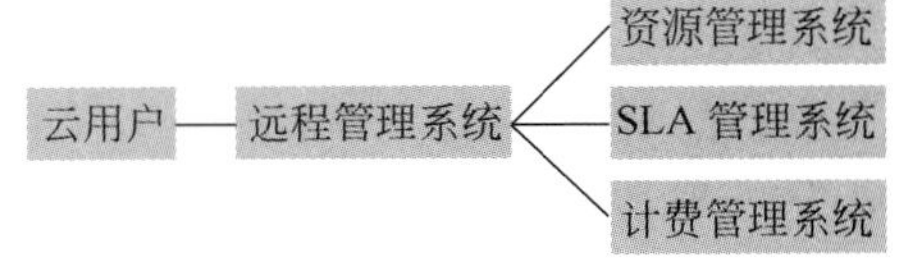

图 3.6 远程管理系统的主要功能

远程管理系统主要创建以下两种类型的入口。

(1) 使用与管理入口:一种通用入口,集中管理不同的基于云的 IT 资源,并提供资源使用报告。

(2) 自助服务入口:该入口允许云用户搜索云提供者提供的最新云服务和 IT 资源列表,然后云用户向云提供者提交其选项进行资源分配。

这个系统也包括 API,云用户可以通过这些标准 API 来构建自己的控制台。云用户可能使用多个云提供者的服务,也可能更换提供者。云用户能执行的任务如下。

- 配置与建立云服务;

- 为按需云服务提供和释放 IT 资源；
- 监控云服务的状态、使用和性能；
- 监控 QoS 和 SLA 的实行；
- 管理租赁成本和使用费用；
- 管理用户账户、安全凭证、授权和访问控制；
- 追踪对租赁服务内部与外部的访问；
- 规划和评估 IT 资源供给；
- 容量规划。

3.2.2　资源池化管理

资源池化管理系统(Resource Pool Management System)是云管理平台的关键所在，因为在一个企业内部，传统数据中心往往分散在不同地区，不同地区的数据中心也会有不同的等级以及业务属性。同时，在同一数据中心内，也会根据多个纬度进行池化划分。如图 3.7 所示，资源池是以资源种类为基础来进行划分的，因为企业环境中的硬件设备种类繁多、应用架构复杂，用户对于应用的可用性要求较高，在设计时需要充分考虑。资源池建设考虑以下 5 个因素。

图 3.7　资源池化管理系统

(1) 资源种类：企业内部存在多种异构资源，例如 x86 环境、小型机环境等，同一种类型中也存在很大差异，例如 x86 环境下的 Intel 和 AMD 处理器。在进行总体设计时，要合理规划不同种类的资源池。

(2) 应用架构：应用架构通常把应用分成多个层次，典型的格局如 Web 层、应用层、数据层和辅助功能层等，所以针对应用架构提出的层次化需求是总体设计中第二个需要考虑的因素。

(3) 应用等级保障：面对多样化的用户群体和需求，资源池需要提供不同服务等级的资源服务来满足不同的用户 SLA 需求(例如金银铜牌服务)。

(4) 管理需求：从管理角度来说，存在多种管理需求，例如高可用管理需要划分生产区、同城灾备区和异地灾备区，应用的测试、开发、培训环境，监控和日常操作管理需要划分生产区和管理操作区。

(5) 安全域：应用环境在传统网络上有逻辑隔离或者物理隔离的需求，在资源池中，需要实现同样的安全标准来保证应用正常运行。

3.2.3　服务等级协议管理系统

云计算市场在持续增长，用户如今关注的不仅仅是云服务的可用性，他们想知道厂商能否为终端用户提供更好的服务。因此，用户更关注服务等级协议(Service Level Agreement，SLA)，并需要监控 SLA 的执行情况。

服务等级协议(SLA)是服务提供者和客户之间的一个正式合同，用来保证可计量的网络性能达到所定义的品质。

SLA 监控器(SLA Monitor)机制被用来专门观察云服务运行时性能,确保它们履行了 SLA 公布的约定 QoS 需求。例如轮询检测是否在线,检测 QoS 是否达到 SLA 的要求。

SLA 监控器保证的服务体系架构如图 3.8 所示,需要 3 个服务角色,即服务提供者、服务客户和服务代理。

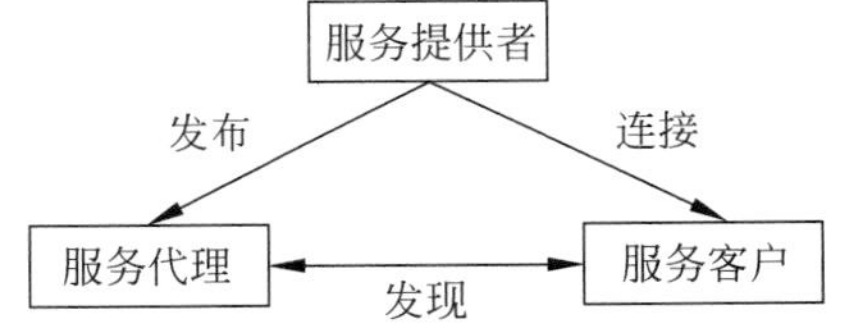

图 3.8 SLA 监控器保证的服务体系架构

首先,通过在适当的平台上创建一个 Web 服务并生成 WSDL 文档和服务的基本 SLA,服务提供者发布一个由 SLA 保证的 Web 服务。

然后,它把服务细节发送到服务代理以存储在资源库中。服务客户向代理注册,然后在代理的资源库中搜索并发现适当的 Web 服务,检索服务的 WSDL 和 SLA。

最后,它与提供者协商把 SLA 正规化,确定下来,并绑定到它的 Web 服务。

在使用 SLA 监控器机制时需要注意一些问题,例如第三方监控、告警装置、转换 SLA 以及有效的后备设施。

1. 第三方监控

审计是很重要的一步,能够确保安全,保证 SLA 的承诺和责任归属,保持需求合规。用户可以用第三方监控。如果用户在云中运行业务关键的应用,这项服务应该保证定期审查,确保合规,并督促厂商与 SLA 步调一致。

2. 转换 SLA,帮助整个业务成果

尽管云计算市场正在迅猛发展,但中小型企业的 IT 大多都不够成熟,不足以支撑基于基础设施的 SLA 来帮助业务发展。企业应该选择最适合业务需求的 SLA,而不是急急忙忙签署协议。

如果企业操之过急,直接选择基础设施级别的 SLA,可能会导致公司内部产生花费。例如,某企业想要 99.999%的高可用性,服务商就会提供更多冗余和灾难恢复,结果花费大幅度提高。

当聚焦于节俭型业务级别的 SLA 时,云计算 SLA 监控应该具有逻辑性和可行性,而不仅仅是基础设施级别的 SLA。

3. 确保告警装置

为了让 SLA 监控更高效,用户要确保可以通过 Web 门户定期报告可用性和责任时间。用户应该保证及时的 Email 告警。

4. 确保厂商有高效的后备设施

不同的厂商对于数据保护的责任分配不同,有的厂商会把责任推给客户,这样客户只好自己保护数据。因此,用户应该确定服务商在签署 SLA 时是否对此负有责任。

3.2.4　计费管理系统

计费管理系统(Billing Management System)机制专门用于收集和处理使用数据,它涉及云提供者的结算和云用户的计费。计费管理系统依靠按使用付费监控器来收集运行时使用的数据。这些数据存储在系统组件的一个库中,然后为了计费、报告和开发票等,从库中提取数据。图 3.9 是一个由定价与合同管理器和按使用付费测量库构成的计费管理系统。

定价与合同管理器

按使用付费测量库

图 3.9　计费管理系统的组成

3.2.5　资源备份

图 3.10 和图 3.11 分别是传统 IT 架构视角和云计算架构视角的展示。与传统 IT 架构视角不同的是,云计算集中部署计算和存储资源,提供给各个用户,这既避免了用户重复建设信息系统的低效率,又能赋予用户价格低廉且近乎无限的计算能力。云计算提供的资源是弹性可扩展的,可以动态部署、动态调度、动态回收,以高效的方式满足业务发展和平时运行峰值的资源需求。云计算使用了资源备份容错、计算节点同构可互换等措施来保障服务的高可靠性和专业的维护队伍。

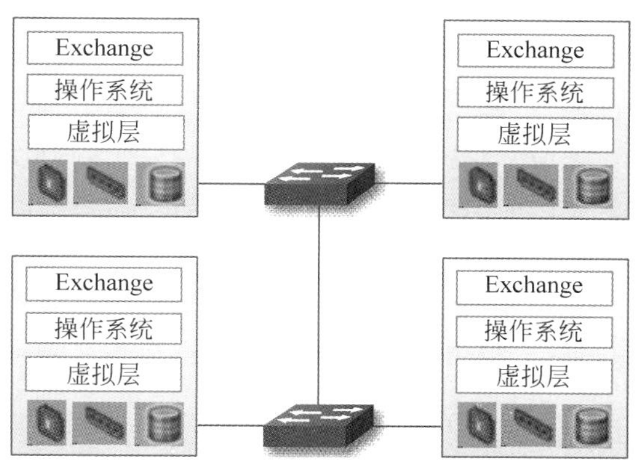

图 3.10　传统 IT 架构视角

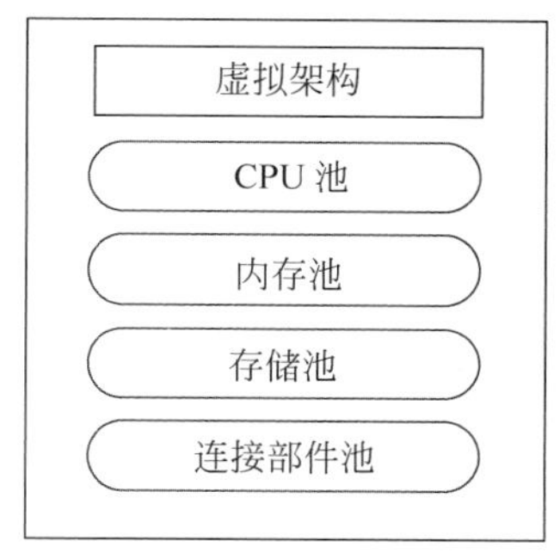

图 3.11　云计算架构视角

资源备份(Resource Backup)可对同一个 IT 资源创建多个实例。资源备份用于加强 IT 资源的可用性和性能。使用虚拟化技术来实现资源备份机制,可以复制基于云的 IT 资源(例如整个数据中心中的应用、数据)实现集中的备份和恢复,确保当出现系统故障、误操作等时应用系统仍然可用和可恢复。

对于私有数据中心或私有云平台来说,企业可以利用云存储的能力实现云端备份,这样可以降低不可抗力因素造成数据丢失的风险。主流的公有云厂商都提供了云端备份方案,例如可以把数据库镜像或者文件系统中的文件批量备份到云端,也可以在云端启动数据库实例的副本,并实时复制数据。

对于公有云平台,本身就提供了异地多副本备份机制,可以将数据库快照复制到另外一个可用区或者其他区域进行备份。同时,对于数据库的备份,也可以选择在启动一个数据实例时对该实例进行多区域的部署。

3.2.6 云监控

云资源监控是为了保证应用和服务的性能,开发者必须依据应用程序、服务的设计和实现机制估算工作负载,确定所需资源和容量,避免资源供应不足或供应过量。

虽然负载估计值可通过静态分析、测试和监控得到,但实际上系统负载变化迅速、难以预测。云提供商通常负责资源管理和容量规划,提供 QoS 保证。因此,监控对于云提供商是至关重要的。提供商根据监控信息追踪各种 QoS 参数的变化,观察系统资源的利用情况,从而准确规划基础设施和资源,遵守 SLA。

在私有云和混合云中,云监控主要是管理员对云环境进行监控管理以及以用户自服务方式进行监控管理。在公有云中,通常不涉及管理员部分的监控,多为以用户自服务方式对自己开通的资源进行监控。

在私有云中,管理员应该可以通过云监控平台获取基础架构资源信息,通过仪表板和报告的方式掌握云平台的资源使用情况。云平台可以发现所有开通的虚拟机以及资源使用情况;自动提供虚拟资源和物理资源的映射,便于发现虚拟资源和物理资源的关系;监控集群、资源池、虚拟主机、具体虚拟机的运行情况,监控的指标涵盖了运行状态、存储、网络、CPU、内存等各方面的性能和状态参数。

在企业内往往遗留了一部分传统非云架构,所以需要企业内的私有云平台可以监控云化以及非云的资源。除了基础架构资源外,有些企业管理员还担负基础架构上层的应用资源监控的职责,例如数据库连接池状态、MQ 消息队列状态等。

云监控可以让用户及管理员自己设置监控阈值,当资源使用低于阈值时,自动产生告警并发送到事件告警平台,方便管理员统一查看管理。

从管理员的角度而言,云平台的监控是对云数据中心的监控,这里包括了物理环境监控、虚拟化环境监控、操作系统及组件监控、业务影响分析等。除此之外,对于支撑云数据中心的机房本身也需要做监控管理。

通常,一个云管理平台面向管理员的监控系统应涵盖以下内容。

- 数据采集:数据采集可采用多种类型的采集模式,例如 Webservice、文件接口(FTP)、DB-Link、Socket、CORBA、RMI、CWMP 消息队列等。信息采集接口方式与信息模型松耦合,即无论采取何种接口方式或技术,其交互的信息都应遵循统一的信息模型。采集类别包括容量数据、性能数据、网络监控数据、操作监控数据、应用监控数据、日志数据。
- 数据处理和分析:能够对收集的数据进行加工处理,发掘其内在规律,为运行决策提供支持;具备对接现有各个数据库的能力,提供网络运行、容量管理、运维流程、业务运行情况等综合性数据分析服务;提供性能动态基线功能,能够根据业务和系统运行规律的变化趋势自动学习各个性能指标特点,加权计算出动态基线,包含小时、周天、周末、日期等基线,以此基线作为动态阈值。
- 告警事件管理:监控平台能够对云平台的告警事件进行统一管理,对事件进行过滤、压缩、相关性分析、自动化处理、报警升级等工作，建立高效、易用、灵活的事件管理。监控平台自身具有良好的事件分析处理功能，必须使用独立的分析引擎，为了保证在出现事件风暴的情况下事件处理核心不崩溃，需要提供告警事件处理功能，可以对实时告警事件信息进行采集，根据管理需要进行信息过滤、关联、重复事件压缩、事件关联分析和处理，并将这些信息分发给负责处理的管理员；能够对大事件量进行采集和处理，以支持现在的管理需要和未来的管理扩展。

云计算是对既有的计算资源在一种全新模式下的重组。在云端，数以万计的服务器提供近乎无穷的计算能力，而云用户根据自己的需求获取相应的计算能力。集中的存储和计算形成了云能耗黑洞。云计算系统作为未来信息通信系统中内容与服务的源头与处理核心，也已成为信息通信系统的能耗大户。现在，能量支出已经成为云计算系统运营不断增加的成本，有可能超过购买硬件资源的成本。为了充分利用能量，提供系统能效，降低能量成本，需要从监控能耗入手，利用采集来的系统运营状态参数对服务器中的主要耗能部件进行建模分析，为节能策略的构建提供依据。

云计算是一种按使用量付费的模式，使用付费监控器(Pay-per-Use Monitor)机制按照预先定义好的定价参数测量基于云的 IT 资源使用，使用期间生成的日志可以计算费用，日志主要包括请求/响应消息数量、传送的数据量、带宽消耗量。

3.2.7 自动化运维

在传统数据中心中，将开发好的业务交给运维人员，运维人员要保证其可用性，通常从服务器、网络、存储、应用几个方面进行运维和管理。在自动化运维中，也可以从这几个角度进行运维和管理。

在上了云平台之后，云平台本身有资源集中和资源上收的要求，IT 组织面临众多挑战，例如不断增加的复杂性、成本削减要求、合规要求以及更快响应业务需求的压力。许多 IT 组织艰难地应对这些挑战，并承认目前的运营方法根本无法让他们取得成功。手动操作具有被动性，需要大量人工，容易出错，而且严重依赖高素质人员。同时，通过单点解决方案或基于脚本的方法也难以解决手工运维的种种问题，企业开始转而寻找能够利用一个集成式平台来满足其所有服务器管理与合规需求的综合解决方案。

云平台可以集成配置自动化与合规保证的独特架构，使 IT 组织能够实施基于策略的自动化解决方案来管理其数据中心，同时确保其关键业务服务的最大正常运行时间。另外，由于用户继续采用虚拟化和基于云计算的技术，服务器自动化运维为跨越所有主要虚拟平台管理物理和虚拟服务器提供了单一平台。在可靠、安全模型的支持下，该解决方案使企业能够通过满足其在配置、指配和合规 3 个领域的需求而大大降低运营成本，提高运营质量和实现运营合规。

那么运维自动化应涵盖哪些方面呢？自动化开通资源本身就解决了从手动到自动的资源创建过程。那么在资源创建后呢？在资源创建后，更多时间是如何进行运维和保障，而在弹性自服务方式开通时，用户所面对的资源是呈几何倍数增长的。在这种情况下，云平台的自动化运维就显得格外重要，可以从以下几个方面考虑运维的自动化，应该注意云平台本身涉及很多自动化技术，本节主要说明对于管理员端该如何自动化运维以及考虑的方面。

(1) 配置：配置管理任务在数据中心执行的活动中通常占有相当高的比例，包括服务器打补丁、配置、更新和报告。通过对用户隐藏底层复杂性，云平台能够确保变更和配置管理活动的一致性。同时，在安全约束的范围内，它可以提供关于被管理服务器的足够的详细信息，从而确保管理活动的有效和准确。

(2) 合规：大多数IT组织都需要使其服务器配置满足一些策略的要求，不管是监管(SOX、PCI或HIPAA)、安全(NIST、DISA或CIS)还是运营方面。云平台应该可以帮助IT组织定义和应用配置策略，从而实现并保持合规。当某个服务器或应用程序配置背离策略时，它会自动生成并打包必要的纠正指令，而且这些指令可以自动或手动部署在服务器上。

(3) 补丁：云平台的自服务往往会让管理员担心服务器成倍增长带来的可控性，尤其是漏洞给企业的生产安全带来的隐患。云平台给管理员提供便捷的补丁自动下载、自动核查现有操作系统补丁状态、自动安装和出具报告等功能，对于不同平台的操作系统，都可以实现联网，自动获取补丁库。

(4) 自动发现：对于弹性云环境，资源变化相当频繁，包括主机漂移等，都会给企业的资产维护带来不确定性，尤其是运维人员想了解当下哪些服务器装了哪些操作系统及其版本，以及上面运行的组件软件(包括组件间访问关系)等，这些都给运维人员对资产的了解提出了挑战。因此，云平台运维应该可以自动扫描基础架构，能发现服务器、网络、存储的配置信息，并可以自动生成应用组件拓扑。

3.2.8 服务模板管理

服务模板管理也可以理解为服务蓝图。服务蓝图给出了一种可视化、架构式定义服务的全新方式。

(1) 提供服务的部署视图：定义部署服务的一种或多种方式(例如虚拟部署形态、物理部署形态，甚至公有云部署形态)。

(2) 能够说明服务运行所需的资源。

(3) 由服务器对象、存储对象和网络对象(含负载均衡/防火墙规则)组成。

服务设计器支持服务组装，以拖曳方式将软件包、操作系统、网络配置定义等原子服务组合为包含多个服务节点并相互关联的复杂服务。底层调度引擎自动根据服务设计器生成的服务描述驱动资源层自动化模块完成服务的创建与配置，无须人工干预。

服务蓝图的构成包括组件定义、组件OS，以及软件定义、网络配置定义等。通过服务蓝图可以简化服务的维护，并对各服务组成方式进行单独、无耦合的管理和实现。特别地，当未来需要增加新的部署模式时，需要新的“集群环境(集群部署架构)”时，仅需要对该部署模式进行定义，并挂接到同一个服务蓝图下。松耦合的服务定义方式大大提高了服务管理的能力。

同时，服务蓝图的参数化支持服务前端的高度灵活性。例如在服务蓝图中可以将数据库组件的数据库实例名及服务端口参数化，这样前端用户就可以在请求该服务时输入期望的值。服务蓝图的管理方式分割了后端实现与前端界面的紧密依赖。事实上，该参数化在服务蓝图上实现后，平台将自动对接更低层的资源管理层，以实现资源部署时的动态逻辑，即在用户请求被确认后，平台发起数据库部署时，动态地将用户给定的值传入，作为创建的数据库服务的实例名和服务端口。基于服务蓝图的特性，用户具备了实现端到端灵活化服务的能力。

3.2.9 云 CMDB 及流程管理

CMDB(Configuration Management Database，配置管理数据库)存储与管理企业 IT 架构中设备的各种配置信息，它与所有服务支持和服务交付流程紧密相连，支持这些流程的运转，发挥配置信息的价值，同时依赖于相关流程保证数据的准确性。在实际项目中，CMDB 常常被认为是构建其他 ITIL 流程的基础而优先考虑，ITIL 项目的成败和是否成功建立 CMDB 有非常大的关系。在云数据中心中对 CMDB 提出了新的要求，大家知道，每个 IaaS 都有一个自己的 CMDB，那么如何实现对 IaaS 云的 CMDB 管理？Docker 和其他类似服务化平台出现之后，又如何实现对这类资源的管理？

当云到来的时候，传统的 CMDB 依然显示出其重要作用，对于资源管理的核心环节，需要对企业内部形成统一台账。本节并不想通过过多的篇幅来讲述 CMDB 本身，而只是对在云平台下，如何能够对动态的基础架构信息进行数据管理做一个简单的思路介绍。

和过去的传统运维方式不同，传统方式下的资源发放都是用户提交申请，然后管理员手动开通的，而在手动开通中，管理员是可以对该开通的资源进行表单记录和 CI 项录入的。但是在云环境下，资源都是用户以自助方式开通，同时对于资源配置的修改，例如纵向扩容增减资源，或者虚拟机漂移等，都会对 CI 项产生影响。

在云平台中，通过自服务开通的这些云资源项(包括虚拟化平台本身以及虚拟化架构、虚拟化架构中的各种配置信息)都需要进行数据填充形成 CI 项，而这些如果通过手动完成，几乎是不可能的，因此需要借助自动发现的能力，自动发现动态中的云环境资源信息，同时自动搜集出 CI 项，填充到 CMDB 中。用户可以为云环境中的 CI 项单独配置一个沙箱，除了从云平台本身自动发现的数据以外，还有业务系统自动产生的一些数据，这些数据可以进行调和，并形成一个准确的 CI 项录入 CMDB。

3.2.10 服务目录管理

无论是在公有云上或者企业私有云上看到的服务或者目录，都是从用户角度看到的。管理员该如何对服务目录进行定义？如果要构建云平台的服务目录，应该具备什么样的能力？下面做一下简单介绍。

(1) 服务目录应该支持对服务的生命周期管理：提供对云服务全生命周期的管理，服务的创建、申请、变更、审批、修改、发布、授权及回收等过程在一个统一的云管理平台上实现。服务创建后可由云平台管理员进行发布。服务发布是对服务库和服务目录中的服务在运营管理系统内进行变更、激活、挂起、撤销等过程的管理。用户只可对发布状态为激活并经过授权的服务进行请求。

(2) 服务目录定义了 IT 服务的使用者与 IT 资源之间的标准接口：管理员在服务目录中可以定义、发布、更新和终止 IT 服务，对 IT 服务的名称、描述、资源类别、资源规模、费用等做出规定,同时可以设定不同用户访问服务目录的权限。管理员可以在服务目录中定义计费策略,包括服务中的选项以及选项内容;设计计量标准,例如CPU、内存等不同实例对应的价格,不同性能磁盘对应的计量、计价等。

(3) 服务实例的管理:提供针对服务实例管理的用户界面,支持对服务实例的创建、审批、变更、终止等操作,管理员能够对服务实例的基本信息、服务请求流程的执行状态等进行操作与查询;支持用户提交修改资源配置的申请,例如CPU个数、内存大小等。用户可针对已有的服务实例提交软件安装或补丁安装申请,例如申请自动安装数据库软件或为某个软件自动打补丁。用户可针对已有的服务实例提交增加或删除虚拟网卡的需求,可指定网卡所在的网络。另外,用户可针对已有的服务实例提交增加或删除磁盘的需求。

(4) 审批设定:针对不同的服务设计流程审批模板。审批管理可以根据用户的请求决定所需要的审批流程,该流程可以是串行、并行,或者单级、多级等模式,支持委托代理审批。管理员可以批准用户的申请,也可以拒绝用户的申请。在审批过程中需要留下详细的审计记录。如果服务申请被批准或拒绝,在自动化操作完后,将自动给申请人以及相关人员发邮件通知。

3.2.11 租户及用户管理

云平台与传统系统一样,都需要涉及租户和用户的管理。私有云通常叫租户管理,而在公有云中通常叫Account或者Organization。对于租户管理,云平台允许创建租户,并且第一个创建该租户的具有管理员的角色。对于不同租户的资源和数据隔离,通常可以通过VPC逻辑区分,然后再通过VPC和相应的网络安全策略进行绑定,从而实现逻辑隔离。

除了租户外,还需要设计权限和用户以及用户组,权限可以赋予用户组,也可以单独赋予某个用户,通过用户组可以更方便地划分用户属性。通过用户组合角色绑定,可以对用户所能看到的页面信息和访问视图进行控制。

在私有云中还会涉及配额管理,在公有云中不会涉及。这主要因为公有云对服务的申请会生成账单,而私有云往往用户申请资源,属于内部核算,不会发生真正的费用,因此需要指定配额,从而对租户以及用户进行使用量的限制。对用户可以设置资源使用额度,包括该用户所能申请的最大CPU、内存、磁盘和申请的云主机数量的额度。当申请额度达到上限时无法继续申请资源,需要重新调整额度,然后才能申请。云平台管理员可以设置租户管理员额度,租户管理员可以设置租户内用户额度。额度可以设置为无限量。

3.2.12 容量规划及管理

云平台对容量的考量是非常有必要的,无论是公有云还是私有云。云端资源申请是弹性的、动态的,那么管理员什么时候知道该扩容?扩哪里?扩什么资源呢?在这个时候就需要云管理平台具备容量分析和规划的能力。

容量规划是基础设施运维服务的重要组成部分,业务关联度高,整合性强,预测误差小的容量预测工具能够有效预测资源池性能瓶颈和发生的时间点,避免性能问题所造成的服务中断。同时，容量信息也是硬件采购、系统扩容以及节能减排等工作的重要依据。

容量管理和规划需要具备分析、预测的能力，具备良好的数据兼容性，能够从网络、服务器、数据库、中间件、业务等监控系统中抽取指定的性能数据，并以直观的方式呈现给容量分析人员。同时系统内置预测/分析模块，支持 what-if、时间序列等分析模式，并绘制资源/服务趋势预测图，出具容量分析和规划报表。

系统支持业务场景下的容量分析。系统能够同时对资源指标、服务指标以及业务指标进行关联度分析与预测，并提供相应的 what-if 预测，包括如下内容。

(1) 指定业务 KPI，分析特定条件下的容量需求，例如访问量增加 30%，保证在系统响应时间不变的条件下系统的可能瓶颈点以及容量需求。

(2) 指定业务 KPI，分析系统的最大业务容量，保证在系统响应时间不变的条件下当前系统能支持的最大并发用户数。

(3) 分析基础设施扩容，包括水平及垂直扩展，以及业务增长趋势对资源利用率、业务 KPI 的影响。

(4) 标识可能的性能瓶颈点，例如为了保证响应的时间，当业务量增加 30%，标识此时系统的性能瓶颈点。

(5) 根据 SPEC、TPC-C 等机构发布的硬件规格(Hardware Benchmarks)评估，比较不同的硬件对系统容量的影响，支持定制化 Benchmarks。

(6) 提供容量面板、分析与规划报表。

3.3 特殊云机制

典型的云技术架构包括大量灵活的部分，这些部分应对 IT 资源和解决方案有不同的使用要求。通常有如下特殊云机制。

- 自动伸缩监听器；
- 负载均衡器；
- 故障转移系统；
- 虚拟机监控器；
- 资源集群；
- 多设备代理；
- 状态管理数据库。

用户可以把这些机制看成对云基础设施的扩展。

3.3.1 自动伸缩监听器

自动伸缩监听器(Automated Scaling Listener)机制是一个服务代理，它监听和追踪用户与云服务之间的通信或 IT 资源的使用情况。实际上就是监听，如果发现超过阈值(大或者小，例如 CPU＞70%，用户请求每秒大于 10 个，并持续 10 分钟)，通知云用户(VIM 平台)，云用户(VIM 平台)可以进行调整。注意，这只是监听器监听自动伸缩的需求，不是处理自动伸缩。如果扩展需求在同一物理服务器上无法实现，则需要 VIM 执行虚拟机在线迁移，迁移到满足条件的另一台物理服务器上。

对于不同负载波动的条件，自动伸缩监控器可以提供不同类型的响应，例如：

(1) 根据云用户实现定义的参数，自动伸缩IT资源。

(2) 当负载超过当前阈值或低于已分配资源时，自动通知云用户。

3.3.2 负载均衡器

负载均衡器(Load Balancer)机制是一个运行时代理，有下面3种方式，它们都是分布式的，而不是主/备(备份)的方式。该机制可以通过交换机、专门的硬件/软件设备以及服务代理来实现。

- 非对称分配(asymmetric distribution)：较大的工作负载被送到具有较强处理能力的IT资源。
- 负载优先级(workload prioritization)：负载根据其优先级别进行调度、排队、丢弃和分配。
- 上下文感知的分配(content-aware distribution)：根据请求内容分配到不同的IT资源。

负载均衡器被程序编码或者被配置成含有一组性能以及QoS规则和参数，一般目标是优化IT资源使用，避免过载并最大化吞吐量。负载均衡器机制可以是多层网络交换机、专门的硬件设备、专门的基于软件的系统、服务代理。

负载均衡的实现方式有以下几类。

1. 软件负载均衡技术

该技术适用于一些中小型网站系统，可以满足一般的均衡负载需求。软件负载均衡技术是在一个或多个交互的网络系统中的多台服务器上安装一个或多个相应的负载均衡软件来实现的一种均衡负载技术。

软件可以很方便地安装在服务器上，并且实现一定的均衡负载功能。软件负载均衡技术配置简单、操作方便，最重要的是成本很低。

2. 硬件负载均衡技术

由于硬件负载均衡技术需要额外增加负载均衡器，成本比较高，所以适用于流量高的大型网站系统。不过对于目前较有规模的企业网站、政府网站来说，都会部署硬件负载均衡设备，原因是一方面硬件设备更稳定，另一方面也是合规性达标的目的。

硬件负载均衡技术是在多台服务器间安装相应的负载均衡设备，也就是通过负载均衡器来完成均衡负载技术，与软件负载均衡技术相比，能达到更好的负载均衡效果。

3. 本地负载均衡技术

本地负载均衡技术是对本地服务器集群进行负载均衡处理。该技术通过对服务器进行性能优化，使流量能够平均分配在服务器集群中的各个服务器上。本地负载均衡技术不需要购买昂贵的服务器或优化现有的网络结构。

4. 全局负载均衡技术

全局负载均衡技术(也称为广域网负载均衡)适用于拥有多个服务器集群的大型网站系统。全局负载均衡技术是对分布在全国各个地区的多个服务器进行负载均衡处理,该技术可以通过对访问用户的IP地理位置的判定,自动转向地域最近点。很多大型网站都使用这种技术。

5. 链路集合负载均衡技术

链路集合负载均衡技术是将网络系统中的多条物理链路当作单一的聚合逻辑链路来使用,使网站系统中的数据流量由聚合逻辑链路中所有的物理链路共同承担。这种技术可以在不改变现有的线路结构、不增加现有带宽的基础上大大提高网络数据吞吐量,节约成本。

3.3.3 故障转移系统

故障转移系统(Failover System)通过集群技术提供冗余实现IT资源的可靠性和可用性。故障转移集群是一种高可用的基础结构层,由多台计算机组成,每台计算机相当于一个冗余节点,整个集群系统允许某部分节点掉线、故障或损坏,而不影响整个系统的正常运作。

一台服务器接管发生故障的服务器的过程通常称为"故障转移"。如果一台服务器变为不可用,则另一台服务器自动接管发生故障的服务器并继续处理任务。集群中的每台服务器在集群中至少有一台其他服务器确定为其备用服务器。故障转移系统有以下两种基本配置。

- 主动-主动:IT资源的冗余实现会主动地同步服务工作负载,失效的实例从负荷均衡调度器中删除(或置为失效)。
- 主动-被动:有活跃实例和待机实例(无负荷,可最小配置),如果检测到活跃实例失效,将被重定向到待机实例,该待机实例就成为了活跃实例。原来的活跃实例如果恢复或者重新建立,可成为新的待机实例。这就是冗余机制。

负载均衡是对新请求进行保护,对于正在处理的请求(或者请求组)是会丢失的。至于采用哪种方式,由具体业务特性决定。

如图3.12所示,第一台服务器(Database01)是处理所有事务的活动服务器,仅当Database01发生故障时,处于空闲状态的第二台服务器(Database02)才会处理事务。故障转移集群将一个虚拟IP地址和主机名(Database10)在客户端和应用程序所使用的网络上公开。

3.3.4 资源集群

资源集群(Resource Cluster)将多个IT资源实例合并成组,使之能像一个IT资源那样进行操作,也就是 *N* in 1。在实例间通过任务调度、数据共享和系统同步等进行通信。集群管理平台作为分布式中间件,运行在所有的集群节点上。资源集群的类型如下。

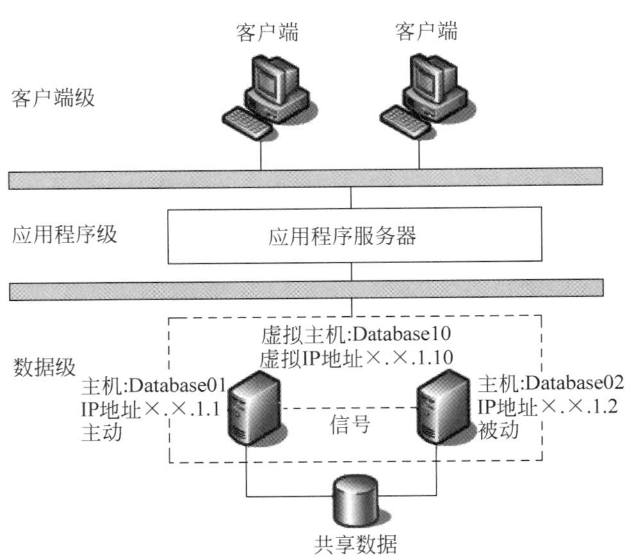

图 3.12 故障转移系统的工作原理

- 服务器集群：运行在不同物理服务器上的虚拟机监控器可以被配置为共享虚拟服务器执行状态(例如内存页和处理器寄存器状态)，以此建立起集群化的虚拟服务器，通常需物理服务器共享存储，这样虚拟服务器就可以从一个物理服务器在线迁移到另一个。
- 数据库集群：具有同步的特性，集群中使用的各个存储设备上存储的数据一致，提供冗余能力。
- 大数据集集群(Large Dataset Cluster)：实现数据的分区和分布，目标数据集可以有效地花费区域，而不需要破坏数据的完整性或计算的准确性。每个节点都可以处理负载，而不需要像其他类型那样，与其他节点进行很多通信。

其中，HA 集群是资源集群的一种，Linux-HA 的全称是 High-Availability Linux，它是一个开源项目。这个开源项目的目标是通过社区开发者的共同努力，提供一个增强 Linux 可靠性(Reliability)、可用性(Availability)和可服务性(Serviceability)的集群解决方案。

Heartbeat 是 Linux-HA 项目中的一个组件，也是目前开源 HA 项目中最成功的一个例子，它提供了所有 HA 软件需要的基本功能，例如心跳监测和资源接管、监测集群中的系统服务、在集群中的节点间转移共享 IP 地址的所有者等。其中涉及节点、资源、事件和动作 4 个相关术语。

1. 节点(Node)

运行 Heartbeat 进程的一个独立主机称为节点，节点是 HA 的核心组成部分，每个节点上运行着操作系统和 Heartbeat 软件服务。在 Heartbeat 集群中节点有主次之分，分别称为主节点和备用/备份节点，每个节点拥有唯一的主机名，并且拥有属于自己的一组资源，例如磁盘、文件系统、网络地址和应用服务等。在主节点上一般运行着一个或多个应用服务，而备用节点一般处于监控状态。

2. 资源(Resource)

资源是一个节点可以控制的实体，并且当节点发生故障时，这些资源能够被其他节点接管。在 Heartbeat 中，可以当作资源的实体有如下几种。

- 磁盘分区、文件系统；
- IP 地址；
- 应用程序服务；
- NFS 文件系统。

3. 事件(Event)

事件就是集群中可能发生的事情，例如节点系统故障、网络连通故障、网卡故障、应用程序故障等。这些事件都会导致节点的资源发生转移，HA 的测试也是基于这些事件进行的。

4. 动作(Action)

事件发生时 HA 的响应方式，动作是由 Shell 脚本控制的。例如，当某个节点发生故障后，备份节点将通过事先设定好的执行脚本进行服务的关闭或启动，进而接管故障节点的资源。

图 3.13 是一个 Heartbeat 集群的一般拓扑图。在实际应用中，由于节点的数目、网络结构、磁盘类型配置不同，拓扑结构可能会有所不同。在 Heartbeat 集群中，最核心的是 Heartbeat 模块的心跳监测部分和集群资源管理模块的资源接管部分，心跳监测一般由串行接口通过串口线来实现，两个节点之间通过串口线相互发送报文来告诉对方自己当前的状态，如果在指定的时间内未收到对方发送的报文，那么就认为对方失效，这时资源接管模块将启动，用来接管运行在对方主机上的资源或者服务。

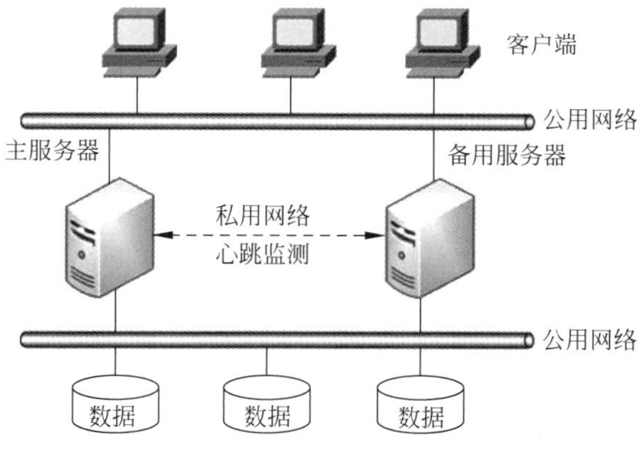

图 3.13 Heartbeat 集群的一般拓扑图

3.3.5 多设备代理

多设备代理(Multi-Device Broker)机制用来帮助运行时的数据转换，使得云服务被更广泛的用户程序和设备所用。

多设备代理通常是作为网关存在的，或者包含有网关的组件，例如XML网关、云存储网关、移动设备网关。

用户可以创建的转换逻辑层次包括传输协议、消息协议、存储设备协议、数据模型/数据模式。

3.3.6 状态管理数据库

状态管理数据库(State Management Database)是一种存储设备，用来暂时地存储软件的状态数据。作为把状态数据缓存在内存中的一种替代方法，软件程序可以把状态数据卸载到数据库中，用于降低程序占用的运行时内存量。因此，软件程序和周边的基础设施都具有更大的可扩展性。

3.4 小结

基础机制是指在IT行业内确立的具有明确定义的IT构件，它通常区别于具体的计算模型和平台。云计算具有以技术为中心的特点，这就需要建立一套正式机制作为探索云技术架构的基础。本章介绍了云计算中常用的云计算机制，在实现过程中可以将它们组成不同的组合形式来具体应用。

3.5 习题

1. 云基础设施机制包括哪些?
2. 云管理机制包括哪些?
3. 特殊云机制包括哪些?

第 4 章

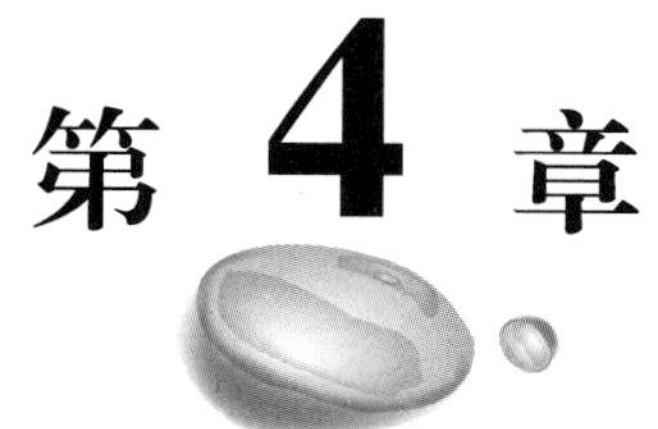

虚　拟　化

本章介绍虚拟化技术，将对虚拟化、虚拟化技术的分类、系统虚拟化、虚拟化与云计算、相关开源技术以及虚拟化未来的发展趋势进行讲解，包括虚拟化的发展历史以及虚拟化带来的好处。通过本章的学习，读者能够对虚拟化技术有系统的了解，并对相关技术有一定的认识。

4.1　虚拟化简介

随着近年来多核系统、集群、网格甚至云计算的广泛部署，虚拟化技术在应用上的优势日益体现，通过使用虚拟化不仅可以降低 IT 成本，而且可以增强系统的安全性和可靠性。现在，虚拟化的概念已逐渐渗入人们日常的工作与生活当中。

4.1.1　什么是虚拟化

虚拟化是指计算机元件在虚拟的基础上而不是在真实的、独立的物理硬件基础上运行。例如，CPU 的虚拟化技术可以实现单 CPU 模拟多 CPU 并行，允许一个平台同时运行多个操作系统，并且应用程序可以在相互独立的空间内运行，互不影响，从而显著提高计算机的工作效率。这种以优化资源(把有限的、固定的资源根据不同的需求进行重新规划以达到最大利用率)、简化软件的重新配置过程为目的的解决方案就是虚拟化技术。

图 4.1 展示了虚拟化架构与传统架构的对比。简单来讲，虚拟化架构就是在一个物理硬件机器上同时运行多个不同应用的独立的虚拟系统。这些同时运行的虚拟系统由 Hypervisor 来控制，虚拟机被称为“guest”。Hypervisor 不仅可以提供虚拟系统资源，进行主机和虚拟机之间的调度，而且可以提供虚拟机之间的通信。虚拟服务器的应用如下。

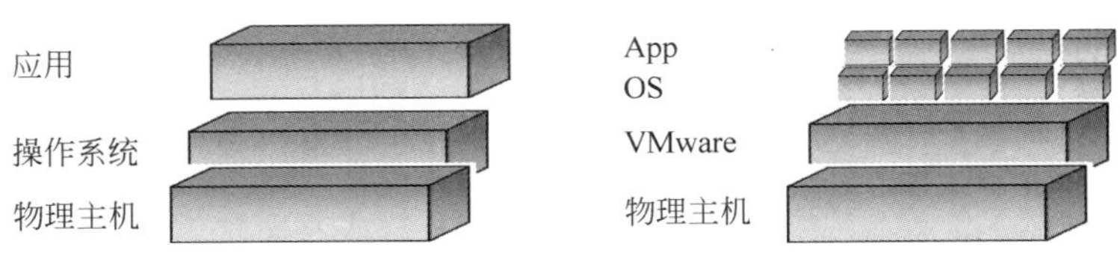

图 4.1 虚拟化架构与传统架构的对比

1. 研发与测试

提到虚拟服务器的应用,人们首先想到的就是研发测试环境,因为在一般情况下,研发和测试人员需要使用不同的操作系统环境,而如果每一种平台都需要使用物理服务器,这将会给准备测试环境的过程带来相当大的困难,一个小小的测试改变就需要重装若干这样的测试用服务器。如果一个测试过程需要成百上千台服务器进行压力测试,准备纯物理服务器的测试环境几乎不可能,虚拟化技术无疑是最佳的选择。

通过在一台物理服务器上实现多个操作系统,或者实现成百上千个虚拟服务器,可以极大地降低研发和测试的成本。

2. 服务器合并

很多企业用户都不得不面对这样的尴尬:每实施一项应用就要买一台计算机,随着应用的增加,一般要购买很多不易变更的资源;在这个过程中,完成不同任务的服务器越来越多,管理变得越来越复杂;同时服务器的利用率却很低,仅为15%～20%,将会造成资源的极大浪费。

因此,将各种不同的服务器整合在一起的方案受到了用户的欢迎,但是整合在一起的服务器如何分配资源,并保证每一个应用正常运行呢?服务器从小变大是一个问题,而将大块计算资源分成小块也是一个问题。虚拟服务器技术的出现轻松解决了服务器合并的问题,从而受到更多企业用户的青睐。

3. 高级虚拟主机

虚拟主机技术的出现大大降低了在互联网上建立站点的资金成本。可以说,正是这样的虚拟技术构筑起了互联网的大厦。但随着互联网的普及,用户常常抱怨虚拟主机做了过多的限制,而且稳定性不好,资源很难保证。

现在的虚拟主机用户对虚拟主机服务提出了更高的要求,用户需要安全、稳定的环境,甚至要拥有部分资源的控制权。

4.1.2 虚拟化的发展历史

下面介绍虚拟化的发展历史。

1. 虚拟化技术的萌芽

自20世纪60年代开始,美国的计算机学术界就有了虚拟技术思想的萌芽。1959

年，克里斯托弗(Christopher Strachey)发表了一篇学术报告，名为《大型高速计算机中的时间共享》(*Time Sharing in Large Fast Computers*)，他在文中提出了虚拟化的基本概念，这篇文章也被认为是对虚拟化技术的最早论述。

2. 虚拟化技术的雏形

首次出现虚拟化技术是在20世纪60年代，当时的应用是使用虚拟化对稀有而昂贵的资源——大型机硬件的分区。例如，IBM当时就已经在360/67、370等硬件体系上实现了虚拟化。IBM的虚拟化通过VMM把一个硬件虚拟成多个硬件(Virtual Machine，VM)，各VM之间可以认为是完全隔离的，在VM上可以运行"任何"的操作系统，而不会对其他VM产生影响。

3. 虚拟化标准的提出

1974年，Popek和Goldberg在*Formal Requirements for Virtualizable Third Generation Architectures*一文中提出了一组称为虚拟化准则的充分条件，满足条件的控制程序可以被称为VMM。

4. 虚拟化的进一步发展

到了20世纪90年代，一些研究人员开始探索如何利用虚拟化技术解决和廉价硬件激增相关的一些问题，例如利用率不足、管理成本不断攀升和易受攻击等问题。

直到近几年，软/硬件方面的进步才使得虚拟化技术逐渐出现在基于行业标准的中低端服务器上。毫无疑问，虚拟化正在重组IT工业，同时它也正在支撑起云计算。云计算的平台包括3类服务，也就是软件基础实施即服务(IaaS)、平台即服务(PaaS)、软件即服务(SaaS)，这3类服务的基础都是虚拟化平台。如果把云计算单纯地理解为虚拟化，其实也并不为过，因为没有虚拟化的云计算是不可能实现按需计算的目标的。

4.1.3 虚拟化带来的好处

和传统IT资源分配的应用方式相比，使用虚拟化的优势如下。

1. 提高资源利用率

通过整合服务器可以将共用的基础架构资源聚合到资源池中，打破了原有的一台服务器一个应用程序的模式。为了达到资源的最大利用率，虚拟化把一个硬件虚拟成多个硬件，这里的一个硬件指的不是一个个体，而是由一个个个体组成的一组资源，例如将多个硬盘组成阵列、将多个硬盘视为计算机的硬盘部分。用户将许多资源组成一个庞大的、计算能力十分强大的"巨型计算机"，再将这个巨型计算机虚拟成多个独立的系统，这些系统相互独立，但共享资源，这就是虚拟化的精髓。

传统的IT企业为每一项业务应用部署一台单独的服务器，服务器的规模通常是针对峰值配置，服务器的规模(处理能力)远远大于服务器的平均负载，服务器在大部分时间处于空闲状态，资源得不到最大利用。使用虚拟化技术可以动态调用空闲资源，减小服务器规模,从而提高资源利用率。

2. 降低成本,节能减排

现在的能源使用越来越紧张,机房空间不可能无限扩展。通过使用虚拟化,可以使所需的服务器及相关 IT 硬件的数量变少,这样不仅可以减少占地空间,同时也能减少电力和散热需求。通过使用管理工具,可以帮助提高服务器/管理员比率,因此所需的人员数量也将随之减少。总而言之,使用虚拟化可以提高资源利用率、减少服务器的采购数量、降低硬件成本以及增加投资的有效性。

3. 统一管理

传统的 IT 服务器资源是一个个相对独立的硬件个体,对每一个资源都要进行相应的维护和升级,这样会耗费企业大量的人力和物力。虚拟化系统将资源整合,在管理上十分方便,在升级时只需添加动作,避开传统的进行容量规划、定制服务器、安装硬件等工作,从而提高工作效率。

4. 提高安全性

用户可以在一台计算机上模拟多个不同的操作系统,在虚拟系统下的各个子系统相互独立(系统隔离技术),即使一个子系统遭受攻击而崩溃,也不会对其他系统造成影响;而且,在使用备份机制后,子系统在遭受攻击后可以被快速恢复,同时可以避免不同系统造成的不兼容性。

4.2 虚拟化的分类

实际上,人们通常所说的虚拟化技术是指服务器虚拟化技术。除此之外,虚拟化还有网络虚拟化、存储虚拟化以及应用虚拟化。

4.2.1 服务器虚拟化

服务器虚拟化通过区分资源的优先次序,并随时随地将服务器资源分配给最需要它们的工作负载来简化管理和提高效率,从而减少为单个工作负载峰值而储备的资源。

通过服务器虚拟化技术,用户可以动态地启用虚拟服务器(又叫虚拟机),每个服务器实际上可以让操作系统(以及在上面运行的任何应用程序)误以为虚拟机就是实际硬件。运行多个虚拟机还可以充分发挥物理服务器的计算潜能,迅速应对数据中心不断变化的需求。

图 4.2 是一种企业虚拟化服务器的整体解决方案,目前常用的服务器主要分为 UNIX 服务器和 x86 服务器。对 UNIX 服务器而言,IBM、惠普、Sun 公司各有自己的技术标准,没有统一的虚拟化技术。目前 UNIX 的虚拟化仍然受具体产品平台的制约,不过 UNIX 服务器虚拟化通常会用到硬件分区技术,而 x86 服务器的虚拟化标准相对开放。下面介绍 x86 服务器的虚拟化技术。

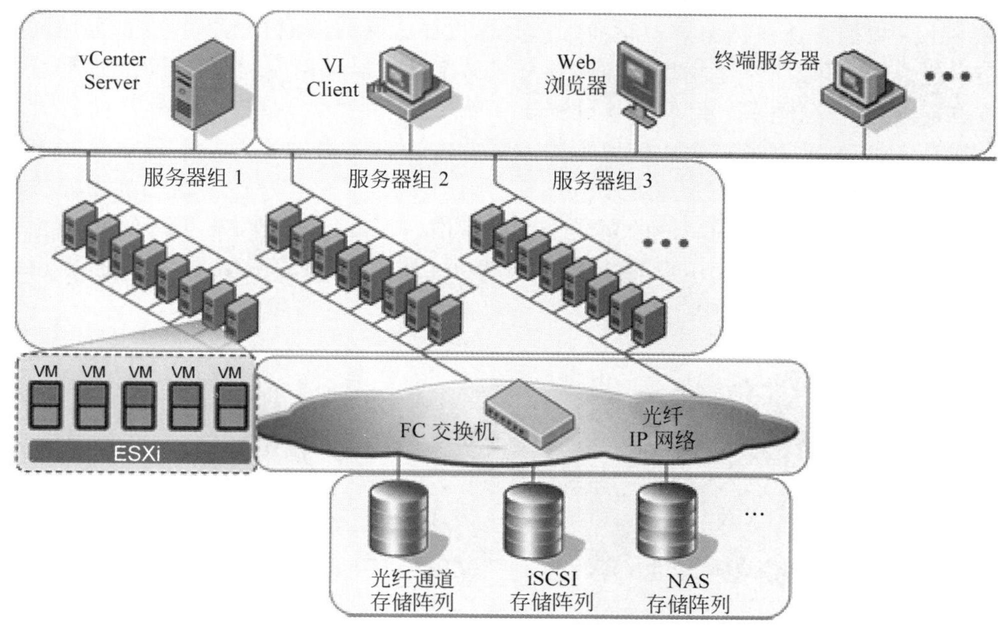

图 4.2 企业虚拟化服务器的解决方案

1. 完全虚拟化

使用 Hypervisor 在 VM 和底层硬件之间建立一个抽象层，Hypervisor 捕获 CPU 指令，为指令访问硬件控制器和外设充当中介。这种虚拟化技术几乎能让任何一款操作系统不加改动就可以安装在 VM 上，而它们不知道自己运行在虚拟化环境下。完全虚拟化的主要缺点是 Hypervisor 会带来处理开销。

2. 准虚拟化

完全虚拟化是处理器密集型技术，因为它要求 Hypervisor 管理各个虚拟服务器，并让它们彼此独立。减轻这种负担的一种方法就是改动客户操作系统，让它以为自己运行在虚拟环境下，能够与 Hypervisor 协同工作，这种方法就叫准虚拟化。准虚拟化技术的优点是性能高。经过准虚拟化处理的服务器可与 Hypervisor 协同工作，其响应能力几乎不亚于未经过虚拟化处理的服务器。

3. 操作系统层虚拟化

实现虚拟化还有一个方法，那就是在操作系统层面增添虚拟服务器功能。就操作系统层的虚拟化而言，没有独立的 Hypervisor 层。相反，主机操作系统本身就负责在多个虚拟服务器之间分配硬件资源，并且让这些服务器彼此独立。一个明显的区别是，如果使用操作系统层虚拟化，所有虚拟服务器必须运行同一操作系统。

4.2.2 网络虚拟化

图 4.3 是网络虚拟化架构。简单来说，网络虚拟化将不同网络的硬件和软件资源组

合成一个虚拟的整体。网络虚拟化通常包括虚拟局域网和虚拟专用网。虚拟局域网是其典型的代表,它可以将一个物理局域网划分成多个虚拟局域网,或者将多个物理局域网中的节点划分到一个虚拟局域网中,这样提供一个灵活、便捷的网络管理环境,使得大型网络更加易于管理,并且通过集中配置不同位置的物理设备来实现网络的最优化。虚拟专用网(VPN)是在大型网络(通常是 Internet)中的不同计算机(节点)上通过加密连接而组成的虚拟网络,具有类似局域网的功能。虚拟专用网帮助管理员维护 IT 环境,防止来自内网或者外网中的威胁,使用户能够快速、安全地访问应用程序和数据。目前,虚拟专用网应用在大量的办公环境中。

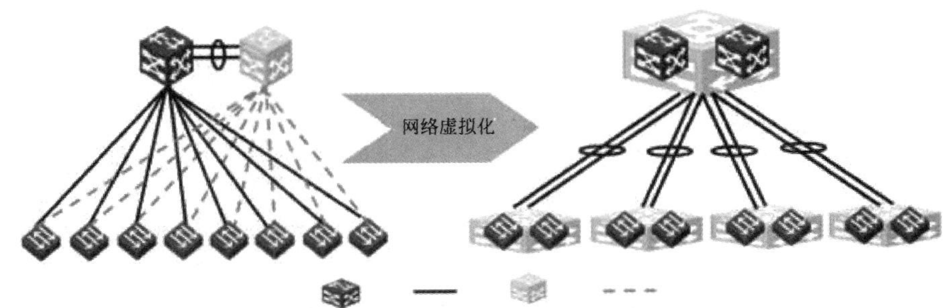

图 4.3 网络虚拟化架构

网络虚拟化应用于企业核心和边缘路由。利用交换机中的虚拟路由特性,用户可以将一个网络划分为使用不同规则来控制的多个子网,而不必再为此购买和安装新的机器或设备。与传统技术相比,它具有更少的运营费用和更低的复杂性。

SDN(Software Defined Network)从 2012 年开始在学术界受到了人们广泛的关注。

提到 SDN,大家能想到的基本上绕不过控制转发分离、可编程接口、集中控制这 3 个特点。这 3 个特点很重要,也是 SDN 存在的价值。除此之外,伴随着 SDN 一起成长的还有 NFV,即网络功能虚拟化。

(1) SDN 出身于斯坦福实验室,算是学术界;而 NFV 出身于工业界,相对而言,NFV 是一种技术。

(2) SDN 和 NFV 是可以相互独立存在的,据相关研究表明,二者结合起来的效果更优,但是需要处理的问题会更多。

(3) 从大的方面讲,SDN 和 NFV 都提出将软件和硬件分离的概念。但是细化之后,SDN 侧重于将设备层面的控制模块分离出来,简化底层设备,进行集中控制,底层设备只负责数据的转发,目的在于降低网络管理的复杂度、协议部署的成本和灵活,以及网络创新;而 NFV 看中将设备中的功能提取出来,通过虚拟化技术在上层提供虚拟功能模块。也就是 NFV 希望能够使用通用的 x86 体系结构的机器替代底层各种异构的专用设备,然后通过虚拟化技术在虚拟层提供不同的功能,允许功能进行组合和分离。

(4) 在 SDN 中也存在虚拟化技术,但是和 NFV 有本质的区别。SDN 虚拟的是设备,而 NFV 虚拟的是功能。

1. SDN

SDN 即软件定义网络,英文全称为 Software Defined Network。它是 Emulex 公司

提出的一种新型网络创新架构，是网络虚拟化的一种实现方式，其核心技术 OpenFlow 通过将网络设备控制面与数据面分离开来，实现了网络流量的灵活控制，使网络作为管道变得更加智能。

SDN 初始于园区网络，一群研究者在进行科研时发现每次进行新的协议部署尝试时都需要改变网络设备的软件，这让他们非常郁闷，于是他们开始考虑让这些网络硬件设备可编程化，并且可以被集中在一个盒子里管理和控制，就这样诞生了当今 SDN 的基本定义和元素：

- 分离控制和转发的功能；
- 控制集中化；
- 使用广泛定义的(软件)接口使得网络可以执行程序化行为。

传统 IT 架构中的网络根据业务需求部署上线以后，如果业务需求发生变动，重新修改相应网络设备(路由器、交换机、防火墙)上的配置是一件非常烦琐的事情。在互联网/移动互联网瞬息万变的业务环境下，网络的高稳定与高性能还不足以满足业务需求，灵活性和敏捷性反而更为关键。SDN 所做的事情是将网络设备上的控制权分离出来，由集中的控制器管理，无须依赖底层网络设备(路由器、交换机、防火墙)，屏蔽了来自底层网络设备的差异。控制权是完全开放的，用户可以自定义任何想实现的网络路由和传输规则策略，从而更加灵活和智能。在进行 SDN 改造后，无须对网络中每个节点的路由器反复进行配置，网络中的设备本身就是自动化连通的，只需要在使用时定义好简单的网络规则即可。如果用户不喜欢路由器自身内置的协议，可以通过编程的方式对其进行修改，以实现更好的数据交换性能。

另一个 SDN 成功的环境就是云数据中心，这些数据中心的规模不断扩大，如何控制虚拟机的爆炸式增长，如何用更好的方式连接和控制这些虚拟机，成为数据中心的明确需求。SDN 的思想恰恰提供了一个希望，即数据中心如何可以更可控。

OpenFlow 向标准推进，那么 OpenFlow 是从何处走进 SDN 的视野中的？在 SDN 初创时，如果需要获得更多的认可，就意味着标准化这类工作必不可少。于是，各网络厂商联合起来组建了开放网络论坛(ONF)，其目的就是要将控制平面和转发平面之间的通信协议标准化，这就是 OpenFlow。OpenFlow 定义了流量数据如何组织成流的形式(Flow，也就是流，意味着 OpenFlow 常提到的流表)，并且定义了这些流如何按需控制。这是让业界认识到 SDN 益处的关键一步。

2. NFV

NFV 即网络功能虚拟化，英文全称为 Network Function Virtualization。它通过使用 x86 等通用性硬件以及虚拟化技术来承载很多功能的软件处理，从而降低网络昂贵的设备成本；可以通过软/硬件解耦及功能抽象使网络设备的功能不再依赖于专用硬件，资源可以充分、灵活地共享，实现新业务的快速开发和部署，并基于实际业务需求进行自动部署、弹性伸缩、故障隔离和自愈等。

NFV 由服务供应商创建，和 SDN 始于研究者和数据中心不同，NFV 则是由运营商的联盟提出，原始的 NFV 白皮书描述了他们遇到的问题以及初步的解决方案。网络运营商的网络通过大型的、不断增长的专属硬件设备来部署。一项新网络服务的推出通常需要另一种变体，而现在越来越难找到空间和动力来推荐这些盒子。除此之外，能耗在增加，资本投入存在挑战，又缺少必要的技巧来设计、整合与操作日趋复杂的硬件设备。

NFV 旨在利用标准的 IT 虚拟化技术解决这些问题，具体是把多种网络设备类型融合到数据中心、网络节点和终端用户企业内可定位的行业标准高容量服务器、交换机与存储中。我们相信 NFV 可应用到任何数据层的数据包进程和固定移动网络架构中的控制层功能。

NFV 的最终目标是通过基于行业标准的 x86 服务器、存储和交换设备来取代通信网中私有、专用的网元设备。由此带来的好处是，一方面基于 x86 标准的 IT 设备成本低廉，能够为运营商节省巨大的投资成本；另一方面，开放的 API 接口也能帮助运营商获得更多、更灵活的网络能力。大多数运营商都有网络功能虚拟化(NFV)项目，他们的项目是基于开放计算项目(OCP)开发的技术。

4.2.3 存储虚拟化

如图 4.4 所示，存储虚拟化就是把各种不同的存储设备有机地结合起来进行使用，从而得到一个容量很大的"存储池"，可以提供给各种服务器灵活使用，并且数据可以在各存储设备间灵活转移。

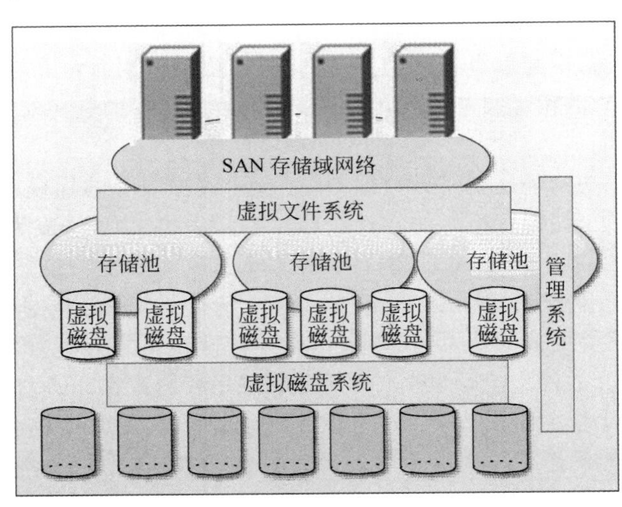

图 4.4 存储虚拟化的解决方案

存储虚拟化的基本概念是将实际的物理存储实体与存储的逻辑表示分离开来，应用服务器只与分配给它们的逻辑卷(或称虚卷)打交道，而不用关心其数据在哪个物理存储实体上。逻辑卷与物理实体之间的映射关系是由安装在应用服务器上的卷管理软件(称为主机级的虚拟化)或存储子系统的控制器(称为存储子系统级的虚拟化)或加入存储网络 SAN 的专用装置(称为网络级的虚拟化)来管理的。

存储虚拟化技术主要分为硬件和软件两种方式来实现，目前大多数存储厂商都提供了这种技术。微软的分布式文件系统(DFS)从某种意义上来说也是存储虚拟化的一种实现方式。Redundant Array of Independent Disk(RAID)技术是虚拟化存储技术的雏形，目前使用的存储装置还有 Network Attached Storage(NAS)和 Storage Area Network

(SAN)。主流的虚拟存储技术产品有 EMC 的 Invista、IBM 的 SVC、HDS 的 UPS 等。

4.2.4 应用虚拟化

应用虚拟化通常包括两层含义,一是应用软件的虚拟化,二是桌面的虚拟化。所谓的应用软件虚拟化,就是将应用软件从操作系统中分离出来,通过压缩后的可执行文件夹来运行,而不必需要任何设备驱动程序或者与用户的文件系统相连,借助于这种技术,用户可以减小应用软件的安全隐患和维护成本,以及进行合理的数据备份与恢复。

桌面虚拟化技术是把应用程序的人机交互逻辑(应用程序界面、键盘及鼠标的操作、音频输入/输出、读卡器、打印输出等)与计算逻辑隔离开来,客户端无须安装软件,通过网络连接到应用服务器上,计算逻辑从本地迁移到后台的服务器完成,实现应用的快速交付和统一管理。

在采用桌面虚拟化技术之后,将不需要在每个用户的桌面上部署和管理多个软件客户端系统,所有应用客户端系统将一次性地部署在数据中心的一台专用服务器上,这台服务器就放在应用服务器的前面。客户端也将不需要通过网络向每个用户发送实际的数据,只有虚拟的客户端界面(屏幕图像更新、按键、鼠标移动等)被实际传送并显示在用户的计算机上。这个过程对最终用户是一目了然的,最终用户的感觉好像是实际的客户端软件正在自己的桌面上运行一样。

例如,思杰的 XenDesktop、戴尔的 WyseThinOS、微软的远程桌面服务、微软企业桌面虚拟化(MED-V)以及 VMware View Manager 等软件(图 4.5 所示的是 View4 桌面虚拟化应用)都已实现桌面虚拟化。

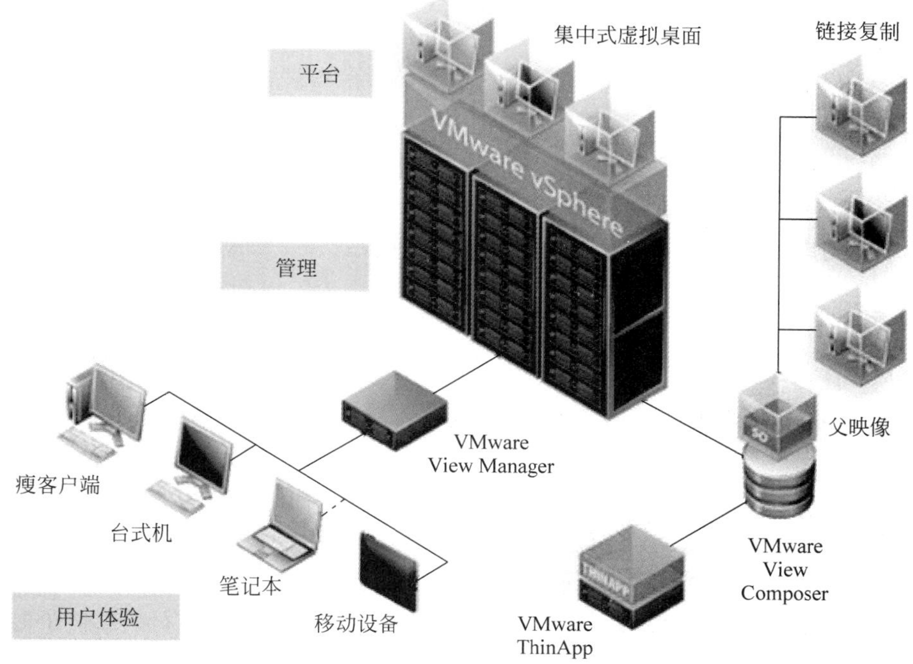

图 4.5 View4 桌面虚拟化应用

4.2.5 技术比较

从表 4.1 可以看出，在这 4 种虚拟化技术中，服务器虚拟化技术、应用虚拟化中的桌面虚拟化技术相对成熟，也是使用较多的技术，而其他虚拟化技术还需要在实践中进一步检验和完善。

表 4.1 4 种虚拟化技术的比较

比 较 项 目	服务器虚拟化	存储虚拟化	网络虚拟化	应用虚拟化
产生年代	20 世纪 60 年代	2003 年	20 世纪末期	21 世纪
成熟程度	高	中	低	低
主流厂商	VMware 微软 IBM 惠普	EMC HDS IBM	Cisco 3Com	Citrix VMware 微软
增强管理性	高	中	中	高
可靠性	高	中	中	中
可用性	高	高	中	高
兼容性	高	中	低	中
可扩展性	高	高	中	中
部署难度	中	高	中	高

4.3 系统虚拟化

系统虚拟化的核心思想是使用虚拟化软件在一台物理机上虚拟出一台或多台虚拟机。其步骤如下。

(1) 利用虚拟化评估工具进行容量规划，实现同平台应用的资源整合：首先采用容量规划工具决定每个系统的配置，利用虚拟化评估工具决定整合方案，然后根据总容量需求采用虚拟化进行整合。从整合同平台的应用开始，优先考虑架构相似的、低利用率的、分布式的应用，还要考虑访问高峰时段错开的、多层架构的应用，以减少网络流量。基于类似 System z、Power Systems、System x & Blade 3 种服务器平台的虚拟化方案可以实现应用的整合。

(2) 在服务器虚拟化的基础上虚拟化 I/O 和存储：实现存储虚拟化有助于实现更高的灵活性。存储虚拟化将多套磁盘阵列整合为统一的存储资源池，并通过单一节点对存储资源池进行管理；实现异构存储系统之间资源共享及通用的复制服务，在不影响主机应用的情况下调整存储环境。实现 I/O 虚拟化，即通过将网卡、交换机和网络节点虚拟化，实现 IP 网络及 SAN 网络容量的优化，降低网络设备的复杂度，提高服务器的整合效率。

(3) 实现虚拟资源池的统一管理：在虚拟化平台搭建完成后，需要实施有效管理以确保整个 IT 架构的正常运转。IBM 公司可提供基于行业的最佳实践，从战略规划、设计到实施和维护的 IT 服务，帮用户实现异构平台管理的整合与统一、快速部署和优化资源使用,减少系统管理的复杂性。

(4) 从虚拟化迈向云计算,通过云计算实现跨系统的资源动态调整：云计算是一种计算模式,在这种模式中,应用、数据和IT资源以服务的方式通过网络提供给用户使用。大量的计算资源组成IT资源池,用于动态创建高度虚拟化的资源供用户使用。云计算是系统虚拟化的最高境界。

4.4　虚拟化与云计算

云计算是业务模式,是产业形态,不是一种具体的技术,例如IaaS、PaaS和SaaS都是云计算的表现形式。虚拟化技术是一种具体的技术,虚拟化和分布式系统都是用来实现云计算的关键技术之一。

换句话说,云计算是一种概念,其“漂浮”在空中,故如何使云计算真正落地,成为真正提供服务的云系统是云计算实现的目标。业界已经形成广泛的共识：云计算将是下一代计算模式的演变方向,而虚拟化则是实现这种转变最为重要的基石。虚拟化技术与云计算几乎是相辅相成的,在云计算涉及的地方,都有虚拟化的存在,可以说虚拟化技术是云计算实现的关键,没有虚拟化技术,谈不上云计算的实现。所以虚拟化与云计算有着紧密的关系,有了虚拟化的发展,使云计算成为可能,而随着云计算的发展,带动虚拟化技术进一步成熟和完善。

图4.6是一个典型的云计算平台。在此平台中,由数台虚拟机构成的虚拟化的硬件平台共同托起了全部软件层所提供的服务。在虚拟化与云计算共同构成的这样一个整体架构中,虚拟化有效分离了硬件与软件,而云计算则让人们将精力更加集中在软件所提供的服务上。云计算必定是虚拟化的,虚拟化给云计算提供了坚定的基础。但是虚拟化的用处并不仅限于云计算,这只是它强大功能中的一部分。

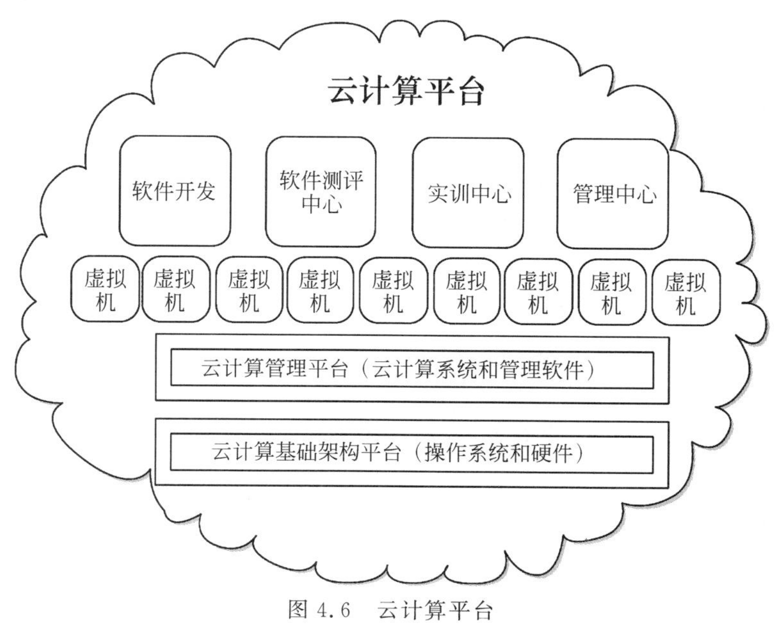

图4.6　云计算平台

虚拟化是一个接口封装和标准化的过程，封装的过程根据不同的硬件有所不同，通过封装和标准化，为在虚拟容器里运行的程序提供适合的运行环境。这样，通过虚拟化技术可以屏蔽不同硬件平台的差异性，屏蔽不同硬件的差异所带来的软件兼容问题；可以将硬件的资源通过虚拟化软件重新整合后分配给软件使用。虚拟化技术实现了硬件无差别的封装，这种方式很适合部署在云计算的大规模应用中。

4.5 开源技术

4.5.1 Xen

Xen 是一个开放源代码的虚拟机监控器，由剑桥大学开发。它打算在单个计算机上运行多达 100 个满特征的操作系统。操作系统必须进行显式修改（“移植”），以在 Xen 上运行。

从图 4.7 中可以看出，Xen 虚拟机可以在不停止的情况下在多个物理主机之间进行实时迁移。在操作过程中，虚拟机在没有停止工作的情况下内存被反复地复制到目标机器，在最终目的地开始执行之前会有一次 60～300 毫秒的暂停，以执行最终的同步化，给用户无缝迁移的感觉。

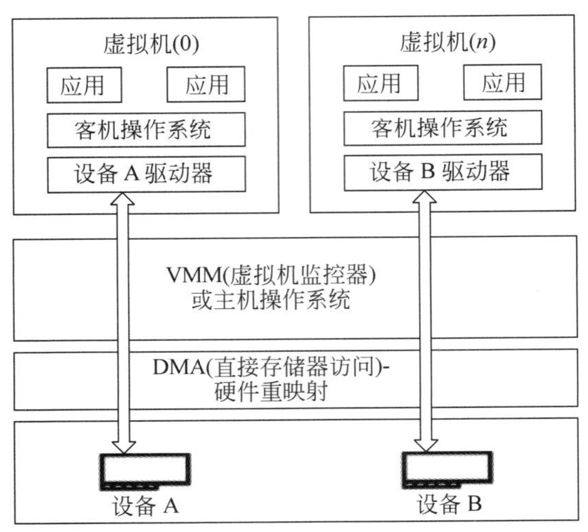

图 4.7 Xen 虚拟机架构

Xen 是一个基于 x86 架构、发展最快、性能最稳定、占用资源最少的开源虚拟化技术。Xen 可以在一套物理硬件上安全地执行多个虚拟机，与 Linux 是一个完美的开源组合，Novell SUSE Linux Enterprise Server 最先采用了 Xen 虚拟化技术。它特别适用于服务器应用整合，可以有效节省运营成本，提高设备利用率，最大化地利用数据中心的 IT 基础架构。

应用案例

1）腾讯公司（中国最大的 Web 服务公司）

腾讯公司经过多方测试比较后，最终选择了 Novell SUSE Linux Enterprise Server

中的 Xen 超虚拟化技术。该技术不仅帮助腾讯改善了硬件利用率，并且提高了系统负载变化时的灵活性。客户说："在引入 Xen 超虚拟化技术后，我们可以在每台物理机器上运行多个虚拟服务器，这意味着我们可以显著地扩大用户群，而不用相应地增加硬件成本。"

2）宝马集团（驰名世界的高档汽车生产企业）

宝马集团（BMW Group）利用 Novell 带有集成 Xen 虚拟化软件的 SUSE Linux Enterprise Server 来执行其数据中心的虚拟化工作，从而降低硬件成本，简化部署流程。采用虚拟化技术使该公司节省了高达 70%的硬件成本，同时也节省了大量的电力成本。

4.5.2 KVM

KVM 是 Kernel-based Virtual Machine 的简称，它是一个开源的系统虚拟化模块，自 Linux 2.6.20 之后集成在 Linux 的各个主要发行版本中。它使用 Linux 自身的调度器进行管理，所以相对于 Xen，其核心源代码很少。KVM 目前已成为学术界的主流 VMM 之一。

KVM 的虚拟化需要硬件支持（例如 Intel VT 技术或者 AMD V 技术）。它是基于硬件的完全虚拟化。图 4.8 是 KVM 的基本结构，其中从下到上分别是 Linux 内核模式、Linux 用户模式、客户模式。

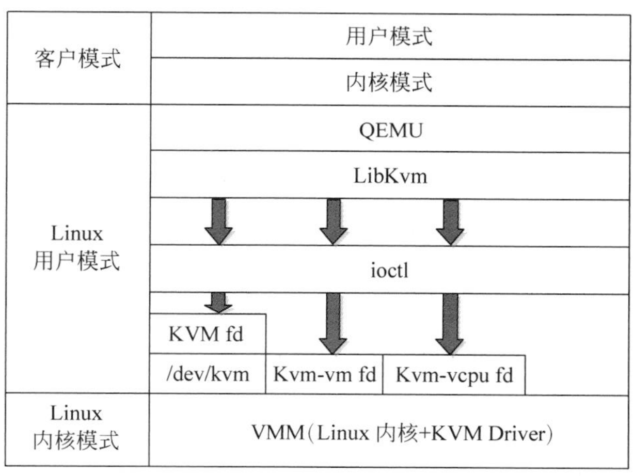

图 4.8 KVM 的基本结构

应用案例

通过在 IBM Systems x Server 和 V7000 上使用 KVM 虚拟化技术，Vissensa（Vissensa 是一家传统的系统集成商，提供高质量的数据中心托管服务）能够在各种设备中配置移动企业应用程序，从而为企业员工实现单一管理平台，确保他们与通用桌面服务和企业应用程序的连接。通过 KVM 解决方案，Vissensa 能以物美价廉的方式为其客户快速分配容量，轻松向上或向下扩展，满足不可预知的需求，按需获得云资源。

4.5.3 OpenVZ

OpenVZ 是 SWsoft 公司开发的专有软件 Virtuozzo 的基础。OpenVZ 的授权为 GPLv2。图 4.9 是 OpenVZ 的基本结构，简单来说，OpenVZ 由两部分组成，即一个经修改过的操作系统核心和用户工具。

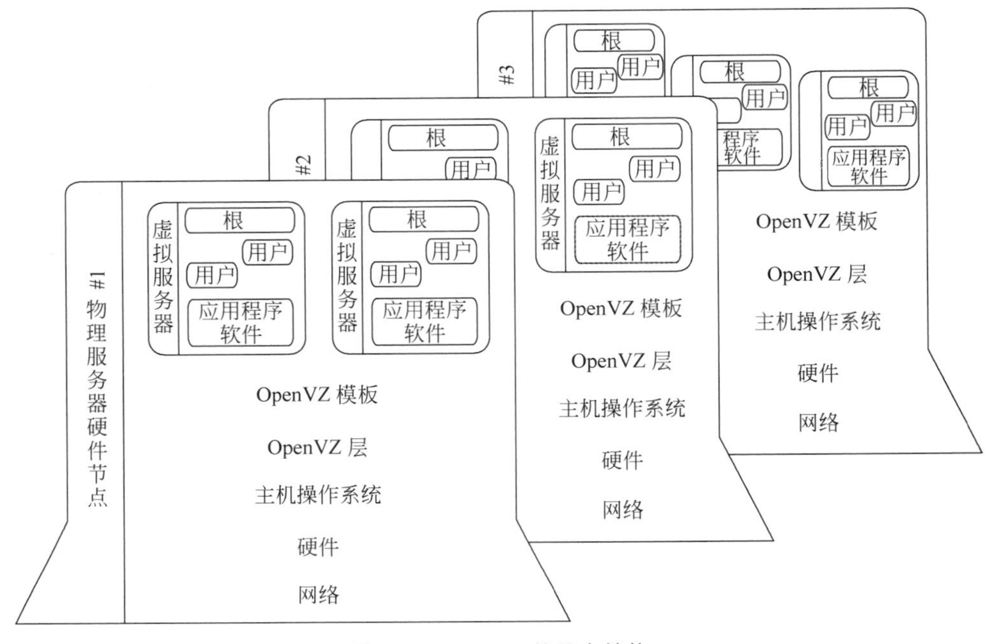

图 4.9 OpenVZ 的基本结构

OpenVZ 是基于 Linux 内核和作业系统的操作系统级虚拟化技术。OpenVZ 允许物理服务器上运行多个操作系统，被称为虚拟专用服务器(Virtual Private Server，VPS)或虚拟环境(Virtual Environment，VE)。与 VMware 这种虚拟机和 Xen 这种半虚拟化技术相比，OpenVZ 的 host OS 和 guest OS 都必须是 Linux(虽然在不同的虚拟环境里可以用不同的 Linux 发行版)。但是，OpenVZ 声称这样做有性能上的优势。根据 OpenVZ 网站上的说法，使用 OpenVZ 与使用独立的服务器相比，性能只会有 1%～3%的损失。

4.6 虚拟化未来的发展趋势

从整体的虚拟化技术的应用及发展来看，以下几点可能会成为虚拟化未来的发展趋势。

1. 连接协议标准化

桌面虚拟化连接协议目前有 VMware 的 PCoIP、Citrix 的 ICA、微软的 RDP 等。未来桌面连接协议标准化之后，将解决终端和云平台之间的广泛兼容性，形成良性的产业链结构。

2. 平台开放化

作为基础平台，封闭架构会带来不兼容性，并且无法支持异构虚拟机系统，也难以支撑开放合作的产业链需求。随着云计算时代的来临，虚拟化管理平台逐步走向开放平台架构，多种厂家的虚拟机可以在开放的平台架构下共存，不同的应用厂商可以基于开放平台架构不断地丰富云应用。

3. 公有云私有化

在公有云场景下(例如产业园区)，整体IT架构构建在公有云之上，在这种情况下对于数据的安全性有非常高的要求，可以说如果不能解决公有云的安全性，就难以推进企业IT架构向公有云模式的转变。在公有云场景下，云服务提供商需要提供类似于VPN的技术，把企业的IT架构变成叠加在公有云之上的"私有云"，这样既享受了公有云的服务便利性，又可以保证私有数据的安全性。

4. 虚拟化客户端硬件化

和传统的计算机终端相比，当前的桌面虚拟化和应用虚拟化技术对于"富媒体"(指具有动画、声音、视频或交互性的信息传播方法)的客户体验还是有一定差距的，主要原因是对于2D、3D、视频、Flash等"富媒体"缺少硬件辅助虚拟化支持。随着虚拟化技术越来越成熟以及其广泛应用，终端芯片将可能逐步加强对于虚拟化的支持，从而通过硬件辅助处理来提升"富媒体"的用户体验。特别是对于Pad、智能手机等移动终端设备来说，如果对虚拟化指令有较好的硬件辅助支持，这将有利于实现虚拟化技术在移动终端的落地。

云计算时代是开放、共赢的时代，作为云计算基础架构的虚拟化技术将会不断有新的技术变革，逐步增强开放性、安全性、兼容性以及用户体验。

4.7 小结

云计算已经是第三代的IT，第一代是静态的IT；第二代是一个共享的概念，数据和信息共享；第三代则是动态，所有的信息和数据都在动态的架构上，否则也就没有"云"。对于存储、服务器的"服务化"，一定要让硬件变成动态的，而这一切取决于服务器在虚拟化方面的能力，虚拟化是动态的基础，只有在虚拟化的环境下"云"才是可能的。

截止到目前，大部分云计算基础构架是由通过数据中心传送的可信赖的服务和建立在服务器上的不同层次的虚拟化技术组成的。虚拟化为云计算提供了很好的底层技术平台，而云计算则是最终产品。

在学习了云计算的相关基础概念之后，应对虚拟化技术有一定的了解，本章就是对虚拟化的介绍，读者通过本章的学习能对云计算与虚拟化的关系有一定的认识，并且对虚拟化的相关知识有一定的了解。

4.8 习题

1. 虚拟化的定义是什么?
2. 为什么要使用虚拟化?
3. 虚拟化与云计算的关系是什么?
4. 虚拟化技术包括哪些?

第 5 章

云 安 全

本章主要介绍云计算中产生的安全问题，首先介绍什么是云安全以及云安全的相关术语；其次向读者展示目前有哪些常见的云安全威胁，以便及时防范；然后说明实现云安全的防护策略；最后提到 4 个典型的云安全应用以及要实现云应用需要解决的问题。通过对本章的学习，读者应能够对云安全有详细的了解，并且对其应用有一定的认识。

5.1 基本术语与概念

虽然虚拟化和云计算可以帮助企业打破 IT 基础设施与其用户之间的黏合性，但随之带来的安全威胁也严重影响了这种新的计算模式得到用户的认可。云计算资源共享的特性促使人们尤其关心安全问题，例如云计算中心本身安全不安全、如何获得安全的云服务、云计算为改善安全能做出什么贡献等，都已成为云计算研究中关于安全的热点话题。图 5.1 所示为云安全。

图 5.1 云安全

对 SaaS 提供商尤其如此。例如在云计算中,用户在某些方面失去了对资源的控制,因此必须重新评估用户自身的安全模式。

和云计算的定义一样,关于云安全也没有统一的定义,但基本上都差不多。总而言之,云安全就是确保用户在稳定和私密的情况下在云计算中心上运行应用,并保证存储于云中的数据的完整性和机密性。

云安全是我国企业创造的概念,在国际云计算领域独树一帜。“云安全(Cloud Security)”计划是网络时代信息安全的最新体现,它融合了并行处理、网格计算、未知病毒行为判断(通过网状的大量客户端对网络中软件行为的异常监测,获取互联网中木马、恶意程序的最新信息,传送到 Server 端进行自动分析和处理,再把病毒和木马的解决方案分发到每一个客户端)等新兴技术和概念。

未来杀毒软件将无法有效地处理日益增多的恶意程序。来自互联网的主要威胁正在由计算机病毒转向恶意程序及木马,在这样的情况下,采用特征库判别法显然已经过时。在云安全技术应用后,识别和查杀病毒不再仅仅依靠本地硬盘中的病毒库,而是依靠庞大的网络服务,实时进行采集、分析以及处理。整个互联网就是一个巨大的“杀毒软件”,参与者越多,每个参与者就越安全,整个互联网就会更安全。

在云安全的概念提出后,曾引起广泛的争议,许多人认为它是伪命题。但事实胜于雄辩,瑞星、趋势、卡巴斯基、McAfee、Symantec、江民科技、Panda、金山、360 安全卫士等都推出了云安全解决方案。瑞星基于云安全策略开发的产品每天拦截数百万次木马攻击,其中在 1 月 8 日更是达到了 765 万余次。趋势科技云安全已经在全球建立了 5 大数据中心、几万部在线服务器。其云安全可以支持平均每天 55 亿条点击查询,每天收集、分析 2.5 亿个样本,资料库第一次命中率就可以达到 99%。而且借助云安全,趋势科技现在每天阻断的病毒感染最高达 1000 万次。

5.2 云安全威胁

在将应用和数据迁移到云端这件事上,对安全问题需要加以密切关注。最小化云端安全风险的第一步就是要认清那些顶级安全威胁。

云安全联盟(CSA)指出,云服务天生就能使用户绕过公司范围内的安全策略,建立起自己的影子 IT 项目服务账户。新的安全控制策略必须被引入。下面是云安全联盟列出的 11 项云安全威胁。

1. 数据泄露

云环境面对的威胁中有很多与传统企业网络面对的威胁相同,但由于有大量数据存储在云服务器上,云提供商便成为黑客很喜欢下手的目标。万一受到攻击,潜在损害的严重性取决于所泄露数据的敏感性。个人财务信息泄露事件或许会登上新闻头条,但涉及健康信息、商业机密和知识产权的数据泄露却有可能更具毁灭性的打击。图 5.2 是 2014 上半年各大行业网站数据泄露的比例,从该图中可以看出,与人们生活息息相关的医疗卫

生、生活房产以及论坛社区占据了数据泄露的前三名，数据泄露的问题不容乐观。

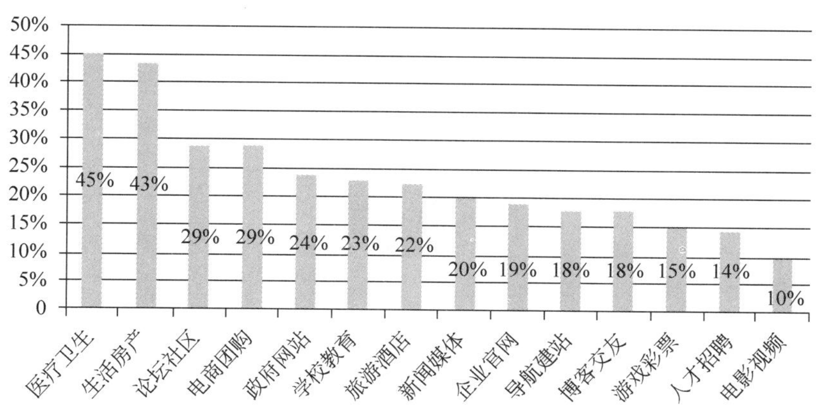

图 5.2　2014 上半年各大行业网站数据泄露的比例

云服务提供商通常都会部署安全控制措施来保护云环境，但最终保护自身云端数据的责任还是要落在使用云服务的公司自己身上。

2. 凭证被盗和身份验证

数据泄露和其他攻击通常都是由于身份验证不严格、弱密码横行、密钥或凭证管理松散的结果。企业在试图根据用户角色分配恰当权限的时候，通常都会陷入身份管理的泥潭，更糟糕的是，他们有时还会在工作职能改变或用户离职时忘了撤销相关用户的权限。

多因子身份验证系统，比如一次性密码、基于手机的身份验证、智能卡等，可以有效地保护云服务。因为有了多重验证，攻击者想要靠盗取的密码登进系统就难多了。在美国第二大医疗保险公司 Anthem 的数据泄露事件中，超过 8 千万客户记录被盗，就是用户凭证被窃的结果。Anthem 没有采用多因子身份验证，因此一旦攻击者获得了凭证，进出系统如入无人之境。

将凭证和密钥嵌入源代码里，并留在面向公众的代码库(例如 GitHub)中，也是很多开发者常犯的错误。

3. 界面和 API 被黑

基本上，现在每个云服务和云应用都提供 API(应用编程接口)。IT 团队使用界面和 API 进行云服务的管理与互动，服务开通、管理、配置和监测都可以借助这些界面和接口完成。

从身份验证和访问控制到加密和行为监测，云服务的安全和可用性依赖于 API 的安全性。由于企业可能需要开放更多的服务和凭证，建立在这些界面和 API 基础之上的第三方应用的风险也就随之增加。弱界面和有漏洞的 API 将使企业面临很多安全问题，例如机密性、完整性、可用性和可靠性都会受到考验。API 和界面通常都可以从公网访问，也就成为系统最暴露的部分。如图 5.3 所示，攻击者可通过 App 的各种 API 接口入侵云平台服务器。

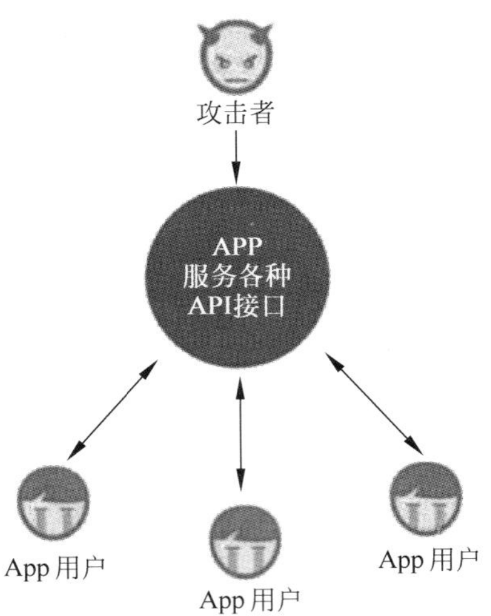

图 5.3 接口入侵云平台服务器

4. 系统漏洞

系统漏洞,或者程序中可供利用的漏洞是人们司空见惯的。但是,随着云计算中多租户的出现,这些漏洞的问题随之增大。企业共享内存、数据库和其他资源,也催生出了新的攻击方式。最佳实践包括定期漏洞扫描、及时补丁管理和紧跟系统威胁报告。图 5.4 所示的是 360 安全卫士正在快速修复系统漏洞。

图 5.4 360 安全卫士快速修复系统漏洞

修复系统漏洞的花费与其他IT支出相比要少一些，部署IT过程来发现和修复漏洞的开销比漏洞遭受攻击的潜在损害要小很多。

5. 账户劫持

图5.5　网络钓鱼

如图5.5所示，网络钓鱼、诈骗、利用软件漏洞是目前很普遍的攻击方式，而云服务的出现又为此类威胁增加了新的难度，因为攻击者可以利用云服务窃听用户活动、操纵交易、修改数据。利用云应用发起其他攻击也不无可能，常见的深度防护保护策略能够控制数据泄露引发的破坏。

6. 恶意内部人士

现员工或前雇员、系统管理员、承包商、商业合作伙伴的恶意行为可以从单纯的数据偷盗到报复公司。根据Verizon的2015数据泄露调查报告显示，将近一半的数据泄露是业内人士造成的，在云计算环境下的情况可能更加严重。在云环境下，存有恶意的内部人员可以破坏掉整个基础设施，或者操作，篡改数据。安全性完全依赖于云服务提供商的系统，例如风险最大的就是加密系统。

7. APT(高级持续性威胁)寄生虫

APT通常在整个网络内逡巡，混入正常流量中，因此它们很难被侦测到。主要云提供商应用高级技术阻止APT渗透进他们的基础设施，客户也必须像在内部系统里进行的那样，勤于检测云账户中的APT活动。

常见的切入点包括鱼叉式网络钓鱼、直接攻击、U盘预载恶意软件和通过已经被黑的第三方网络。

8. 永久的数据丢失

随着云服务的成熟，由提供商失误导致的永久数据丢失已经极少见了，但恶意黑客会永久删除云端数据来危害用户，而且云数据中心跟其他任何设施一样对自然灾害无能为力。

云服务提供商建议多地分布式部署数据和应用，以增强防护，足够的数据备份措施和灾难恢复是最基本的防永久数据丢失的方法。

预防数据丢失的责任并非全部在云服务提供商身上。如果客户在上传数据到云端之前先把数据加密，那保护好密钥的责任就落在客户自己身上了。一旦密钥丢失，数据丢失就在所难免。

合规策略通常都会规定企业必须保留审计记录和其他文件的时限。此类数据若丢失，会产生严重的监管后果。在新的欧盟数据保护规定中，数据损毁和个人数据损坏也被视为数据泄露，需要进行恰当的通知。

9. 云服务滥用

云服务可能被用于支持违法活动，例如利用云计算资源破解密钥、发起分布式拒绝服务(DDoS)攻击、发送垃圾邮件和钓鱼邮件、托管恶意内容等。

提供商要能识别出滥用类型，例如通过检查流量识别出DDoS攻击，还要为客户提供监测他们的云环境是否健康的工具。客户要确保提供商拥有识别服务滥用的报告机制。尽管客户可能不是恶意活动的直接猎物，云服务滥用依然可能造成服务可用性问题和数据丢失问题。

10. 拒绝服务(DoS)攻击

如图5.6所示，DoS攻击方式之一是向一个子网的广播地址发一个带有特定请求(例如ICMP回应请求)的包，并且将源地址伪装成想要攻击的主机地址。子网上的所有主机都回应广播包请求而向被攻击主机发包，使该主机受到攻击。

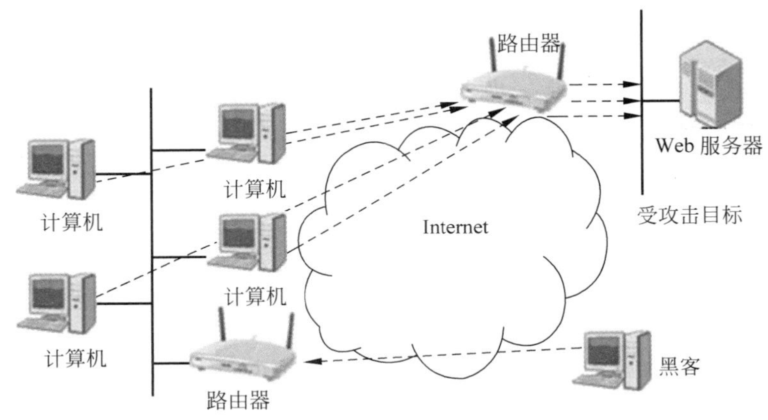

图5.6 DoS攻击方式

DoS攻击通常会影响可用性，系统响应会被大幅度拖慢甚至直接超时，能给攻击者带来很好的攻击效果。

DoS攻击消耗大量的处理能力，最终都要由用户买单。尽管高流量的DDoS攻击如今更常见，企业仍然要留意非对称的、应用级的DoS攻击，保护好自己的Web服务器和数据库。

在处理DoS攻击上，云服务提供商一般都比用户更有经验、准备更充分，关键在于攻击发生前要有缓解计划，这样管理员才能在需要的时候访问到这些资源。

11. 共享技术，共享危险

共享技术中的漏洞给云计算带来了相当大的威胁。云服务提供商共享基础设施、平台和应用，一旦其中任何一个层级出现漏洞，每个人都会受到影响。一个漏洞或错误配置可能导致整个提供商的云环境遭到破坏。

若一个内部组件被攻破，例如一个管理程序、一个共享平台组件，或者一个应用，整个环境都会面临潜在的宕机或数据泄露风险。

5.3 云安全防护策略

云安全涉及的关键技术及风险应对策略包括基础设施安全、数据安全、应用安全和虚拟化安全4个方面。

5.3.1 基础设施安全

云计算模式的基础是云基础设施，承载服务的应用和平台等均建立在云基础设施上，确保云计算环境中用户数据和应用安全的基础是要保证服务的底层支撑体系(即云基础设施)的安全和可信。表5.1分别在传统环境下和云计算环境下对云基础设施安全性的相关服务特性进行了对比。

表5.1 云基础设施安全性的相关服务特性的对比

分析角度	传统环境下的情况	云计算环境下的情况
网络开放程度	网页服务器、邮件服务器等接口暴露在外，设置访问控制、防火墙等防护措施维护安全	用户部署的系统完全暴露在网络中，任何节点都可能遭受攻击
平台管理模式	部署的系统通过内部管理员管理	利用多样化网络接入设备远程管理，涉及网络通信协议、网页浏览器、SSH登录等服务
资源共享方式	一台物理主机对应一个用户	多个用户同时共享IT资源，用户之间需要进行有效的隔离
服务迁移要求	不存在服务迁移问题	单个云提供商提供给用户的服务应当可灵活迁移，以达到负载均衡并有效利用资源。同时，用户希望在多个云提供商之间灵活地迁移服务和数据
服务灵活程度	一旦拥有，便一直拥有，容易造成资源浪费	按需伸缩的服务，保证服务随时可用、可终止、可扩展、可缩减

如何确保基础设施层的安全，可以从以下几个方面进行考虑。

1. 数据可控以及数据隔离

对于数据泄露风险而言，解决此类风险主要通过数据隔离方法，可以通过以下途径来实现数据隔离。

(1) 让客户控制他们需要使用的网络策略和安全。

(2) 从存储方面来说，客户的数据应该存储在虚拟设备中。由于实际上虚拟存储器位于更大的存储阵列上，所以采取虚拟存储，可以在底层进行数据隔离，保证每个客户只能看到自己对应的数据。

(3) 在虚拟化技术实现中，可以考虑大规模地部署虚拟机以实现更好的隔离，以及使用虚拟的存储文件系统，例如VMware的VMFS文件系统。

2. 综合考虑数据中心的软/硬件部署

在软/硬件的选用中,考虑品牌厂商,硬件的选择要综合考虑质量、品牌、易用性、价格、可维护性等一系列因素,并选择性价比高的产品。

3. 建立安全的远程管理机制

根据定义,IaaS资源在远端,因此用户需要远程管理机制。最常用的远程管理机制如下。

(1) VPN:提供一个到IaaS资源的安全连接。

(2) 远程桌面、远程Shell:最常见的解决方案是SSH。

(3) Web控制台UI:提供一个自定义远程管理界面,通常是由云服务提供商开发的自定义界面。

对应的安全策略如下。

(1) 缓解认证威胁的最佳办法是使用双因子认证,或使用动态共享密钥,或者缩短共享密钥的共享期。

(2) 不要依赖于可重复使用的用户名和密码。

(3) 确保安全补丁及时打上。

(4) 对于自身无法保护传输数据安全的程序,应该使用VPN或安全隧道(SSL/TLS或SSH),推荐首先使用IPSec,然后是SSLv3或TLSv1。

4. 选择安全的虚拟化厂商以及成熟的技术

选择有持续的支持以及对安全长期关注的厂商,定期更新虚拟化安全补丁,并关注虚拟化安全。成熟的虚拟化技术不仅能够预防风险,在很大程度上还能增强系统安全性,例如VMware对有问题虚拟机的隔离、DRS系统动态调度等。

5. 建立、健全IT行业法规

在云计算环境下,用户不知道自己的数据放在哪里,因而会有一定的焦虑,例如有数据的位置、安全性等疑问。

在IaaS环境下,由于虚拟机具有漂移特性,用户在很大程度上不知道数据到底存放在哪个服务器、存储之上。另外,由于数据的独有特点,一旦为别人所知,价值便会急剧降低。这需要从法律、技术两个角度来规范。

(1) 建立、健全法律,对数据泄露、IT从业人员的不道德行为进行严格约束,从人为角度防止出现数据泄露等不安全现象。

(2) 开发虚拟机漂移追踪技术、IaaS下数据独特加密技术,让用户可以追踪自己的数据,感知到数据存储的安全。

6. 针对突然的服务中断等不可抗拒新因素采取异地容灾策略

服务中断等风险存在于任何IT环境中,在部署云计算数据中心时,最好采取基于异地容灾的策略，进行数据与环境的备份。在该环境下，一旦生产中心发生毁坏，可以启用异地灾备中心对外服务，由于数据需要恢复，用户感觉到服务中断，但短时间内会恢复，不会造成严重事故。

5.3.2　数据安全

企业数据安全和隐私保护是云用户最关心的安全服务目标，无论是云用户还是云服务提供商，都应避免数据丢失和被窃，不管使用哪种云计算的服务模式（SaaS/PaaS/IaaS），数据安全都变得越来越重要。从数据安全生命周期和云应用数据流程综合考虑，针对数据传输安全、数据存储和数据残留等云数据安全敏感阶段进行关键技术的分析。

1. 数据传输安全

当云用户或企业把数据通过网络传到公有云时，数据可能会被黑客窃取和篡改，数据的保密性、完整性、可用性、真实性受到严重威胁，给云用户带来不可估量的商业损失。

数据安全传输防护策略是首先对传输的数据进行加密，其次使用安全传输协议 SSL 和 VPN 进行数据传输。

2. 数据存储

云用户在云服务提供商存储数据时存在数据滥用、存储位置隔离、灾难恢复、数据审计等安全风险。

（1）对于 IaaS 应用，可以采用静止数据加密的方式防止被云服务提供商、恶意邻居租户及某些应用滥用，但对于 PaaS 或者 SaaS 应用，数据是不能被加密的，密文数据会影响应用索引和搜索。图 5.7 所示是同态加密安全的方案之一，到目前为止还没有可商用的算法实现数据同态加密。

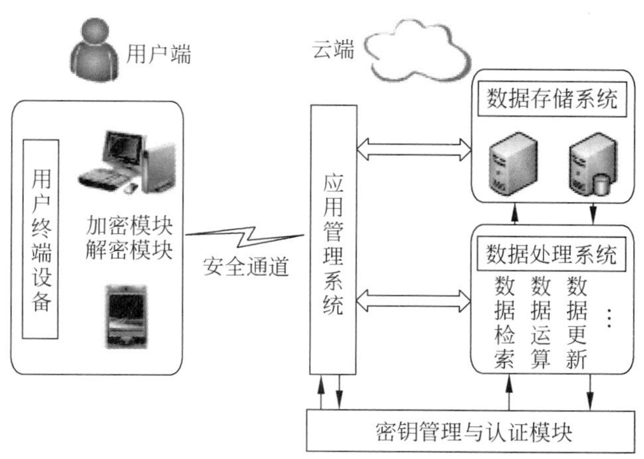

图 5.7　同态加密安全的方案之一

（2）对于数据存储位置，云用户要坚持一个关于数据具体位置的基本原则，确保有能力知道存储的地理位置，并在服务水平协议 SLA 和合同中约定。在地理位置定义和强制执行方面,需要有适当的控制来保证。

(3) 采用"数据标记"、单租户专用数据平台实现数据隔离,防止数据被非法访问,但PaaS和SaaS应用为了实现可扩展、可用性、管理以及运行效率等方面的"经济性",云服务提供商基本上都采用多租户模式,无法实现单租户专用数据平台,唯一可行的办法是建立私有云,不要把任何重要的或者敏感的数据放到公有云中。

(4) 采用数据多备份的方式来实现灾难恢复,通过外部审计和安全认证来实现数据完整性和可用性。

3. 数据残留

数据残留是数据在被以某种形式擦除后所残留的物理表现,存储介质被擦除后可能留有一些物理特性使数据能够被重建。在云计算环境中,数据残留有可能会无意地泄露敏感信息。

因此,云服务提供商应通过销毁加密数据相关介质、销毁存储介质、磁盘擦拭、内容发现等技术和方法来保证数据的完整清除。

5.3.3 应用安全

云环境的灵活性、开放性以及公众可用性等特性给应用安全带来了很多挑战,因此云提供商在云主机上部署的Web应用程序应当充分考虑来自互联网的威胁。

1. 终端客户安全

为了保证云应用安全,云客户端应该保证自己的计算机安全,防护措施如下。

(1) 在云客户端上部署反恶意软件、防病毒、个人防火墙以及IPS类型安全软件,并开启各项防御功能。

(2) 云用户应该采取必要措施保护浏览器免受攻击,在云环境中实现端到端的安全。云用户应使用自动更新功能,定期完成浏览器的打补丁和更新工作。

(3) 对于企业客户,应该从制度上规定连接云计算应用的计算机禁止安装虚拟机,并且对计算机进行定期检查。

2. SaaS应用安全

SaaS应用提供给用户的能力是使用服务商运行在云基础设施之上的应用,用户使用各种客户端设备通过浏览器来访问应用。用户并不管理或控制底层的云基础设施,例如网络、服务器、操作系统、存储甚至其中单个的应用能力。

在SaaS服务模式下,提供商应最大限度地确保提供给客户的应用程序和组件安全,客户端只负责用户与访问管理安全,所以在选择SaaS提供商前要从如下几个方面对其进行安全评估。

(1) 根据保密协议,要求SaaS提供商提供包括设计、架构、开发、黑盒与白盒应用程序安全测试和发布管理有关的安全实践的信息,甚至有必要请第三方安全厂商进行渗透测试(黑盒安全测试),以获得更为翔实的安全信息。

（2）特别要注意 SaaS 提供商提供的身份验证和访问控制功能，它是客户管理信息风险唯一的安全控制措施。用户应该尽量了解云特定访问控制机制，并采取必要措施，保护在云中的数据；应实施最小化特权访问管理，以消除威胁云应用安全的内部因素。同时，要求云服务提供商能够提供高强度密码；定期修改密码，时间长度必须基于数据的敏感程度；不能使用旧密码等。

（3）用户应理解 SaaS 提供商使用的虚拟数据存储架构和预防机制，以保证多租户在一个虚拟环境中所需要的隔离。SaaS 提供商应在整个软件生命开发周期过程中加强软件安全性上的措施。

3. PaaS 应用安全

PaaS 云提供商提供给用户的能力是在云基础设施之上部署用户创建或采购的应用，这些应用使用服务商支持的编程语言或工具开发，用户并不管理或控制底层的云基础设施，包括网络、服务器、操作系统、存储等，但是可以控制部署的应用以及应用主机的某个环境配置。PaaS 应用安全包含两个层次，即 PaaS 平台自身的安全和客户部署在 PaaS 平台上应用的安全。

（1）PaaS 应提供负责包括运行引擎在内的平台软件及其底层的安全，客户只负责部署在 PaaS 平台上应用的安全。PaaS 提供商采取可能的办法来缓解 SSL 攻击，避免应用被暴露在默认攻击之下，客户必须有一个变更管理项目，在应用提供商指导下进行正确的应用配置或打补丁，及时确保 SSL 补丁和变更程序是最新的。

（2）如果 PaaS 应用使用了第三方应用、组件或 Web 服务，那么第三方应用提供商需要负责这些服务的安全。用户需要了解自己的应用到底依赖于哪个服务，在采用第三方应用、组件或 Web 服务时，用户应对第三方应用提供商做风险评估，应尽可能地要求云服务提供商增加信息透明度，以利于风险评估和安全管理。

（3）在多租户 PaaS 的服务模式中，云用户应确保自己的数据只能由自己的企业用户和应用程序访问，要求 PaaS 服务商提供多租户应用隔离，负责维护 PaaS 平台运行引擎的安全，在多租户模式下提供“沙盒”架构，集中维护客户部署在 PaaS 平台上应用的保密性和完整性；负责监控新的程序缺陷和漏洞，以避免这些缺陷和漏洞被用来攻击 PaaS 平台和打破“沙盒”架构。

（4）云用户部署的应用安全需要 PaaS 应用开发商配合，开发人员需要熟悉平台的 API、部署和管理执行的安全控制软件模块；必须熟悉平台被封装成安全对象和 Web 服务的安全特性，调用这些安全对象和 Web 服务实现在应用内配置认证和授权管理；必须熟悉应用的安全配置流程，改变应用的默认安装配置。

5.3.4 虚拟化安全

如图 5.8 所示，虚拟化对于云计算是至关重要的，而基于虚拟化技术的云计算主要存在两个方面的安全风险，一个是虚拟化软件的安全；另一个是使用虚拟化技术的虚拟服务器的安全。

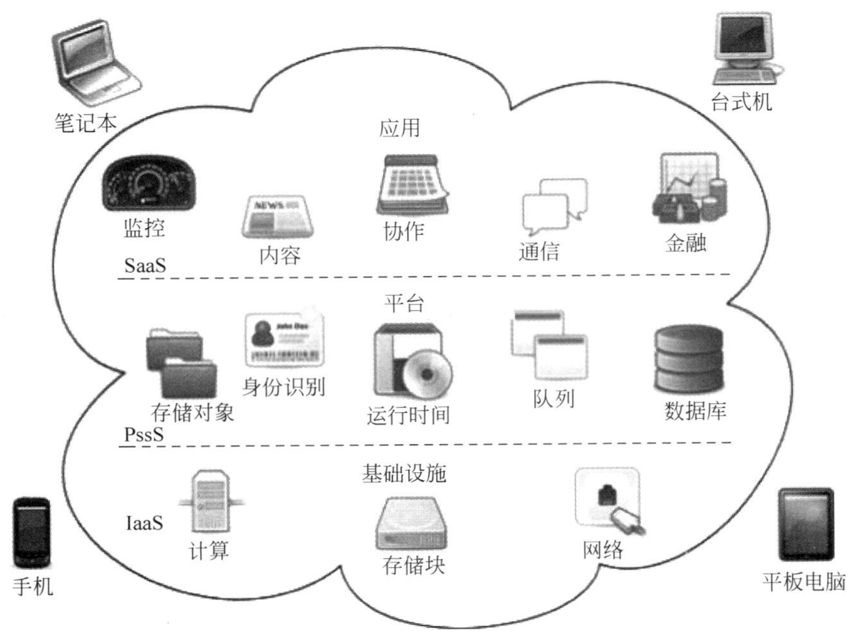

图 5.8 云计算的资源虚拟化

1. 虚拟化软件安全

虚拟化软件层直接部署于裸机之上，提供能够创建、运行和销毁虚拟服务器的能力。虚拟化软件层的完整性和可用性对保证基于虚拟化技术构建的公有云的完整性和可用性是最重要的，也是最关键的。

(1) 选择无漏洞的虚拟化软件，一个有漏洞的虚拟化软件会暴露所有的业务域给恶意的入侵者。

(2) 必须严格限制任何未经授权的用户访问虚拟化软件层。云服务提供商应建立必要的安全控制措施，限制对于管理程序和其他形式的虚拟化层的物理和逻辑访问。

2. 虚拟服务器安全

虚拟服务器位于虚拟化软件之上，对物理服务器的安全原理与实践也可以被运用到虚拟服务器上，当然需要兼顾虚拟服务器的特点。以下将从物理机选择、虚拟服务器安全和日常管理 3 个方面对虚拟服务器安全进行阐述。

(1) 选择具有 TPM 安全模块的物理服务器，TPM 安全模块可以在虚拟服务器启动时检测用户密码，如果发现密码及用户名的 Hash 序列不对，不允许启动此虚拟服务器；选用多核并支持虚拟技术的处理器，保证 CPU 之间的物理隔离，这样会减少许多安全问题。

(2) 在构建服务器时，应为每台虚拟服务器分配一个独立的硬盘分区，以便将各个虚拟服务器从逻辑上隔离开来。虚拟服务器系统还应安装基于主机的防火墙、杀毒软件、IPS(IDS)以及日志记录和恢复软件，以便将它们相互隔离，并与其他安全防范措施一起构成多层次防范体系。

(3) 虚拟服务器之间及其物理主机之间通过VLAN和IP进行网络逻辑隔离,服务器之间通过VPN进行网络连接。

(4) 对虚拟服务器的运行状态进行严密的监控,实时监控各虚拟机中的系统日志和防火墙日志,以此来发现存在的安全隐患。另外,不需要运行的虚拟机应当立即关闭。

5.3.5 身份识别和访问管理

身份识别和访问管理系统(Identity and Access Management,IAM)能够对服务和资源的访问及权限进行管理。在一个租户下,通过IAM可以控制组织内不同用户及用户组对资源和访问的控制权限,从而保证数据和信息的安全性。那么对于云计算平台的IAM,主要从以下几个方面体现其管理和控制。

(1) 用户管理:管理用户及其访问权限,包括创建用户、为用户分配单独的安全凭证(例如访问密钥、密码和多重身份验证设备)或者要求提供临时安全凭证,以便为用户提供服务和资源的访问权限。通常可以管理各种权限,以便控制用户可以执行的操作。创建用户的步骤为创建用户→设置用户访问凭证→将用户设定用户组。使用用户组(用户集合)实现轻松管理,可以通过组向多个用户分配权限,例如可以设置一个名为Admins的组,并向该组授予管理员通常需要的权限类型。该组中的任何用户均自动具有分配给该组的权限。如果有新用户加入该组,并且要具有管理员权限,则可将该用户添加到该组,分配相应的权限。同样,如果该组中有人改变工作,则不必编辑该用户的权限,只需从旧组中将其删除,然后将其添加到新组即可。

(2) 角色管理:可通过IAM角色为通常没有权限访问组的资源的用户或产品授予访问权限。IAM用户或服务在担任角色之后可以获得用于调用API的临时安全凭证,因此不必为需要访问资源的每个实体提供长期凭证或定义权限。在跨租户/账户访问时,在某些情况下,一个账户的用户可能需要访问另一个账户/租户中的资源,因此需要该用户拥有每个账户的凭证,但势必会提升管理的复杂性,可以使用角色来解决这个问题。

(3) 权限管理:能够指定对资源的访问权限。权限授予用户、组和角色,在被授予前默认没有任何权限。也就是说,除非授予需要的权限,否则用户、组和角色无法进行任何操作。如果要为用户、组和角色提供权限,可以附加一条指定访问类型、可以执行的操作以及可以操作的资源的策略。此外,还可以针对允许访问或拒绝访问指定必须设置的条件。在策略中可以指定需要哪些操作、访问哪些资源、在什么条件下该策略生效等。

(4) 安全凭证管理:包括密码、访问密钥、密钥对、X.509证书等,在通过UI访问或者API以及命令行访问时,会采用不同的凭证方式。在有些系统中,还可以通过强制使用多重身份验证(MFA)来进一步提高IAM用户访问的安全性,它能够在用户名称和密码之外再额外增加一层保护。当用户登录系统时,系统将要求其输入用户名和密码(第一安全要素,用户已知),以及来自其MFA设备的身份验证代码(第二安全要素,用户已有)。这些多重要素结合起来将为AWS账户设置和资源提供更高的安全保护。

5.3.6 操作系统安全

在云平台中的操作系统，为了避免病毒及黑客攻击，需要及时更新系统补丁，以保护和防止数据泄露。对于公有云，云平台可以提供操作系统安全补丁服务；对于私有云，则需要管理员借助自动化方式集中对补丁进行分级分发。云平台的自动化补丁功能具备以下能力。

(1) 支持在线及离线补丁下载模式，自动化完成补丁的下载及分类，提供过滤器过滤要下载的补丁类型。

(2) 用户在使用资源的过程中可以选择需要的补丁进行自动化部署。

(3) 提供补丁分析能力，可以结合当前系统补丁集自动推荐补丁版本。

(4) 可以根据管理员自建的补丁黑名单或白名单来部署补丁。

(5) 能够自动发现补丁之间的依赖关系。

5.3.7 操作审计

审计是一项支持用户进行监管、合规性检查、操作审核和风险审核的模块。审计功能可以记录日志、持续监控，并保留与整个基础设施中的操作相关的账户活动。它提供账户活动的事件历史记录，这些活动包括通过管理控制台、命令行工具和其他服务执行的操作。这一事件历史记录可以简化安全性分析、资源更改跟踪和故障排除工作。审计具有以下功能。

(1) 合规更加简化：借助审计，可以自动记录和存储账户中已执行操作的事件日志，从而简化合规性审核。有些平台直接将审计数据记录到日志中，可以方便地搜索所有日志数据、识别不合规事件、加快事故调查速度并加快响应审核员请求的速度。

(2) 用户与资源活动的可见性：可通过记录管理控制台操作和 API 调用来提高用户和资源活动的可见性。

(3) 安全性分析和故障排除：借助审计，可以通过捕捉特定时段内账户中所发生更改的全面历史记录发现并解决安全性和操作性问题。

(4) 安全自动化：借助审计，可以跟踪并自动应对威胁云平台的资源安全性的账户活动。

5.4 典型的云安全应用

5.4.1 金山毒霸“云安全”

金山毒霸“云安全”的系统组成如图 5.9 所示，金山毒霸“云安全”是为了解决木马商业化之后互联网严峻的安全形势所推出的一种全网防御的安全体系结构。它包括智能化客户端、集群式服务端和开放的平台 3 个层次。金山毒霸“云安全”是在现有反病毒技术基础上的强化与补充，最终目的是为了让互联网时代的用户都能得到更快、更全面的安全保护。

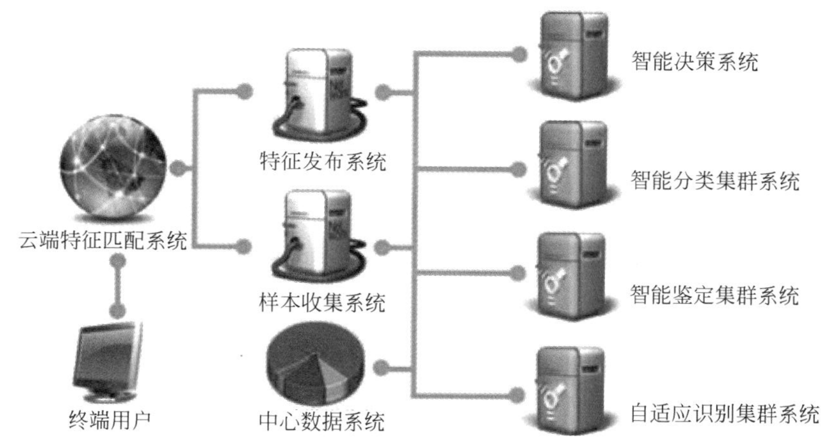

图 5.9 金山毒霸“云安全”

- 稳定、高效的智能客户端：它可以是独立的安全产品，也可以作为与其他产品集成的安全组件，例如金山毒霸 2009 和百度安全中心等。它为整个云安全体系提供了样本收集与威胁处理的基础功能。
- 服务端的支持：它包括分布式的海量数据存储中心、专业的安全分析服务以及安全趋势的智能分析挖掘技术，同时它和客户端协作，为用户提供云安全服务。
- 开放性平台：云安全以一个开放性的安全服务平台作为基础，它为第三方安全合作伙伴提供了与病毒对抗的平台支持。

金山毒霸“云安全”既为第三方安全合作伙伴提供安全服务，又和第三方安全合作伙伴合作来建立全网防御体系，使得每个用户都参与到全网防御体系中来，即使遇到病毒也将不再是孤军奋战。

金山毒霸“云安全”的体系结构包括以下 3 个部分。

1. 可支撑海量样本存储及计算的水银平台

它以分布式存储及计算平台为基础，结合业界领先的行为分析技术，每天对上百万未知文件样本进行自动分析、处理，并实时将处理结果更新至可信认证服务，为客户端提供及时、准确的服务。

1）行为分析系统（重点在于对未知病毒）

通过对文件监控、网络监控、邮件监控，以及对进程注入、注册表敏感项修改、驱动打开等风险行为的监控，收集和记录汇报来的可疑行为，并根据事件的关联性综合分析这些行为，识别未知的病毒行为。

面对海量的病毒样本，只有病毒分析系统远远不够，如何妥善地存储病毒样本，并对其进行处理是必须解决的问题，要有一个强大的分布式存储及计算平台为其提供保障。

2）分布式存储平台

分布式存储平台为应用平台提供统一的存储模式，妥善地存储海量的病毒样本和白名单样本,并具备自动备份能力,金山水银平台已经储存了上百 TB 文件。

3) 分布式计算平台

水银平台通过分布式自动分析处理平台,结合行为分析技术,每天能处理 100 万以上的未知文件样本,对样本自动进行扫描、分析,并自动提取出相应的杀病毒脚本。同时,只需要简单地扩充机器数量,就可以提高处理能力,理论上处理能力没有上限。

2. 互联网可信认证服务

"互联网可信认证服务"即将互联网上每秒钟内生成的可执行文件进行收集,并经过自动以及人工分析,以秒为单位对服务器端的"互联网可信认证中心"进行同步。可信认证服务能够承受每天数亿次的高负载查询。

3. 爬虫系统

(1) 2006 年,金山毒霸开始采用白名单技术,着手做一些技术储备,重点方向在于海量样本存储与处理的分布式平台研究,掌握分布式系统的研发技术,同时也开始了爬虫相关技术的摸索。

(2) 2007 年初,正式组建团队开始打造水银平台,共投入了两个开发团队及一个实验室的研发力量,同时开始尝试一些外部合作。在这一年,主要完成了水银平台的基础建设,在对外合作方面做出很多有益的尝试,先后与腾讯、百度、微软等有了相关的合作接洽,且推出了百度安全中心的第一个版本。

同年 7 月,海量样本存储平台完成并上线运营,金山毒霸将近 10 年积累的数据迁移至水银平台。9 月,海量样本自动分析系统接入,开始自动化处理病毒样本;12 月,平台的各个环节完成串接,开始向可信认证服务输出数据。

与此同时,金山毒霸在 2008 年开始引入互联网可信认证技术,推出三维互联网防御体系。所谓三维互联网防御体系,即在传统病毒库、主动防御的基础上引用了全新的"互联网可信认证"技术,搭建以病毒库为根基、以主动防御为先锋、以互联网可信认证为核心的立体防御体系。在这个安全防御体系中,每一部分都不是独立的,而是相互依存的互补关系或者说"接力"关系。

(3) 2008 年,伴随着金山毒霸 2009 的发布,金山已经将云安全应用到了毒霸之中,并一举实现三项重大突破,即病毒库的病毒样本数量增加 5 倍、日最大病毒处理能力提高 100 倍、紧急病毒响应时间缩短到 1 小时以内。

"云安全"也已经引入金山网镖 2009 中,在恶意网址拦截以及可信认证智能判断方面均取得了不错的效果。金山网镖 2009 的恶意网址拦截功能可阻止病毒下载器通过恶意网址下载其他病毒木马,是对付病毒木马下载器泛滥的有力武器。同时,金山网镖 2009 内置可信认证智能判断技术,对安全的网络访问不再弹出是否放行的询问窗口,改善了客户的使用体验。

同时,金山和百度、微软、腾讯等互联网知名企业深度合作,通过向更多的互联网用户提供安全服务来提升自身的技术和服务能力。目前数以亿计的互联网用户通过百度安全中心、MSN 安全保护中心分享金山毒霸"云安全"成果。在金山的官网中可以看到,目前金山毒霸“云安全”服务每天响应超过 10 亿次查询、阻止 60 万钓鱼网站、识别新增钓鱼网站近 10000 个，为 20 万用户拦截 50 万次危险下载。它有累计超过两亿个文件的超大识别库；超过 500 万个安全下载数据。云端自动鉴定 98%的样本，可在 1 分钟内鉴定完成；90%的样本在 30 秒内完成从样本收集到云端发布特征的更新。

5.4.2 卡巴斯基的全功能安全防护

卡巴斯基实验室(Kaspersky Labs)是国际著名的信息安全领导厂商。其卡巴斯基安全软件主要针对家庭及个人用户，能够彻底保护用户计算机不受各类互联网威胁的侵害。图 5.10 是卡巴斯基 PURE 的主界面，其中包括数据备份和恢复、计算机保护、上网管理三大功能模块。

图 5.10 卡巴斯基 PURE 的主界面

卡巴斯基的全功能安全防护旨在为互联网信息搭建一个无缝、透明的安全体系。

1. 信息安全软件的功能平台化

针对互联网环境中类型多样的信息安全威胁，卡巴斯基实验室以反恶意程序引擎为核心，以技术集成为基础，实现了信息安全软件的功能平台化。系统安全、在线安全、内容过滤和反恶意程序等核心功能可以在全功能安全软件的平台上实现统一、有序和立体的安全防御。

2. 卡巴斯基安全网络

在强大的后台技术分析能力和在线透明交互模式的支持下，卡巴斯基全功能安全软件 2009 可以在用户“知情并同意(Awareness & Approval)”的情况下在线收集、分析(Online Realtime Collecting & Analysing)用户计算机中可疑的病毒和木马等恶意程序样本,并且通过平均每小时更新 1 次的全球反病毒数据库进行用户分发(Instant Solution Distribution),从而实现病毒及木马等恶意程序的在线收集、即时分析及解决方案在线分发的“卡巴斯基安全网络”,即“云安全”技术。

卡巴斯基全功能安全软件 2009 通过“卡巴斯基安全网络”将“云安全”技术透明地应用于广大计算机中,使得全球的卡巴斯基用户组成了一个具有超高智能的安全防御网,能够在第一时间对新的威胁产生免疫力,杜绝安全威胁的侵害。“卡巴斯基安全网络”经过了卡巴斯基实验室长期的研发和测试,具有极高的稳定性和成熟度,因此才能够率先在全功能安全软件 2009 正式版的产品中直接为用户提供服务。

3. 实现用户与技术后台的零距离对接

通过扁平化的服务体系实现用户与技术后台的零距离对接。卡巴斯基拥有全球领先的恶意程序样本中心及恶意程序分析平台,每小时更新的反病毒数据库能够保障用户计算机的安全防御能力与技术后台的零距离对接。在卡巴斯基的全功能安全防御体系中,所有用户都是互联网安全的主动参与者和安全技术革新的即时受惠者。

图 5.11 是卡巴斯基 2012 云保护的界面,卡巴斯基 2012 在卡巴斯基 2011 的基础上对云安全的功能进行了进一步强化以及技术的巩固。它填补了 2011 版卡巴斯基在云安全功能上的无云安全功能设定、不嵌入右键使用以及对象应用等功能,并且特设了 KSN 云安全连接功能,用户可以在云保护界面中看到当前受到卡巴斯基保护的公网用户情况,以及使用者自身计算机同步处理的状态。

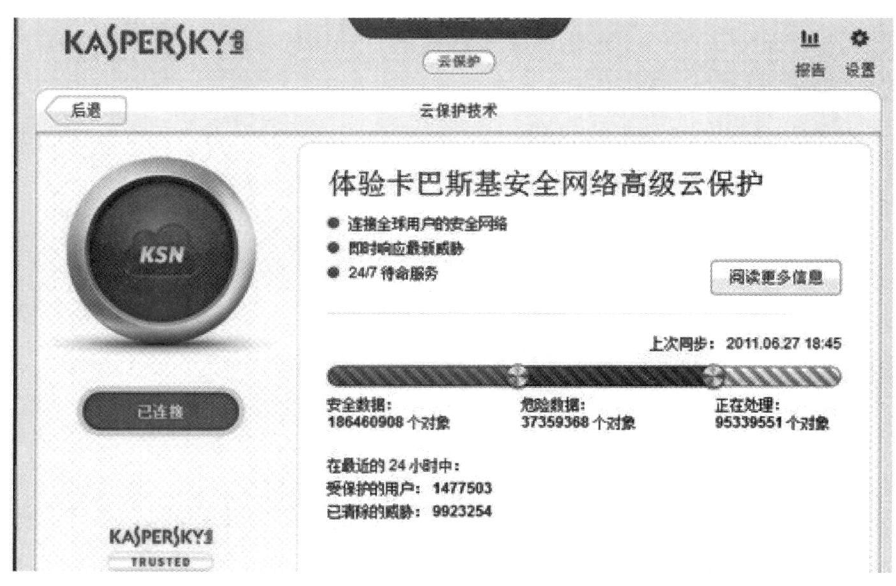

图 5.11 卡巴斯基 2012 云保护的界面

5.4.3 瑞星"云安全"

如图 5.12 所示，瑞星"云安全"计划将用户和瑞星技术平台通过互联网紧密相连，组成一个庞大的木马/恶意软件监测、查杀网络，每个"瑞星卡卡 6.0"用户都为"云安全(Cloud Security)"计划贡献一份力量，同时分享其他所有用户的安全成果。

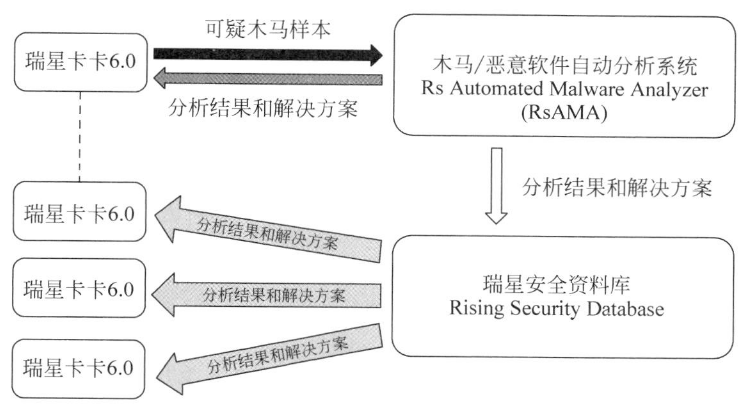

图 5.12 瑞星"云安全"计划

"瑞星卡卡 6.0"的"自动在线诊断"模块是"云安全"计划的核心之一，每当用户启动计算机时，该模块都会自动检测并提取计算机中的可疑木马样本，上传到瑞星"木马/恶意软件自动分析系统(Rs Automated Malware Analyzer，RsAMA)"，整个过程只需要几秒钟。随后 RsAMA 把分析结果反馈给用户，查杀木马病毒，并通过"瑞星安全资料库(Rising Security Database，RsSD)"分享给其他所有"瑞星卡卡 6.0"用户。

由于此过程全部通过互联网并经程序自动控制，可以在很大程度上提高用户对木马和病毒的防范能力。在理想状态下，从一个盗号木马攻击某台计算机，到整个"云安全(Cloud Security)"网络对其拥有免疫、查杀能力，仅需几秒的时间。

"云安全"计划的核心是瑞星"木马/恶意软件自动分析系统"，该系统能够对大量病毒样本进行分类与共性特征分析。借助该系统，能让病毒分析工程师的处理效率成倍提高。虽然每天收集到的木马病毒样本有 8 万～10 万个，但是瑞星的自动分析系统能够根据木马病毒的变种群自动进行分类，并利用"变种病毒家族特征提取技术"分别将每个变种群的特征进行提取。这样对数万个新木马病毒进行自动分析处理后，真正需要人工分析的新木马病毒样本只有数百个。

瑞星建立"云安全"系统面临以下四大问题。

(1) 需要海量的客户端("云安全"探针)：只有拥有海量的客户端，才能对互联网上出现的病毒、木马，以及挂木马的网站等有最灵敏的感知能力。目前瑞星有超过一亿的自有客户端，如果加上迅雷等合作伙伴的客户端，则能够完全覆盖国内的网民，无论哪个网民的机器中毒、访问挂木马网站，都能在第一时间做出反应。

(2) 需要专业的反病毒技术和经验：瑞星公司拥有将近 20 年的反病毒技术积累，有数百名工程师组成的研发队伍，技术实力稳居世界前列。大量专利技术、虚拟机、智能主动防御、大规模并行运算等技术的综合运用，使得瑞星的"云安全"系统能够及时处理海量的上报信息,并将处理结果共享给"云安全"系统的每个成员。

(3) 需要大量的资金和技术投入:目前瑞星"云安全"系统在服务器、带宽等硬件上的投入已经超过1亿元人民币,而相应的顶尖技术团队、未来数年持续的研究花费将数倍于硬件设施投资。

(4) 系统必须是开放的,而且需要大量合作伙伴的加入:瑞星"云安全"是一个开放性的系统,其"探针"与所有软件完全兼容,即使用户使用其他的杀毒软件,也可以安装瑞星卡卡助手等带有"探针"功能的软件,享受"云安全"系统带来的成果。

5.4.4 趋势科技"云安全"

趋势科技"云安全"的核心在于超越了拦截Web威胁的传统方法,转而借助威胁信息汇总的全球网络。该网络采用了趋势科技的云安全技术,在Web威胁到达网络或者计算机之前即可对其拦截。

通过推出在云中的快速实时安全状态"检测",趋势科技降低了对端点上传/下载传统特征码文件的依赖性,同时减少了在公司范围内部署特征码有关的成本和管理费用。

趋势科技已经将云安全技术架构融入公司的全线产品中,例如网关安全设备IWSA、客户端产品OfficeScan、中小企业产品Worry Free 5.0,以及个人消费类产品网络安全专家(TIS)等。图5.13是趋势科技云安全软件全功能增强版的界面。

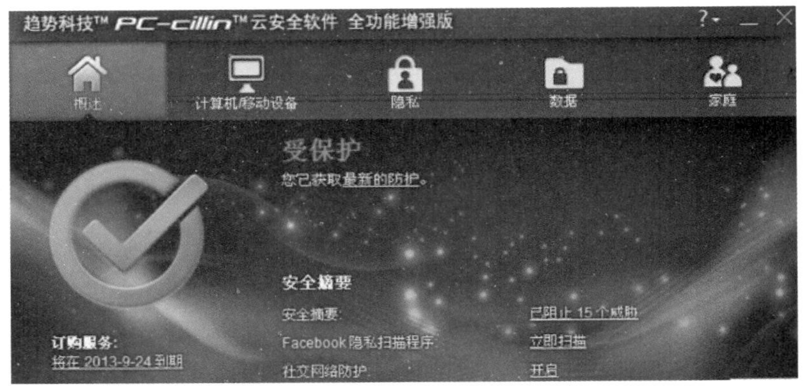

图5.13 趋势科技云安全软件全功能增强版2013

目前,趋势科技"云安全(Secure Cloud)"已经在全球建立了5个数据中心、几万部在线服务器,拥有99.9999%的可靠性。借助云安全,趋势科技现在每天阻断的病毒感染高达1000万次。借助其Web威胁保护战略,趋势科技率先界定了一种主张,即仅靠传统的扫描安全解决方案将不能够针对恶意Web威胁提供有效的保护,现在需要的是多层、多组件的、灵活的可适应技术。

趋势科技"云安全"有如下特点。

1. 自动反馈机制

趋势科技"云安全"的一个重要组件就是自动反馈机制,以双向更新流方式在趋势科技的产品及公司的全天候威胁研究中心和技术之间实现不间断通信。通过检查单个客户的路由信誉来确定各种新型威胁，趋势科技广泛的全球自动反馈机制的功能很像现在很多社区采用的“邻里监督”方式，实现实时探测和及时的“共同智能”保护，将有助于确立全面的最新威胁指数。单个客户常规信誉检查发现的每种新威胁都会自动更新趋势科技位于全球各地的所有威胁数据库，防止以后的客户遇到已经发现的威胁。

由于威胁资料将按照通信源的信誉而非具体的通信内容收集，所以不存在延迟的问题，而客户的个人或商业信息的私密性也得到了保护。

2. 电子邮件信誉服务

趋势科技的电子邮件信誉服务按照已知垃圾邮件来源的信誉数据库检查 IP 地址，同时利用可以实时评估电子邮件发送者信誉的动态服务对 IP 地址进行验证。信誉评分通过对 IP 地址的“行为”和“活动范围”以及之前的历史进行不断的分析而加以细化。按照发送者的 IP 地址，恶意电子邮件在云中即被拦截，从而防止僵尸或僵尸网络等 Web 威胁到达网络或用户的计算机。

3. Web 信誉服务

借助全球最大的域信誉数据库之一，趋势科技的 Web 信誉服务按照恶意软件行为分析所发现的网站页面、历史位置变化和可疑活动迹象等因素来指定信誉分数，从而追踪网页的可信度。然后通过该技术继续扫描网站，并防止用户访问被感染的网站。为了提高准确性、降低误报率，趋势科技的 Web 信誉服务为网站的特定网页或链接指定了信誉分值，而不是对整个网站进行分类或拦截，因为通常合法网站只有一部分受到攻击，而信誉可以随时间不断变化。

通过信誉分值的比对，就可以知道某个网站潜在的风险级别。当用户访问具有潜在风险的网站时，就可以及时获得系统提醒或阻止，从而帮助用户快速地确认目标网站的安全性。通过 Web 信誉服务，可以防范恶意程序。由于防范是基于网站的可信程度而不是真正的内容，所以能有效预防恶意软件的初始下载，用户在进入网络前就能够获得防护能力。

4. 行为关联分析技术

趋势科技“云安全”利用行为分析的“相关性技术”把威胁活动综合联系起来，确定其是否属于恶意行为。Web 威胁的单一活动似乎没有什么害处，但如果同时进行多项活动，就可能会导致恶意结果。因此，需要按照启发式观点来判断是否实际存在威胁，可以检查潜在威胁不同组件之间的相互关系。通过把威胁的不同部分关联起来并不断更新其威胁数据库，使得趋势科技获得了突出的优势，即能够实时做出响应，针对电子邮件和 Web 威胁提供及时、自动的保护。

5. 文件信誉服务

趋势科技“云安全”包括文件信誉服务技术，它可以检查位于端点、服务器或网关处的每个文件的信誉。检查的依据是已知的良性文件清单和已知的恶性文件清单，即现在所谓的防病毒特征码。高性能的内容分发网络和本地缓冲服务器将确保在检查过程中使延迟时间降到最短。由于恶意信息被保存在云中,所以可以立即到达网络中的所有用户。而且,和占用端点空间的传统防病毒特征码文件下载相比,这种方法降低了端点内存和系统消耗。

6. 威胁信息汇总

来自美国、菲律宾、日本、法国、德国和中国等地研究人员的研究将补充趋势科技的反馈和提交内容。在趋势科技防病毒研发暨技术支持中心 TrendLabs,各种语言的员工将提供实时响应、24/7 的全天候威胁监控和攻击防御,以探测、预防并清除攻击。

5.5 小结

若把云计算比作在互联网浪潮中遨游的战舰,那么云安全就是战舰的动力装置,如果动力装置够强、够稳健,战舰就可以快速前行,劈风斩浪,反之会止步不前,直到消沉。

在学习了云计算的相关概念、相关技术后,读者应该对云计算包含的安全问题有所了解。本章对云安全做了详细的介绍,包括威胁、防护策略以及典型的安全应用。通过对本章的学习,读者在使用云计算服务的同时要密切关注并避免可能出现的安全问题。

5.6 习题

1. 什么是云安全?
2. 云安全包括哪些威胁?
3. 你知道的云安全有哪些应用?
4. 如何实现云安全?

第 6 章

分布式文件系统

本章介绍分布式文件系统，分布式文件系统是实现云计算的关键技术。本章首先简单介绍分布式文件系统以及分布式文件系统的基本架构，包括服务器、数据分布以及服务器间的协议；然后重点介绍两种分布式文件系统，分别是 GFS 和 HDFS，包括它们的基本概念、架构设计、实现流程以及特点分析；接着提到协调器 ZooKeeper，用来协调分布式系统的实现；最后讲解云存储的基本概念、分类、结构模型以及典型应用。通过对本章的学习，读者能够对分布式文件系统形成系统的认识。

6.1　概述

6.1.1　本地文件系统概述

文件系统是操作系统用来组织磁盘文件的方法和数据结构。传统的文件系统指 UNIX 平台上的各种文件系统，包括 UFS、FFS、EXT2、XFS 等，这些文件系统都是单机文件系统，也称本地文件系统。它们管理本地的磁盘存储资源，提供文件到存储位置的映射，并抽象出一套文件访问接口供用户使用。

本地文件系统通常仅位于一个磁盘或一个磁盘分区上，它只能被唯一的主机访问，不能被多个主机共享。本地文件系统通常包含以下 4 类信息。

(1) 超级块：用来描述文件系统整体信息，含有整个文件系统中数据块和 inode 的相关信息。

(2) inode：用来描述文件和目录的属性以及文件块在块设备上的位置信息。

(3) 文件内容：用户的数据，是无结构的。

(4) 目录内容：目录项，是有结构的。

超级块通常位于磁盘(或分区)上的固定位置。根据文件系统类型可定位超级块；通过超级块可定位根目录的inode,从而读出根目录的内容。通过在文件系统名字空间的逐级名字解析,可得到指定文件的ino。根据ino可定位文件的inode在磁盘上的位置,从而读出文件的inode。根据inode中的块映射信息,最后定位指定的文件块,从而读出或写入数据。归结起来,本地文件系统所含的信息可以分为3类,它们是文件数据、文件系统元数据和存储元数据。

随着互联网的高速发展以及网络的兴起,用户对数据存储的要求越来越高,而且模式各异。例如淘宝网的大量商品图片,其特点是文件较小,但数量巨大;而类似于YouTube、优酷这样的视频服务网站,其后台存储着大量的视频文件,尺寸大多在数十MB到数GB不等。这些应用场景都是传统文件系统不能解决的。

本地文件系统只能访问与主机通过I/O总线直接相连的磁盘上的数据。当局域网出现后,主机间通过网络互连起来。如果每台主机上都保存一份大家需要的文件,既浪费存储资料,又不容易保持各文件的一致性。于是就提出文件共享的需求,即一台主机需要访问其他主机的磁盘(或文件系统)。因此,为了解决资源共享问题,出现了分布式文件系统。

6.1.2 分布式文件系统概述

分布式文件系统是指文件系统管理的物理存储资源不一定直接连接在本地节点上,而是通过计算机网络与节点相连。分布式文件系统使得分布在多个节点上的文件如同位于网络上的一个位置一样便于动态扩展和维护。图6.1是一个分布式文件系统的拓扑结构,由于分布式文件系统中的数据可能来自很多不同的节点,它所管理的数据也可能存储在不同的节点上,这使得分布式文件系统中有很多设计和实现与本地文件系统存在巨大的差别。

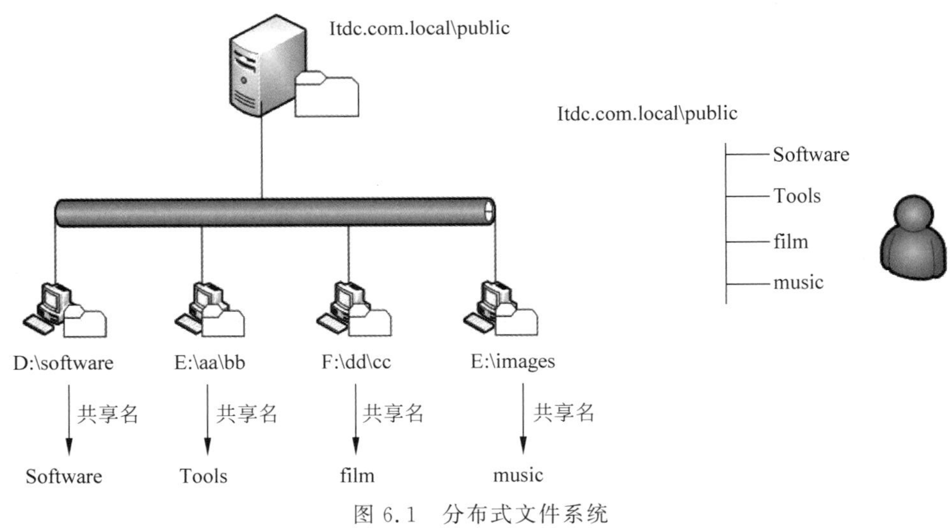

图6.1 分布式文件系统

1. 发展历程

分布式文件系统的发展主要经历以下4个阶段。

(1) 1980—1990年,早期的分布式文件系统一般以提供标准接口的远程文件访问为目的,更多地关注访问的性能和数据的可靠性。早期的文件系统以NFS和AFS最具代表性,它们对以后的文件系统设计也具有十分重要的影响。

(2) 1990—1995年,面对广域网和大容量存储需求,出现了XFS、Tiger Shark并行文件系统以及Frangipani等分布式文件系统。

(3) 1995—2000年,网络技术的发展和普及极大地推动了网络存储技术的发展,基于光纤通道的SAN(Storage Area Network,存储区域网络)、NAS(Network Attached Storage,网络附属存储)得到了广泛应用,这也推动了分布式文件系统的研究。在这个阶段出现了多种体系结构,充分利用了网络技术,例如具有鲜明特点的GFS(Google File System)和GPFS(General Parallel File System)等。数据容量、性能和共享的需求使得这一时期的分布式文件系统管理的系统规模更大、更复杂,对物理设备的直接访问、磁盘布局和检索效率的优化、元数据的集中管理等都反映了对性能和容量的要求。规模的扩展使得系统具有动态性,例如在线增减设备、缓存的一致性、系统可靠性的需求逐渐增强,并且更多的先进技术被应用到系统实现中,例如分布式锁、缓存管理技术、Soft Updates技术、文件级的负载均衡等。

(4) 2000年以后,随着SAN和NAS两种体系结构逐渐成熟,研究人员开始考虑如何将这两种体系结构结合起来,以充分利用两者的优势;另外,基于多种分布式文件系统的研究成果,人们对体系结构的认识不断深入,网格的研究成果也推动了分布式文件系统体系结构的发展。在这一时期,IBM的StorageTank、Cluster的Lustre、Panasas的PanFS,以及蓝鲸文件系统(BWFS)等是这种体系结构的代表。各种应用对存储系统提出了更多的需求。

- 大容量:现在的数据量比以前任何时期更多,生成的速度更快。
- 高性能:数据访问需要更高的带宽。
- 高可用性:不仅要保证数据的高可用性,还要保证服务的高可用性。
- 可扩展性:应用在不断变化,系统规模也在不断变化,这就要求系统提供很好的扩展性,并在容量、性能、管理等方面都能适应应用的变化。
- 可管理性:随着数据量的飞速增长,存储的规模越来越大,存储系统本身也越来越复杂,这给系统的管理、运行带来了很高的维护成本。
- 按需服务:能够按照应用需求的不同提供不同的服务,例如不同的应用、不同的客户端环境、不同的性能等。

2. 实现方法

实现分布式文件系统一般有两种方法,即共享文件系统(Shared File System Approach)和共享磁盘(Shared Disk Approach)。

共享文件系统的方法已被许多分布式文件系统所采用,例如NFS、AFS和Sprite文件系统,使用共享磁盘方法的有VAX Cluster文件系统以及IBM的GPFS和GFS等。

共享文件系统是实现分布式文件系统单一映像功能的传统方法,它把文件系统的功能分布到客户主机和服务器上来完成这一任务。挂着磁盘的节点可以作为服务器,其他节点作为客户主机,客户主机向服务器提出请求,服务器通过文件系统调用、读/写其本地磁盘,然后将结果发给客户主机。

在共享磁盘模型中,系统中没有文件服务器,而代之以共享磁盘。共享磁盘往往是一种专用的高端存储设备,例如 IBM SSA 磁盘。共享磁盘和客户主机都连接在系统内部的高速网络上,通常是光通道(Fiber Channel)。每个客户都将共享磁盘作为其一个存储设备,直接以磁盘块的方式来存取共享磁盘上的文件数据。为了保证数据的一致性和读/写的原子性,一般采用加锁或令牌机制。

共享磁盘模型是构造 NAS(Network Attached Storage)和 SAN(Storage Area Network)等存储设备的主要方法。与共享文件系统方法相比,它对设备的要求比较高(高速网络和共享磁盘),而且实现的难度也大,往往被用来构造高端或专用的存储设备。共享文件系统模型实现起来比较简单,它对设备的要求不高,而且通用性好。

常见的分布式文件系统有 GFS、HDFS、Hadoop、Lustre、Ceph、GridFS、MogileFS、TFS、FastDFS、NFS 以及 GoogleFS 等,每一个都适用于不同的领域。它们都不是系统级的分布式文件系统,而是应用级的分布式文件存储服务。当前比较流行的是 GFS、HDFS。本章重点介绍这两种分布式文件系统。

6.2 基本架构

6.2.1 服务器介绍

与单机上的文件系统不同,分布式文件系统不是将这些数据放在一块磁盘上,由上层操作系统来管理,而是存放在一个服务器集群上,由集群中的服务器各尽其责、通力合作,提供整个文件系统的服务。图 6.2 是分布式文件系统的典型架构,其中重要的服务器包括主控服务器(Master/Namenode)、数据服务器(ChunkServer/Datanode)和客户端。HDFS 和 GFS 都是按照这个架构模式搭建的。

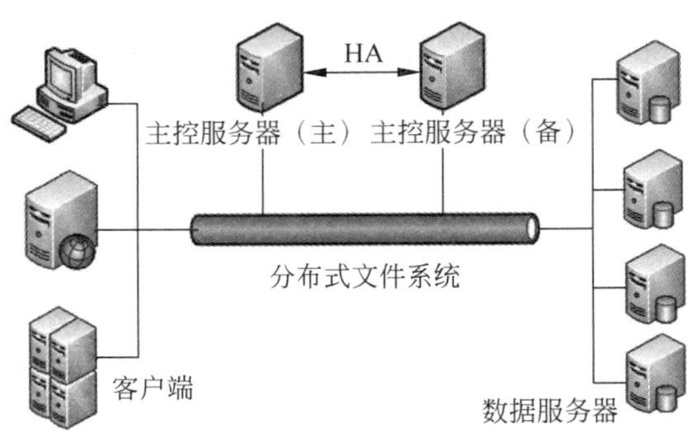

图 6.2 分布式文件系统的典型架构

1. 主控服务器

存储目录结构的主控服务器,在 GFS 中称为 Master,在 HDFS 中称为 Namenode。

主控服务器在整个集群中,同时提供服务的只有一个,这种设计策略避免了多台服务器间即时同步数据的代价,而同时它也使得主控服务器很可能成为整个架构的瓶颈所在。主控服务器主要有以下 4 个功能。

1) 命名空间的维护

主控服务器负责维护整个文件系统的命名空间,并暴露给用户使用。命名空间的结构主要有典型目录树结构(例如 MooseFS 等)、扁平化结构(例如淘宝 TFS,目前已提供目录树结构支持)、图结构(主要面向终端用户,方便用户根据文件关联组织文件)。

为了维护命名空间,需要存储一些辅助的元数据(例如文件(块))到数据服务器的映射关系、文件之间的关系等,为了提高效率,很多文件系统采取将元数据全部内存化(元数据通常较小)的方式(例如 GFS、TFS),有些系统则借助数据库来存储元数据(例如 DBFS),还有些系统采用本地文件来存储元数据(例如 MooseFS)。

2) 数据服务器管理

除了维护文件系统的命名空间以外,主控服务器还需要集中管理数据服务器,可通过轮询数据服务器或由数据服务器报告心跳的方式实现。在接收到客户端的写请求时,主控服务器需要根据各个数据服务器的负载等信息选择一组(根据系统配置的副本数)数据服务器为其服务;当主控服务器发现有数据服务器宕机时,需要对一些副本数不足的文件(块)执行复制计划;当有新的数据服务器加入集群或某个数据服务器上的负载过高时,主控服务器也可根据需要执行一些副本迁移计划。

3) 服务调度

主控服务器的最终目的是要服务好客户端的请求,除了一些周期性线程任务外,主控服务器需要服务来自客户端和数据服务器的请求,通常的服务模型包括单线程、请求线程、线程池(通常配合任务队列)。在单线程模型下,主控服务器只能顺序地请求服务,该方式效率低,不能充分利用系统资源;请求线程的方式虽能并发地处理请求,但由于系统资源的限制,导致创建线程数存在限制,从而限制同时服务的请求数量,另外,线程太多,线程间的调度效率也存在问题;线程池的方式目前使用较多,通常由单独的线程接受请求,并将其加入任务队列中,而线程池中的线程则从任务队列中不断地取出任务进行处理。

4) 主备容灾

主控服务器在整个分布式文件系统中的作用非常重要,其维护文件(块)到数据服务器的映射、管理所有的数据服务器状态,并在某些条件触发时执行负载均衡计划等。为了避免主控服务器的单点问题,通常会为其配置备用服务器,以保证在主控服务器节点失效时接管其工作。通常的实现方式是通过 HA、UCARP 等软件为主控服务器提供一个虚拟 IP 来提供服务,当备用服务器检测到主控服务器宕机时会接管主控服务器的资源及服务。

2. 数据服务器

如果主控服务器的元数据存储是非持久化的,则在数据服务器启动时还需要把自己的文件(块)信息汇报给主控服务器。在分配数据服务器时,基本的分配方法有随机选取、RR 轮转、低负载优先等,还可以将服务器的部署作为参考(例如 HDFS 分配的策略),也可以根据客户端的信息将分配的数据服务器按照与客户端的远近进行排序，使得客户端优先选取离自己近的数据服务器进行数据的存取。

每一个文件的具体数据被切分成若干个数据块，冗余地存放在数据服务器中。数据服务器的主要工作模式就是定期向主控服务器汇报其状况，然后等待并处理命令，更快、更安全地存放数据。数据服务器主要有以下 3 个功能。

1）数据本地存储

数据服务器负责文件数据在本地的持久化存储，最简单的方式是将客户的每个文件数据分配到一个单独的数据服务器上作为一个本地文件存储，但这种方式并不能很好地利用分布式文件系统的特性，很多文件系统使用固定大小的块来存储数据，例如 GFS、TFS、DFS，典型的块的大小为 64MB。

对于小文件的存储，可以将多个文件的数据存储在一个块中，并为块内的文件建立索引，这样可以极大地提高存储空间的利用率。

HayStack 是 Facebook 用于存储照片的系统，其本地存储方式为将多个图片对象存储在一个大文件中，并为每个文件的存储位置建立索引，其支持文件的创建和删除，不支持更新(通过删除和创建完成)，新创建的图片追加到大文件的末尾并更新索引，在删除文件时，简单地设置文件头的删除标记，系统在空闲时会将超过一定时限的文件存储空间进行回收(延迟删除策略)。

淘宝的 TFS 系统采用了类似的方式，对小文件的存储进行了优化，TFS 使用扩展块的方式支持文件的更新。对小文件的存储也可直接借助一些开源的 Key-Value 存储解决方案，例如 Tokyo Cabinet(HDB、FDB、BDB、TDB)、Redis 等。

对于大文件的存储，则可将文件存储到多个块上，多个块所在的数据服务器可以并行服务，这种需求通常不需要对本地存储做太多的优化。

2）状态维护

数据服务器除了简单地存储数据外，还需要维护一些状态，首先它需要将自己的状态以心跳包的方式周期性地报告给主控服务器，使得主控服务器知道自己是否正常工作，通常心跳包中还会包含数据服务器当前的负载状况(CPU、内存、磁盘 I/O、磁盘存储空间、网络 I/O、进程资源等，视具体需求而定)，这些信息可以帮助主控服务器更好地制定负载均衡策略。

很多分布式文件系统(例如 HDFS)在外围提供一套监控系统，可以实时获取数据服务器或主控服务器的负载状况，管理员可根据监控信息进行故障预防。

3）副本管理

为了保证数据的安全性，分布式文件系统中的文件会存储多个副本到数据服务器上。写多个副本的方式主要分为 3 种：第一种方式是客户端分别向多个数据服务器写同一份数据，例如 DNFS 采用的就是这种方式；第二种方式是客户端向主控服务器写数据，主控服务器向其他数据服务器转发数据，例如 TFS 采用的就是这种方式；第三种方式采用流水复制的方式，客户端向某个数据服务器写数据，该数据服务器向副本链中的下一个数据服务器转发数据，以此类推，例如 HDFS、GFS 采取这种方式。

当有节点宕机或节点间负载极不均匀时，主控服务器会制定一些副本复制或迁移计划，而数据服务器实际执行这些计划，将副本转发或迁移至其他的数据服务器。数据服务器也可提供管理工具，在需要的情况下由管理员手动执行一些复制或迁移计划。

3. 客户端

此外，整个分布式文件系统还有一个重要的角色，那就是客户端。主控服务器、数据服务器都是在一个独立的进程中提供服务，而它只是以一个类库（包）的模式存在，为用户提供文件读/写、目录操作等 APIs。当用户需要使用分布式文件系统进行文件读/写的时候，可以配置客户端的相关包，通过它来享受分布式文件系统提供的服务。客户端主要有以下两个功能。

1）接口

用户最终通过文件系统提供的接口来存取数据，在 Linux 环境下提供 POSIX 接口的支持，这样很多应用（各种语言皆可，最终都是系统调用）可以不加修改地将本地文件存储替换为分布式文件存储。

2）缓存

分布式文件系统的文件存取要求客户端先连接主控服务器获取一些用于文件访问的元信息，这一过程一方面加重了主控服务器的负担，另一方面增加了客户端的请求响应延迟。为了加速该过程，同时减小主控服务器的负担，可以将元信息进行缓存，数据可根据业务特性缓存在本地内存或磁盘上，也可缓存在远端的 Cache 系统上。例如淘宝的 TFS 就是利用 TAIR 作为缓存（减轻主控服务器的负担、降低客户端资源的占用）。

维护缓存需要考虑如何解决一致性问题及缓存替换算法，一致性维护可由客户端完成，也可由服务器完成，一种方式是客户端周期性地使 Cache 失效或检查 Cache 有效性，或由服务器在元数据更新后通知客户端使 Cache 失效（需维护客户端状态）；使用较多的替换算法有 LRU（Least Recently Used，近期最少使用算法）、随机替换等。

6.2.2 数据分布

在一个文件系统中，最重要的数据就是整个文件系统的目录结构和具体每个文件上的数据。具体的文件数据被切分成数据块，存放在数据服务器上。每一个文件数据块在数据服务器上都表示为一对文件（这是普通的 Linux 文件），一个是数据文件，另一个是附加信息的元文件，简称为数据块文件。数据块文件存放在数据目录下，它有一个名为 current 的根目录，然后里面有若干个数据块文件和 dir0～dir63 最多 64 个子目录，子目录的内部结构等同于 current 目录，以此类推。这是磁盘上的物理结构，与之对应的是内存中的数据结构，用于表征这样的磁盘结构，方便读/写操作的进行。

Block 类用于表示数据块，而 FSDataset 类是数据服务器管理文件块的数据结构。其中，FSDataset. FSDir 对应着数据块文件和目录，FSDataset. FSVolume 对应着一个数据目录，FSDataset. FSVolumeSet 是 FSVolume 的集合，每一个 FSDataset 有一个 FSVolumeSet。多个数据目录可以放在不同的磁盘上，这样有利于加快磁盘操作的速度。

此外，与 FSVolume 对应的还有一个数据结构，那就是 DataStorage，它是 Storage 的子类，提供了升级、回滚等操作的支持。与 FSVolume 不一样的是，DataStorage 不需要了解数据块文件的具体内容,它只知道有这么一堆文件放在这里,会有不同版本的升级需求,它会处理升级、回滚之类的业务。FSVolume 提供的接口基本上都是和 Block 相关的。

与数据服务器相比,主控服务器的数据量不大,但逻辑更复杂。主控服务器主要有 3 类数据,即文件系统的目录结构数据、各个文件的分块信息和数据块的位置信息。在 GFS 和 HDFS 的架构中,只有文件的目录结构和分块信息才会被持久化到本地磁盘上,而数据块的位置信息是通过动态地汇总过来的,仅仅存活在内存数据结构中。每一个数据服务器启动后都会向主控服务器发送注册消息,将其数据块的状况都告知于主控服务器。

6.2.3 服务器间协议

如图 6.3 所示,客户端、主控服务器以及数据服务器之间遵循着互相的协议,例如客户端与主控服务器之间的 ClientProtocol、主控服务器与数据服务器之间的 DataNodeProtocol 等。

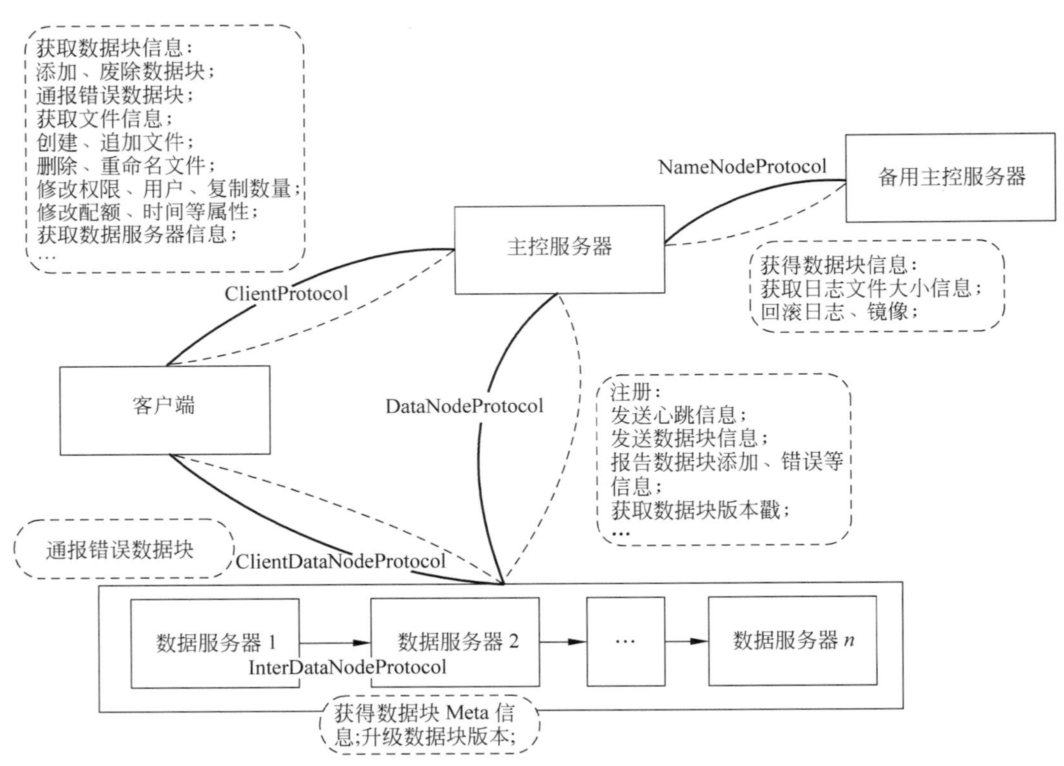

图 6.3 分布式文件系统的服务器之间的协议

在 Hadoop 的实现中部署了一套 RPC(Remote Procedure Call Protocol,远程过程调用协议)机制,以此来实现各服务器间的通信协议。在 Hadoop 中,每一对服务器间的通信协议都被定义为一个接口。服务器端的类实现该接口,并且建立 RPC 服务,监听相关的接口,在独立的线程中处理 RPC 请求。客户端则可以实例化一个该接口的代理对象,调用该接口的相应方法，执行一次同步的通信，传入相应参数，接收相应的返回值。基于此RPC的通信模式是一个消息拉取的流程，RPC服务器等待RPC客户端的调用，而不会主动把相关信息推送到RPC客户端。

6.3 GFS

GFS(Google File System)是由Google开发并设计的一个面向大规模数据处理的分布式文件系统。为了满足Google迅速增长的数据处理需求，Google设计并实现了Google文件系统。它是由几百甚至几千台普通的廉价设备组装的存储机器。以下是对GFS的一些介绍。

(1) 系统包括了许多机器，那么这些设备中的某些机器出现故障是很常见的事情，所以在GFS中集成了持续的监控、错误侦测、灾难冗余以及自动恢复的机制。

(2) 系统要存的数据很多，如果按照以往的存储文件块大小，那么就要管理数亿个KB大小的小文件，这是很不合理的，所以在这个系统里面定义一个文件块的大小是64MB。

大的文件块带来的好处如下。

① 减少Client和Master的交互次数，因为读/写同一个块只需要一次交互，这样在GFS中假设的顺序读/写负载的场景下特别有用。

② 同样也减少了Client和ChunkServer的交互次数，降低了TCP/IP连接等网络开销。

③ 减少了元数据的规模，因此Master可以将元数据完全放在内存中，这对于集中式元数据模型的GFS尤为重要。

(3) 绝大部分的大数据都是采用在文件尾部追加数据的方式，而不是覆盖数据。对大文件的随机写入基本上是不存在的。

6.3.1 架构设计

GFS采用主/从模式，一个GFS包括一个Master服务器和多个Chunk服务器。当然，这里的一个Master是指逻辑上的一个，物理上可以有多个(就是可能有两台，一台用于备用，另一台用于正常的数据管理)。另外，用户可以把Client以及Chunk服务器放在同一台机器上。GFS的系统架构如图6.4所示，其中包括数据信息和控制信息的流通。

Master(主服务器)作为管理节点，保存系统的元数据，负责整个文件系统的管理。Chunk服务器作为数据块服务器，主要负责具体的存储工作，数据以文件的形式存储在Chunk服务器上。

Master管理着所有文件的元数据，例如命名空间、block的映射位置等。Master节点使用心跳信息周期性地和每个Chunk服务器通信，发送指令到各个Chunk服务器并接收Chunk服务器的状态信息。单一节点(逻辑上)的Master可以通过全局信息精确地定位到每个block在哪个Chunk服务器上，从而进行复制决策。由于只有一台Master，

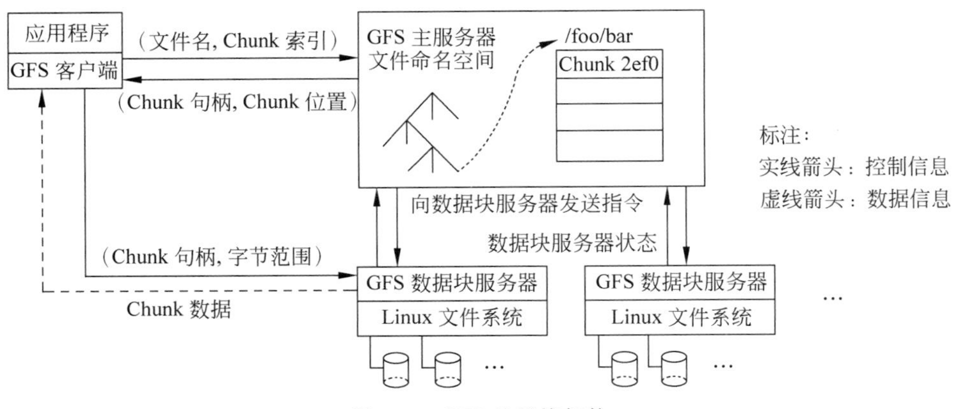

图 6.4 GFS 的系统架构

所以要尽量减少对 Master 的读/写操作,避免 Master 成为系统的瓶颈。而且 Master 的元数据都是存储在内存当中的,这样处理速度比较快,但也导致了存储的数据是有限制的弊端。

Client 对数据的读/写不是在 Master 上,而是通过 Master 获取 block 在 Chunk 上的位置信息,直接和 Chunk 服务器进行数据的交互读/写。

Chunk 是真正用于存储数据的机器,用来存储的文件大小为 64MB,这个大小远远大于一般文件系统的 block 的大小。每个 block 的副本都以普通 Linux 文件的形式保存在 Chunk 服务器上。Master 服务器并不是持久化地保存 Chunk 服务器保存的指定 block 的副本信息。Master 服务器只是在启动的时候轮询 Chunk 服务器以获取这些信息。Master 服务器能够保证它持有的信息始终是最新的,因为它控制了所有的 block 位置的分配,而且通过周期性地心跳信息监控 Chunk 服务器的状态。

6.3.2 实现流程

下面介绍其实现流程。

(1) Client 将文件名和程序指定的字节偏移,根据固定的 block 大小,转换成文件的 block 索引。

(2) Client 把文件名和 block 索引发送给 Master 节点。Master 节点将相应的 block 标识和副本的位置信息发还给 Client。Client 用文件名和 block 索引作为 Key 缓存这些信息。

(3) Client 发送请求到其中的一个 Chunk 处,一般会选择最近的。请求信息包含了 block 的标识和字节范围。在对这个 block 的后续读取操作中,Client 不必再和 Master 进行节点通信,除非缓存的元数据信息过期或者文件被重新打开。实际上,Client 通常会在一次请求中查询多个 block 信息。

(4) Chunk 服务器返回给 Client 要读取的 Chunk 数据。

数据的布局如下。

GFS 将文件条带化,按照类似 RAID0 的形式进行存储,可以提高聚合带宽,将文件按固定长度切分为数据块，Master 在创建一个新数据块时会给每个数据块分配一个全局唯一且不可变的 64 位 ID。每个数据块以 Linux 文件的形式存储在 Chunk 服务器的本地文件系统里。

为了提高数据的可靠性和并发性，每一个数据块都有多个副本。当客户端请求一个数据块时，Master 会将所有副本的地址都通知给 Client，Client 再择优(距离最短等)选择一个副本。

一个典型的 GFS 集群可能有数百台服务器，跨越多个子网，因此用户在考虑副本的放置时不仅要考虑机器级别的错误，还要考虑整个子网瘫痪的时候该如何解决。将副本分布到多个子网，还可以提高系统的聚合带宽。

因此，在创建一个数据块时主要考虑以下几个因素。

(1) 优先考虑存储利用率低于平均水平的节点。

(2) 限制单个节点同时创建副本的数量。

(3) 副本尽量跨子网。

6.3.3 特点

表 6.1 对 GFS 和传统分布式文件系统进行了比较分析，GFS 的特点体现在以下几个方面。

表 6.1　GFS 和传统分布式文件系统的比较

文件系统	组件失败管理	文件大小	数据写方式	数据流和控制流
GFS	不作为异常处理	少量大文件	在文件末尾追加数据	数据流和控制流分开
传统分布式文件系统	作为异常处理	大量小文件	修改现存数据	数据流和控制流结合

(1) 控制流和数据流的分离：Client 首先访问 Master 节点，获取交互的 Chunk 服务器信息，然后访问这些 Chunk 服务器，完成数据的读取工作。

(2) 降低 Master 的负载：Client 和 Master 之间只有控制流，无数据流，这极大地降低了 Master 的负载。

(3) 性能提高：Client 与 Chunk 之间直接传输数据流，并且由于文件被分成多个 Chunk 进行分布式存储，Client 可以同时访问多个 Chunk 服务器，从而使整个系统的 I/O 高度并行，系统的整体性能得到很大的提高。

(4) 在用户态下实现：利用 POSIX 编程接口读取数据降低了实现难度，提高了通用性，而且 POSIX 接口提供了丰富的功能。在用户态下有多种调试工具，并且 GFS 和操作系统运行在不同的空间中，大大降低了两者的耦合性。

6.4 HDFS

HDFS(Hadoop Distributed File System)是 Hadoop 的核心子项目，是分布式计算中数据存储管理的基础，是基于流数据模式访问和处理超大文件的需求开发的，它可以运行于廉价的商用服务器上。它所具有的高容错、高可靠性、高可扩展性、高获得性、高吞吐率等特征为海量数据提供了不怕故障的存储，为超大数据集（Large Data Set）的应用处理带来了很多便利。

6.4.1 基本概念

1. 数据块

大文件会被分割成多个 block 进行存储。每一个 block 会在多个 Datanode 上存储多份副本，默认是 3 份。和 GFS 一样，HDFS 默认最基本的存储单位是 64MB 的数据块，这个数据块可以理解为和一般文件里面的分块是一样的。

不同于普通文件系统的是，在 HDFS 中，如果一个文件小于一个数据块的大小，并不占用整个数据块存储空间。

2. 元数据节点和数据节点

元数据节点（Namenode）用来管理文件系统的命名空间，它将所有文件和文件夹的元数据保存在一个文件系统树中，并且管理文件目录、文件和 block 的对应关系，以及 block 和 Datanode 的对应关系。这些信息在本地文件系统中以两种形式永久保存，即 namespace image（包括 namespace 中所有文件的 inode 和 block 列表）和 edit log（记录了所有用户对 HDFS 所做的更改操作）。Namenode 也保存着构成给定文件的 block 的位置，但这些信息并不是永久地保存在磁盘中，因为这些信息是在系统启动时根据 Datanode 的反馈信息重建，并且是定时基于 Datanode 的报告更新的，具有很强的动态性。

数据节点（Datanode）是用来存储数据文件的。大部分容错机制都是在 Datanode 上实现的。Client 或者 Namenode 可以向 Datanode 请求写入或者读出数据块，并且周期性地向 Namenode 汇报其存储的数据块信息。

从元数据节点（Secondary Namenode）不是元数据节点的备用节点，它的主要功能是周期性地将元数据节点的命名空间镜像文件和修改日志合并，以防日志文件过大。合并过后的命名空间镜像文件也在从元数据节点保存了一份，以在元数据节点失败的时候可以恢复。

3. HDFS 的设计目标

HDFS 的设计目标如下。

（1）错误检测和快速、自动地恢复是 HDFS 的核心架构目标。

（2）比起关注数据访问的低延迟问题，HDFS 的设计更着重于数据访问的高吞吐量。

（3）HDFS 应用对文件的要求是 write-one-read-many 访问模型。

（4）移动计算的代价比移动数据的代价要低。

6.4.2 架构设计

HDFS 是一个主/从（Mater/Slave）体系结构，从最终用户的角度来看，它就像传统的文件系统，可以通过目录路径对文件进行 CRUD(Create、Read、Update 和 Delete)操作。但由于分布式存储的性质，HDFS 集群拥有一个 Namenode 和一些 Datanodes。图 6.5 为 HDFS 的系统架构，其中客户端通过与 Namenode 和 Datanodes 的交互访问文件系统。客户端通过 Namenode 获取文件的元数据，而真正的文件 I/O 操作是直接和 Datanode 进行交互的。

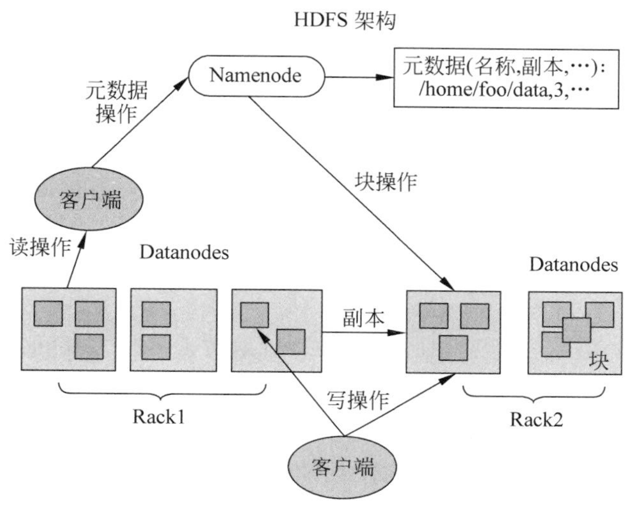

图 6.5　HDFS 的系统结构

1. 文件写入

客户端调用 create()来创建文件，DistributedFileSystem 用 RPC 调用 Namenode，在文件系统的命名空间中创建一个新的文件。Namenode 首先确定文件原来不存在，并且客户端有创建文件的权限，然后创建新文件。DistributedFileSystem 返回 DFSOutputStream，客户端用于写数据。客户端开始写入数据，DFSOutputStream 将数据分成块，写入 Dataqueue。Dataqueue 由 Datastreamer 读取，并通知 Namenode 分配 Datanode，用来存储数据块，分配的 Datanode 放在一个 Pipeline 里。Datastreamer 将数据块写入 Pipeline 中的第一个 Datanode。第一个 Datanode 将数据块发送给第二个 Datanode，第二个 Datanode 将数据发送给第三个 Datanode。DFSOutputStream 为发出去的数据块保存了 ACKqueue，等待 Pipeline 中的 Datanode 告知数据已经写入成功。如果 Datanode 在写入的过程中失败，则关闭 Pipeline，将 ACKqueue 中的数据块放入 Dataqueue 的开始位置。

整个过程如图 6.6 所示。

2. 文件读取

客户端用 FileSystem 的 open()函数打开文件，DistributedFileSystem 用 RPC 调用 Namenode，得到文件的数据块信息。对于每一个数据块，Namenode 返回保存数据块的 Datanode 的地址。DistributedFileSystem 返回 FSDataInputStream 给客户端，用来读取

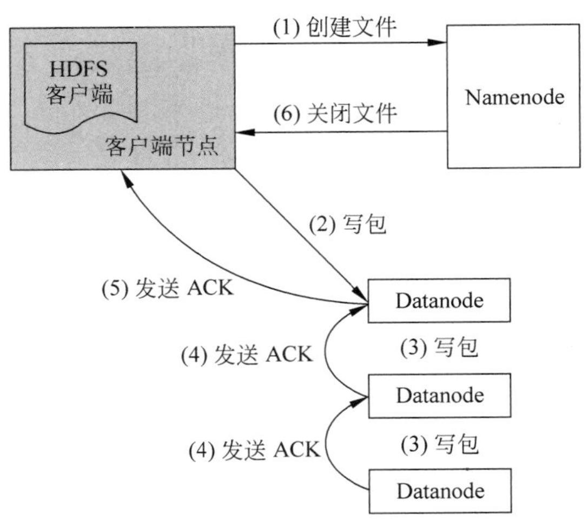

图 6.6　文件写入的流程

数据。客户端调用 Stream 的 read()函数开始读取数据。DFSInputStream 连接保存此文件第一个数据块的最近的 Datanode。Data 从 Datanode 读到客户端,当此数据块读取完毕时,DFSInputStream 关闭和此 Datanode 的连接,然后连接距离此文件下一个数据块的最近的 Datanode。当客户端读取完数据的时候,调用 FSDataInputStream 的 close()函数。

整个过程如图 6.7 所示。

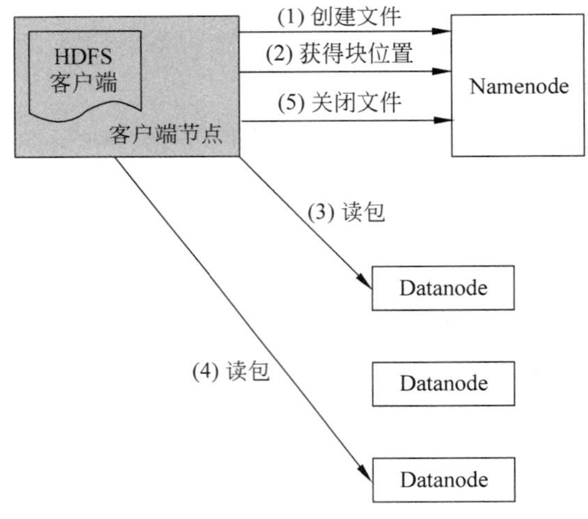

图 6.7　文件读取的流程

6.4.3　优缺点分析

1. 优点

1) 处理超大文件

这里的超大文件通常是指数百 TB 大小的文件。目前在实际应用中,HDFS 已经能用来存储、管理 PB 级的数据了。

2）流式地访问数据

HDFS 的设计建立在更多地响应“一次写入、多次读/写”任务的基础上。这意味着一个数据集一旦由数据源生成，就会被复制、分发到不同的存储节点中，然后响应各种各样的数据分析任务请求。在多数情况下，分析任务都会涉及数据集中的大部分数据。也就是说，对于 HDFS 而言，请求读取整个数据集要比读取一条记录更加高效。

3）运行于廉价的商用机器集群上

Hadoop 的设计对硬件需求比较低，只需运行在低廉的商用硬件集群上，而无须运行在昂贵的高可用性机器上。廉价的商用机也就意味着大型集群中出现节点故障情况的概率非常高，这就要求设计人员在设计 HDFS 时要充分考虑数据的可靠性、安全性及高可用性。

2. 缺点

1）不适合低延迟数据访问

如果要处理一些用户要求时间比较短的低延迟应用请求，则 HDFS 不适合。HDFS 是为了处理大型数据集分析任务的，主要是为达到高的数据吞吐量而设计的，这就可能要求以高延迟作为代价。

2）无法高效存储大量小文件

因为 Namenode 把文件系统的元数据放置在内存中，所以文件系统能容纳的文件数目是由 Namenode 的内存大小来决定的。一般来说，每一个文件、文件夹和 block 需要占据 150B 左右的空间。所以，如果用户有 100 万个文件，每一个文件占据一个 block，则至少需要 300MB 内存。就当前来说，数百万的文件还是可行的，当扩展到数十亿时，当前的硬件水平就没法实现了。另外一个问题就是，因为 Maptask 的数量是由 splits 决定的，所以在用 MR 处理大量的小文件时就会产生过多的 Maptask，线程管理开销将会增加作业时间。举个例子，处理 10000MB 的文件，若每个 split 为 1MB，那么就会有 10000 个 Maptasks，会有很大的线程开销；若每个 split 为 100MB，则只有 100 个 Maptasks，每个 Maptask 将会有更多的事情做，而线程的管理开销也将减少很多。

3）不支持多用户写入及任意修改文件

在 HDFS 的一个文件中只有一个写入者，而且写操作只能在文件末尾完成，即只能执行追加操作。目前 HDFS 还不支持多个用户对同一文件的写操作，以及在文件的任意位置进行修改。

6.5　分布式应用协调器 ZooKeeper

6.5.1　基本概念

ZooKeeper 是 Hadoop 的正式子项目，它是一个针对大型分布式系统的可靠协调系统，提供的功能有配置维护、名字服务、分布式同步、组服务等。

1. 角色

ZooKeeper 中的角色主要有以下 3 类。

(1) 领导者(Leader):领导者负责投票的发起和决议,更新系统状态。

(2) 学习者(Learner)。

① 跟随者(Follower):用于接收客户请求并向客户端返回结果,在选主过程中参与投票。

② 观察者(Observer):可以接收客户端连接,将写请求转发给 Leader 节点,但 Observer 不参加投票过程,只同步 Leader 的状态。Observer 的目的是扩展系统,提高读取速度。

(3) 客户端(Client):请求发起方。

系统模型如图 6.8 所示。在 ZooKeeper 服务集群中,每个服务器都是知道彼此的存在的。客户端在连接 ZooKeeper 服务集群时会按照一定的随机算法连接到其中一个服务器上。当其中一个客户端修改数据时,ZooKeeper 会将修改同步到所有的服务器上,从而使连接到其他服务器上的客户端也能看到数据的修改。

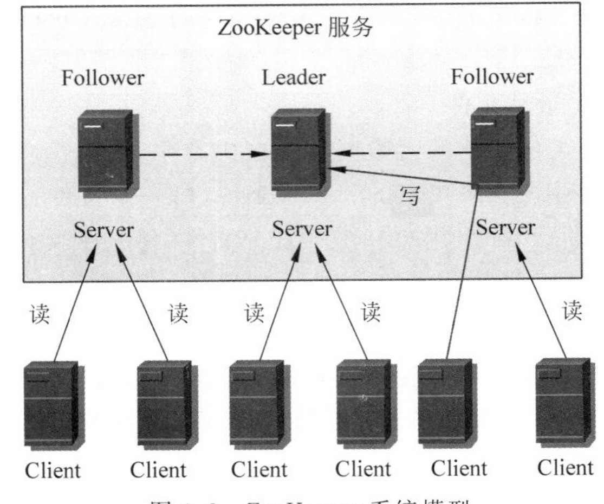

图 6.8 ZooKeeper 系统模型

2. 设计目的

(1) 最终一致性:Client 不论连接到哪个 Server,展示给它的都是同一个视图,这是 ZooKeeper 最重要的性能。

(2) 可靠性:具有简单、健壮、良好的性能,如果消息 m 被一台服务器接收,那么它将被所有的服务器接收。

(3) 实时性:ZooKeeper 保证客户端将在一个时间间隔范围内获得服务器的更新信息,或者服务器失效的信息。但由于网络延迟等原因,ZooKeeper 不能保证两个客户端能同时得到刚更新的数据,如果需要最新数据,应该在读数据之前调用 sync()接口。

(4) 等待无关(wait-free):慢的或者失效的 Client 不得干预快速的 Client 的请求,这使得每个 Client 都能有效的等待。

(5) 原子性：更新只能成功或者失败，没有中间状态。

(6) 顺序性：包括全局有序和偏序两种，全局有序是指如果在一台服务器上消息 a 在消息 b 前发布，则在所有 Server 上消息 a 都将在消息 b 前被发布；偏序是指如果一个消息 b 在消息 a 后被同一个发送者发布，消息 a 必将排在消息 b 的前面。

ZooKeeper 的目标就是封装复杂、易出错的关键服务，将简单、易用的接口和性能高效、功能稳定的系统提供给用户使用。

6.5.2 工作原理

ZooKeeper 的核心是原子广播，这个机制保证了各个 Server 之间的同步。实现这个机制的协议叫作 Zab 协议。Zab 协议有两种模式，分别是恢复模式(选主)和广播模式(同步)。当服务启动或者 Leader 崩溃后，Zab 就进入了恢复模式，当 Leader 被选举出来时，且大多数 Server 完成了和 Leader 的状态同步以后，恢复模式就结束了。状态同步保证了 Leader 和 Server 具有相同的系统状态。

为了保证事务的顺序一致性，ZooKeeper 采用了递增的事务 ID 号(zxid)来标识事务。所有的提议(proposal)都在被提出的时候加上了 zxid。在实现中 zxid 是一个 64 位的数字，其中高 32 位是 epoch，用来标识 Leader 关系是否改变，每次一个 Leader 被选出来，它都会有一个新的 epoch，标识当前属于哪个 Leader 的统治时期；低 32 位用于递增计数。

每个 Server 在工作过程中都有以下 3 种状态。

(1) LOOKING：当前 Server 不知道 Leader 是谁，正在搜寻 Leader。

(2) LEADING：当前 Server 即为选举出来的 Leader。

(3) FOLLOWING：Leader 已经选举出来，当前 Server 与之同步。

在选完 Leader 以后，zk 就进入状态同步过程。

(1) Leader 等待 Server 连接。

(2) Follower 连接 Leader，将最大的 zxid 发送给 Leader。

(3) Leader 根据 Follower 的 zxid 确定同步点。

(4) 完成同步后通知 Follower 已经成为 uptodate 状态。

(5) Follower 收到 uptodate 消息后，可以重新接受 Client 的请求进行服务。

流程图如图 6.9 所示。

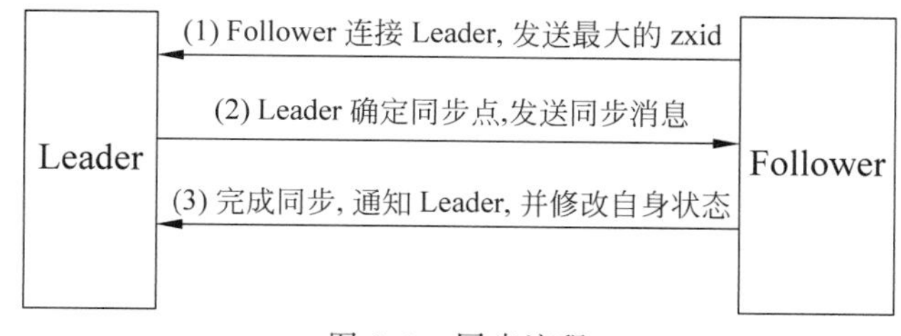

图 6.9 同步流程

ZooKeeper 提供的是类似文件系统的服务，但其设计目的并不是进行数据的存储，而是对一个分布式系统进行协同。ZooKeeper 的存储单元叫作 ZNode，可以将其理解为传统意义上的文件与文件夹的混合体，即一个 ZNode 既可以像文件夹一样包含其他 ZNode，又可以像文件一样保存一定的数据。

ZNode 分为两类，即永久性 ZNode 和临时性 ZNode。永久性 ZNode 是创建之后就会一直存在的 ZNode，除非对其进行删除，否则不会消失；而临时性 ZNode 的存在与否是与创建这个 ZNode 的进程是否继续存在相关的。对于一个临时性的 ZNode，当创建这个 ZNode 的进程不再存在时，这个 ZNode 就会随之消失。为了能够对分布式系统提供协同支持，ZooKeeper 针对每一个 ZNode 提供了添加 watch 的特性。一个 watch 就是 ZooKeeper 客户端添加在一个 ZNode 上的监听器，可以监听 ZNode 的增加、删除以及 ZNode 本身存储内容的改变。当所监听的内容发生变化时，客户端便会收到通知，从而进行相应的处理。

6.5.3 ZooKeeper 应用对 HDFS 的改进

Namenode 是整个 HDFS 的核心，HDFS 所有的操作均需有 Namenode 参与，并且 Namenode 负责维护整个分布式文件系统中所有文件的元信息以及目录信息，如果 Namenode 出现了失败，那么 HDFS 中的所有文件信息将全部丢失。虽然 HDFS 针对每一个文件都可以根据配置进行多份数据备份，但是 Namenode 却只有一个。这使得 Namenode 成了 HDFS 中的薄弱点，如果 Namenode 发生单点失败将导致整个 HDFS 系统的失败。在 HDFS 中使用 Secondarynamenode 解决 Namenode 失败的问题。但是利用 Secondarynamenode 解决 Namenode 单点失败的方式虽然可以在一定程度上恢复之前的文件系统，但是存在许多问题，例如必须通过人工的方式寻找并复制 Secondarynamenode 中保存的快照文件，手工重启 Namenode，无法自动化完成。

利用 ZooKeeper 可以对 HDFS 中的 Namenode 单点失败进行如下改进：

为了解决 Namenode 单点失败造成的问题，改进的 HDFS 系统中可配置多个 Namenode，每个 Namenode 与所有的 Datanode 均有联系，且向 ZooKeeper 注册自己的存在(在特定的 ZNode 下创建临时性 ZNode，并将自身位置信息保存在对应 ZNode 中)。与此同时，在架构中加入一个角色——Dispatcher，负责将读/写请求传递给活跃的 Namenode，执行、处理多个 Namenode 的同步以及互斥问题，并根据 ZooKeeper 提供的信息监控 Namenode 的健康情况，以确保当某个 Namenode 发生失败后将其从“活跃的” Namenode 列表中去除。

6.5.4 主要应用场景

1. 配置管理

集中式的配置管理在应用集群中是非常常见的，一般商业公司内部都会实现一套集中的配置管理中心，应对不同的应用集群对于共享各自配置的需求，并且在配置变更时能够通知到集群中的每一个机器上。

ZooKeeper 很容易实现这种集中式的配置管理，例如将 App1 的所有配置配置到 App1 ZNode 下，这样当 App1 的所有机器启动时就对 App1 这个节点进行监控，并且实现回调方法 watch()，那么在 ZooKeeper 上 App1 ZNode 节点下的数据发生变化的时候，每个机器都会收到通知，watch()方法将会被执行，那么应用再取下数据即可。

2. 集群管理

在应用集群中，经常需要让每一个机器知道集群中（或依赖的其他某一个集群）的哪些机器是活着的，并且在集群机器因为宕机、网络断链等原因能够不在人工介入的情况下迅速通知到每一个机器。

ZooKeeper 同样很容易实现这个功能，例如在 ZooKeeper 服务器端有一个 ZNode 叫 App1Servers，那么集群中每一个机器启动的时候都去这个节点下创建一个 EPHEMERAL 类型的节点，比如 Server1 创建 App1Servers/Server1（可以使用 ip，保证不重复），Server2 创建 App1Servers/Server2，然后 Server1 和 Server2 都 watch"App1Servers"这个父节点，也就是当这个父节点下的数据或者子节点发生变化时都会通知对该节点进行 watch 的客户端。

因为 EPHEMERAL 类型的节点有一个很重要的特性，就是当客户端和服务器端的连接断掉或者 session 过期时就会使节点消失，那么在某一个机器宕机或者断链的时候，其对应的节点就会消失，然后集群中所有对 App1Servers 进行 watch 的客户端都会收到通知，取得最新列表即可。

另外还有一个应用场景就是集群选 Master，一旦 Master 挂掉可以立刻从 Slave 中选出一个 Master，实现步骤和前者一样，只是机器启动的时候在 App1Servers 创建的节点类型变为 EPHEMERAL_SEQUENTIAL 类型，这样每个节点会自动被编号。

6.6　云存储

6.6.1　基本概念

1. 云状网络结构

如图 6.10 所示，广域网和互联网对于具体的使用者来说是完全透明的，我们经常用一个云状的图形来表示广域网和互联网。虽然云状的图形中包含了许许多多的交换机、路由器、防火墙和服务器，但对具体的广域网、互联网用户来讲，这些都是不需要知道的。这个云状图形代表的是广域网和互联网带给大家的互联互通的网络服务，无论用户在任何地方，通过一个网络接入线缆和一个用户、密码就可以接入广域网和互联网，享受网络带给自己的服务。

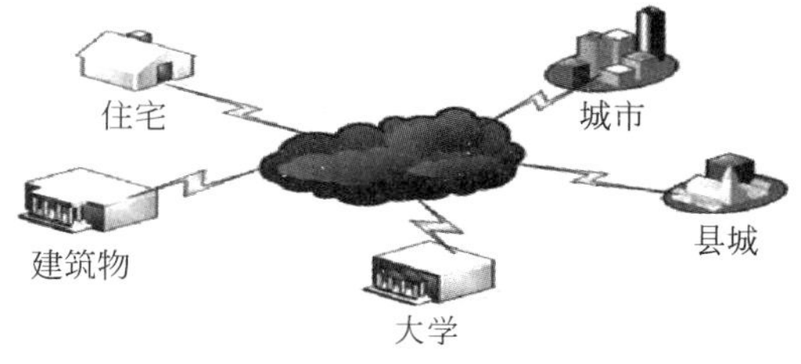

图 6.10　云状的网络结构

2. 云状结构的存储系统

参考云状的网络结构，创建一个新型的云状结构的存储系统(如图 6.11 所示)，这个存储系统由多个存储设备组成，通过集群功能、分布式文件系统或类似网格计算等功能联合起来协同工作，并通过一定的应用软件或应用接口对用户提供一定类型的存储服务和访问服务。

图 6.11 云状结构的存储系统

当人们使用某一个独立的存储设备时，必须非常清楚这个存储设备是什么型号、什么接口和它的传输协议；必须清楚地知道存储系统中有多少块磁盘，分别是什么型号、多大容量；必须清楚存储设备和服务器之间采用什么样的连接线缆。为了保证数据安全和业务的连续性，还需要建立相应的数据备份系统和容灾系统。除此之外，对存储设备进行定期地状态监控、维护、软/硬件更新和升级也是必需的。

如果采用云存储，参考云状的网络结构，创建一个新型的云状结构的存储系统，那么上面所提到的一切对使用者来讲都不需要了。云状存储系统中的所有设备对使用者来讲都是完全透明的，任何地方的任何一个经过授权的使用者都可以通过一根接入线缆与云存储连接，对云存储进行数据访问。

3. 云存储的概念

云存储的概念与云计算类似，它是指通过集群应用、网络技术或分布式文件系统等功能，将网络中大量各种不同类型的存储设备通过应用软件集合起来进行协同工作，共同对外提供数据存储和业务访问功能的一个系统。

云计算系统不仅能对数据进行处理和运算，在系统中还有大量的存储阵列设备，以实现对计算数据的保存和管理。在云计算系统中配置相应的存储设备，该计算系统即拥有了云存储系统的功能。

云存储与传统存储的区别如下。

(1) 功能需求：云存储系统面向多种类型的网络在线存储服务，传统存储系统则面向高性能计算、事务处理等应用。

(2) 性能需求：数据的安全性、可靠性、效率等技术挑战。

(3) 数据管理：云存储系统不仅要提供传统文件访问，还要能支持海量数据管理并提供公共服务支撑功能，以方便云存储系统后台数据的维护。

6.6.2　云存储的分类

云存储包括数据块级云存储、文件级云存储和对象级云存储。

1. 数据块级云存储

数据块级云存储是指提供高速、直接的数据块存储访问服务。前端的计算节点通过光纤网络访问协议、访问存储，获得高速、稳定、有保障的数据访问。这种模型源于在关键业务系统中久经验证的存储局域网(SAN)模型，不过在云存储的时代，改为分布式的并行扩展模式。由于此模型采用的是高带宽、低延迟、可靠的光纤网络存储访问协议，前端计算节点独享或少量共享存储内容的数据结构，所以和前端的计算节点属于紧耦合的关系，性能是最优的。

数据块级云存储会把单笔的数据写到不同的硬盘，借以得到较大的单笔读/写带宽，适合用在数据库或需要单笔数据快速读/写的应用。它的优点是对单笔数据的读/写很快，缺点是成本较高，并且无法解决真正海量文件的存储。这一类型的云存储有 EMC 的 VMAX 系列以及 EqualLogic 和 3PAR 的产品。

快速更改的单一文件系统和针对单一文件大量写的高性能计算(HPC)比较适合数据块级云存储。

2. 文件级云存储

文件级云存储是通过网络文件系统访问协议提供文件级的存储访问服务。这种模型源于网络附加存储(NAS)的模型，计算节点通过以太网的协议，在其上构建区域内相对快速、安全、可靠的网络文件系统来获得文件的访问服务。不过在云存储的时代，文件级云存储突破了传统 NAS 访问空间的局限，提供了高达 PB 级的全局命名空间的访问能力。这种模型和前端节点是 C/S 的模型，二者采用树状的文件系统结构来存储和访问数据，属于中耦合的关系，在区域内性能有足够的保证。它是把一个文件放在一个硬盘上，即使文件太大拆分时也放在同一个硬盘上。它的缺点是对单一文件的读/写会受到单一硬盘效能的限制，优点是对一个多文件、多人使用的系统，总带宽可以随着存储节点的增加而扩展，它的架构可以无限制地扩容，并且成本低廉。这一类型的云存储有 EMC 的 Isilon、惠普的 IBRIX 等。

如果所需的文件及文件系统本身较大、文件使用期较长以及对成本控制要求较高，比较适合使用文件级云存储。

3. 对象级云存储

对象级云存储通过广域网的面向对象的访问协议来获取对象级的存储访问服务。对象和文件既有相似之处，也有区别。对象通常改动较少，并拥有许多的属性，而且为多租户使用。这种模型源于早期 EMC 推出的 CAS 存储系统。但是，在云存储时代突破了访问地域的限制，借助于面向对象的访问协议，用户可以在全球任何地点访问对象级云存储中储存的对象内容。对象级云存储面向的是海量的各种尺寸、不同格式的对象内容，为提高访问效率,前端计算节点并不关心对象级云存储内部的存储方法和数据结构的模型。它属于松耦合的关系。这一类型的云存储有 EMC 的 Atmos、华为的 OceanStor 等。

6.6.3 云存储的结构模型

云存储与传统的存储设备相比,云存储不是一个硬件,而是一个由网络设备、存储设备、服务器、应用软件、公用访问接口、接入网和客户端程序等多个部分组成的复杂系统。各部分以存储设备为核心,通过应用软件对外提供数据存储和业务访问服务。

如图 6.12 所示,云存储系统的结构模型由 4 层组成,分别是存储层、基础管理层、应用接口层和访问层。

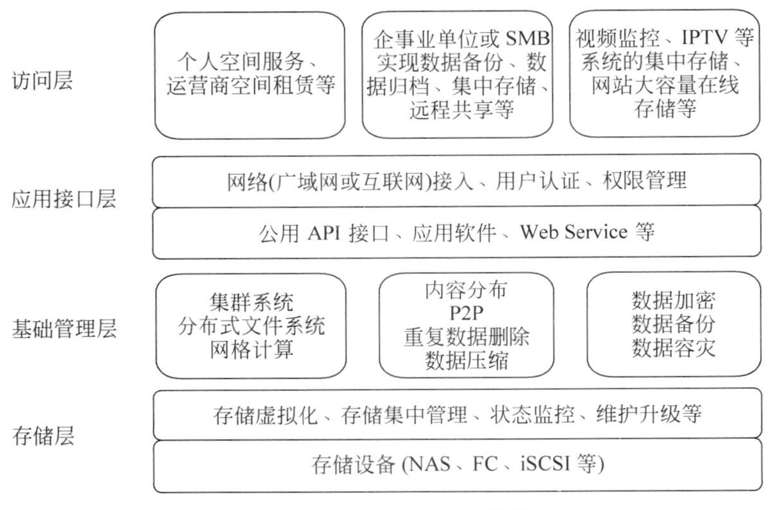

图 6.12 云存储系统的结构模型

- 存储层:存储层是云存储最基础的部分。存储设备可以是 FC 光纤通道存储设备,可以是 NAS、iSCSI 等 IP 存储设备,也可以是 SCSI、SAS 等 DAS 存储设备。云存储中的存储设备往往数量庞大且分布在不同地域,彼此之间通过广域网、互联网或者 FC 光纤通道网络连接在一起。在存储设备之上是一个统一存储设备管理系统,可以实现存储设备的逻辑虚拟化管理、多链路冗余管理,以及硬件设备的状态监控和故障维护。
- 基础管理层:基础管理层是云存储最核心的部分,也是云存储中最难以实现的部分。基础管理层通过集群、分布式文件系统和网格计算等技术实现云存储中多个存储设备之间的协同工作,使多个存储设备可以对外提供同一种服务,并提供更大、更强、更好的数据访问性能。CDN 内容分发系统、数据加密技术保证云存储中的数据不会被未授权的用户所访问,同时通过各种数据备份、容灾技术和措施可以保证云存储中的数据不会丢失,保证云存储自身的安全和稳定。
- 应用接口层:应用接口层是云存储最灵活多变的部分。不同的云存储运营单位可以根据实际业务类型开发不同的应用服务接口,提供不同的应用服务。例如视频监控应用平台、IPTV 和视频点播应用平台、网络硬盘应用平台、远程数据备份应用平台等。

- 访问层：任何一个授权用户都可以通过标准的公用应用接口来登录云存储系统，享受云存储服务。云存储运营单位不同，云存储提供的访问类型和访问手段也不同。

6.6.4　典型的云存储应用

云存储能提供什么样的服务取决于云存储结构模型的应用接口层中内嵌了什么类型的应用软件和服务。云存储可以支持多种应用方式，例如云备份、云数据共享、云资源服务等，也可以提供标准化的接口给其他网络服务使用。

云存储服务可以分为个人级云存储和企业级云存储。

1. 个人级云存储

个人级云存储的应用包括网络磁盘、在线文档编辑以及在线网络游戏等。

1）网络磁盘

很多人都使用过腾讯、MSN、百度等大型网站所推出的“网络磁盘”服务。图 6.13 是目前广泛应用的百度云网盘，百度云网盘等网络磁盘是在线存储服务，使用者可以通过 Web 访问方式来上传和下载文件，实现个人重要数据的存储和网络化备份。高级的网络磁盘可以提供 Web 页面和客户端软件两种访问方式，具体应用包括百度云、阿里云等。网络磁盘的容量空间一般取决于服务商的服务策略，或者取决于使用者想支付服务商费用的多少。例如百度云可以免费提供给用户 5GB 的网盘存储，若用户想要更大的存储空间，则需要付费购买。

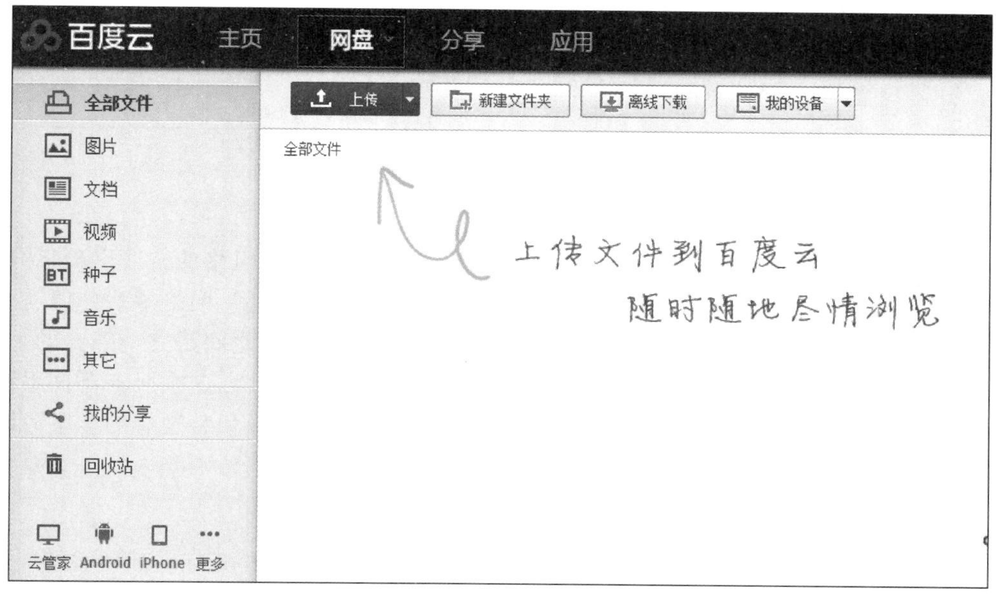

图 6.13　百度云网盘

2）在线文档编辑

经过近几年的快速发展，Google 所能提供的服务早已从当初单一的搜索引擎扩展到了 Google Calendar、Google Docs、Google Scholar 等多种在线应用服务。一般把这些在线的应用服务称为云计算。图 6.14 是 Google Docs 的界面，相对于传统的文档编辑软件，Google Docs 的出现使用户的使用方式和使用习惯发生改变，用户不再需要在个人计算机或者笔记本式计算机上安装 Office 等软件，只需要打开 Google Docs 网页，通过 Google Docs 就可以进行文档的编辑和修改（使用云计算系统），并将编辑好的文档保存在 Google Docs 服务所提供的个人存储空间中（使用云存储系统）。无论走到哪儿，用户都可以再次登录 Google Docs，打开保存在云存储系统中的文档。通过云存储系统的权限管理功能还能实现文档的共享、传送以及版权管理。

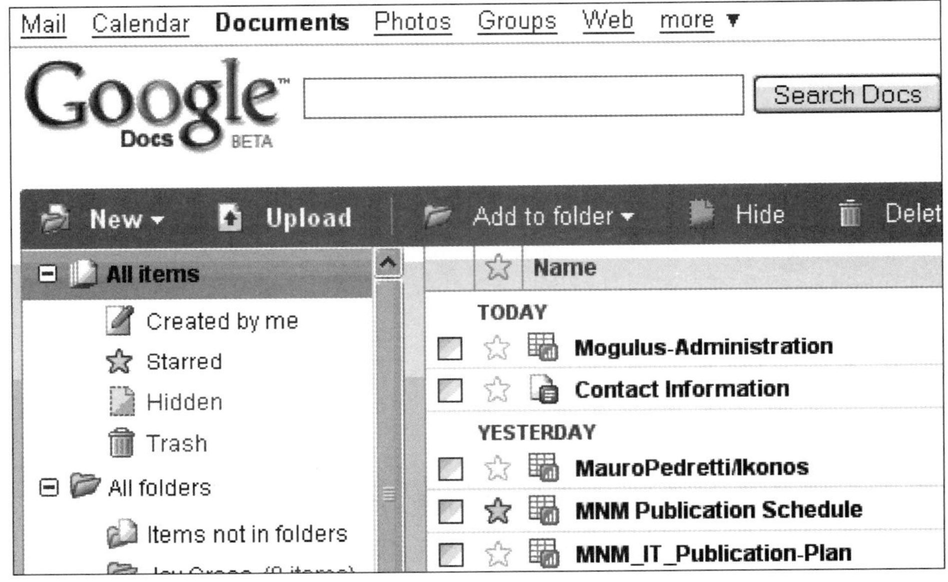

图 6.14　Google Docs 界面

3）在线网络游戏

近年来，网络游戏越来越受到年轻人的喜爱，各种不同主题、风格的游戏层出不穷，但是由于带宽和单台服务器的性能限制，要满足成千上万个玩家在线，网络游戏公司需要在全国不同地区建设很多个游戏服务器，这些服务器上的玩家相互之间是完全隔离的，然而通过云存储系统和云计算来构建一个庞大的、超能的游戏服务器群，这个服务器群系统对于游戏玩家来讲如同是一台服务器。云计算和云存储的应用可以代替现有的多服务器架构，使所有人都能集中在一个服务器组的管理之下。

2. 企业级云存储

企业级云存储的应用包括空间租赁服务、数据备份和容灾等。

1）空间租赁服务

信息化的不断发展使得各单位的信息数据量呈几何曲线性增长。数据量的增长不仅意味着更多的硬件设备投入，还意味着更多的机房环境设备投入，以及运行维护成本和人力成本的增加。即使是现在仍然有很多的中小型企业没有资金购买独立的、私有的存储设备，更没有存储技术工程师可以有效地完成存储设备的管理和维护。通过高性能、大容量云存储系统，数据业务运营商和IDC数据中心可以为无法单独购买大容量存储设备的企事业单位提供方便、快捷的空间租赁服务，满足不断增加的业务数据存储和管理服务。同时，大量专业技术人员的日常管理和维护可以保障云存储系统运行安全，确保数据不会丢失。

2）数据备份和容灾

随着企业数据量的不断增加，对数据的安全性要求也在不断增加。企业中的数据不仅要有足够的容量空间存储，还需要实现数据的安全备份和远程容灾；不仅要保证本地数据的安全性，还要保证当本地发生重大的灾难时可通过远程备份或远程容灾系统进行快速恢复。通过高性能、大容量云存储系统和远程数据备份软件，可以为所有需要远程数据备份和容灾的企事业单位提供空间租赁和备份业务租赁服务，普通的企事业单位、中小型企业可租用空间服务和远程数据备份服务功能，也可以建立自己的远程备份和容灾系统。

6.7　小结

网络的出现给计算机界带来了新的革命，从开始的实现两台机器之间复制文件实现共享，到后来出现了可以透明访问远程文件的文件系统。分布式文件系统将用户的共享性扩展到通过网络连接的不同机器上，从而为海量数据的应用提供了存储基础。

云计算的分布式文件系统是整个云计算的基石，它提供上层表格系统所需的可靠和高效的数据存储。在云计算时代，存储理所当然地被作为一种服务提供给用户。无论是应用于公有云环境中的存储资源，还是应用于私有云环境中的存储资源，都应该更容易地被分享，并且能够按需付费进行试用。

继虚拟化之后，本章介绍了另外一个实现云计算的基础——分布式文件系统，其中重点讲解了GFS、HDFS这两种目前比较常用的分布式文件系统，包括它们各自的架构设计、基本概念、实现流程以及特点分析；然后提到了分布式应用协调器——ZooKeeper的相关知识，以及它对HDFS的改进；最后讲解了云存储的相关概念。通过对本章的学习，读者可以更进一步地学习到分布式文件系统的具体知识，同时对云计算有更深的认识。

6.8　习题

1. 分布式文件系统的定义是什么？
2. 常用的分布式文件系统有哪些？
3. GFS和HDFS有什么区别？
4. ZooKeeper的作用是什么？
5. 云存储的概念是什么？

第 7 章

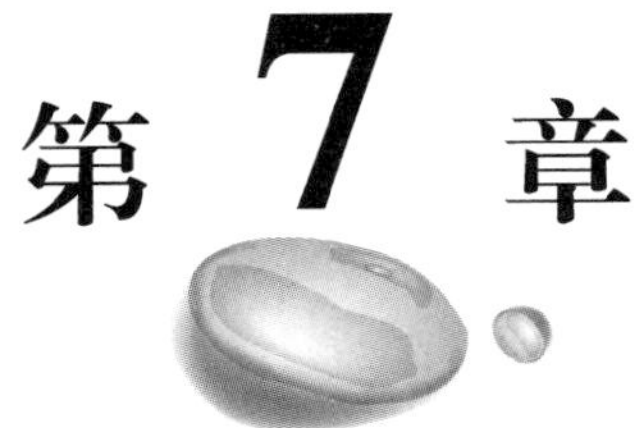

数据处理与并行编程

本章介绍云计算中的数据处理和并行编程,包括数据密集型计算、分布式数据处理、并行编程模型 MapReduce 和 Hadoop 等。通过本章的学习,读者能够对数据处理和并行编程有所了解。

7.1 数据密集型计算

7.1.1 数据密集型计算的概念

数据密集型计算(Data Intensive Computing)是采用数据并行方法实现大数据量并行计算的应用,计算数据量级为 TB 或 PB 级,因此也被称为大数据的核心支撑技术。由数据密集型计算产生了数据密集型科学。利用多种来源的海量时空数据实验、分析、模拟与发现全球变化与区域可持续、均衡发展规律是当前数据密集型科学面临的研究主题。

数据密集型计算是以数据为中心,系统负责获取、维护持续改变的数据集,同时在这些数据集上进行大规模的计算和处理。

通过网络建立大规模的计算机系统,实现有效的数据并行和计算并行,更加关注应用对于快速的数据存储访问、高效的编程模型、便捷的交互式访问以及灵活、可靠性等方面的需求。

数据密集型计算的特点如下。

(1) 通过高层次的编程模型,支持应用与系统之间的交互,简化应用的并行程序设计。

(2) 支持从简单查询到复杂计算的各种任务,系统具有较强的交互能力。

(3) 采用数据复制、自动选择计算资源等容错机制来减小故障发生概率,主动提高系统的可扩展性、可靠性和可用性,并支持全天 24 小时的不间断式可靠服务和资源的动态更新。

数据并行性的思想是将数据切分成多个片段，对每个片段同时执行相同的操作。假设1TB的数据存储在磁盘上，磁盘读取带宽为100MB/s，从一个磁盘上读取，需要花费10000秒才能读完1TB的数据集。如果将1TB的数据集均匀地分布在100个磁盘上，每个磁盘存储10GB数据，同时驱动100个磁盘并行地读取数据，那么只需要100秒就能够读完所有的数据，效率提高了100倍。所以，数据并行性应用于Intel的SSE指令集和GPU，分别在指令集和线程上。

在数据密集型计算中，充分利用数据本地性可以提高系统的吞吐量。

数据本地性的思想如下。

(1) 将任务放置在离输入数据最近的节点运行。

(2) 网络带宽远远低于计算节点本地磁盘的带宽总和。将任务调度到数据所在的节点上运行是最高效的，可以直接处理本地磁盘中的数据，避免消耗网络带宽。

(3) 机架内两个节点之间的带宽远远大于跨机架的两个节点之间的带宽，将任务调度到同一个机架内的节点是次优选择。

(4) 在调度任务时应当移动代价很小的计算，而不是移动代价昂贵的数据，避免有限的网络带宽处于饱和状态。

7.1.2 数据密集型计算的应用

数据密集型计算目前的应用广泛，在很多领域都有应用，主要有如下几个领域。

1. 基因工程领域

计算生物学对比不同物种和同一物种的不同器官的基因组来分析和发现生物信息如何在DNA中进行编码，随着新的基因序列不断被发现，其基因数据库也变得越来越大，美国国家生物技术创新中心(NCBI)维护的核苷酸序列信息的GenBank数据库，其数据量以每10个月两倍的速度递增。到2006年8月为止，该数据库已经存储来自超过100000个不同器官的650亿个核苷酸序列信息，用传统的方式对这些数据进行处理和计算是十分困难的。

2. 天文计算领域

在天文领域，每天都有大量的图像数据产生，并且需要对这些原始数据进行存储和处理。例如，大口径全景巡视望远镜LSST项目每年将产生数PB的图片和目录数据；美国射电望远镜阵列系统"平方公里阵列(SKA)"大约每秒产生200GB的数据量，并且需要以千万亿次/秒的计算速度来处理这些数据，以获得宇宙的射线图谱。

3. 商业计算领域

Google公司每天要接收近30亿次的搜索请求，百度公司在每次搜索过程中要处理3千亿左右的中文网页，数据量达到10～50PB。著名社交网站Facebook在2011年的10～12月平均每天有超过2.5亿张的照片上传，照片所占用的空间超过100PB。

无处不在的数据的膨胀正在改变着商业、科学和国家安全的格局。一些公司(例如Google公司)使用数据密集型的计算模式来为大众市场组织信息;美国国防部通过无数的传感器和数据密集型计算来保持态势感知;美国国家海洋和大气管理局(The US National Oceanic and Atmospheric Administration,NOAA)以及美国宇航局(NASA)借助数据密集型计算产生了大量的地球观测数据,用于回答行星动力学和生态系统的有关问题。

美国能源部(The US Department of Energy)承担的各种不同的任务在很大程度上依赖于从数据中提取信息的能力。与世界各地的科学家一样,能源部的研究人员依赖互联网获取知识,还利用文献计量学对科学出版物进行文本分析。与其他大型组织一样,美国能源部通过实时分析巨型数据流和识别恶意内容来保护其计算机网络。

在上述方面和其他领域,能源部对以数据为中心的计算需求是与其他组织相似的。但是,能源部的任务在两个宽广的领域出现了独特的、以数据为中心的计算需求,这两种情况是本文讨论的重点。首先,在使用先进的计算方式模拟复杂的物理和工程系统中,美国能源部是国际公认的领跑者。能源部的研究人员经常在世界最大的计算机上计算时变三维系统的精细模型。这些模拟会产生海量的数据集,很难提取和归档,更不用说分析了。如果能对这些数据进行更全面的分析,将有助于人们发现和识别意料不到的现象,同时有助于暴露模拟方法和软件中的缺点。随着高端计算机规模的不断扩张,其引发的数据分析问题可演变为重大的科学挑战。其次,美国能源部管理着美国一些最先进的实验资源。这些实验设备产生了巨量数据,而这些数据集大大超过了现有的分析能力。伴随着这些设备必然的升级,这个问题会日益凸显。如果人们不能对数据流进行最佳的开发利用,科学发现会被延迟或错过。此外,实时数据分析将推动实验过程的智能设计和细化,从而可以提高设施的利用率和科学质量。但是,目前的工作流和分析能力不可能实现这一切。

为了更清晰地刻画我们正在丢失的潜在机会以及因没有更好的数据分析能力而造成的困境,下面以科学和工程仿真数据为案例研究进行介绍。

案例:科学与工程仿真数据

案例摘要:在科学和工程的仿真领域,密集数据计算正面临着以下关键的机遇与挑战。当高性能计算机转向百亿亿次级规模时,现有的包含数据移动的仿真数据分析和可视化方法将会逐渐失效,因此需要将规模日益增长的数据集当中写入存储系统的数据量大大减少。迈向百亿亿次级的路线图文件指出,计算能力将比带宽、I/O和存储能力的增长快得多。这些变化将使计算数据分析的挑战变得更大,面向数据的系统设计和工作流亟须革命性的变革。除了系统级的变化以外,还需要发展新型验证和检验的科学分析、不确定性量化、多尺度物理学方法、数据完整性以及统计结果等技术。随着仿真复杂性的增加,人们需要的洞悉仿真过程结果的方法的复杂性也必然增加。

计算机建模和仿真在许多科学和工程领域占据中心地位。计算结果所提供的科学启示能弥补理论分析和实验分析的不足。美国能源部在计算机模拟、尖端实验设施和仿真代码方面是公认的领跑者。基础模拟数据通常是四维的(3个空间维度和一个时间维度)。但是,向量或张量场、多变量、多空间尺度、参数研究以及不确定性分析等额外的变量类型可增加模拟数据的维数。在能源部中不乏推动尖端高性能计算发展的应用,包括聚变、核能源、气候、国家安全、材料科学、化学和生物学等。在所有这些科学研究方向,各种高端模拟器均可能生成丰富的数据。管理与分析这些数据的工作流和系统的处理能力已经处于临界点。随着计算复杂度和解析度要求的提高以及计算能力的持续增长,对各种计算结果数据的分析将变得更具挑战性。

例如,核能源科学家们正在考虑使用科学模拟来理解新型先进核反应堆的设计空间,加速并优化这类系统的设计。这些计算代码的开发可能会实现最有效的算法,并充分利用现有最强大计算机的计算能力。对于某些结果至关重要的科学模拟,必须对代码进行验证,并定量理解计算的不确定性。这需要一个自适应的方法,将仿真和实验相结合,以克服结果含义不明,并对其实现更精细的理解。

分析和归档计算数据的一个标准方法涉及附属于仿真平台的两个子系统,子系统通过一个大的交换机与仿真平台连接。一个独立的存储子系统由企业级存储支撑的许多存储服务器构成,提供科学数据的原始记录。分析集群同样连接到这个交换机上,可用来分析归档的数据。但是这种方法需要在数据分析之前预先将数据从模拟平台转移出来。由于计算性能和I/O性能之间的差距逐渐增大,数据生成速率正面临越来越多的挑战,科学家们正在努力减少数据输出,以尽量降低运行时数据写入和随后进行数据分析的成本。

无论是现在还是将来,美国能源部精细的科学仿真都要求使用速度最快、规模最大的超级计算机。目前最大的超级计算机是千万亿次级的,下一代产品的目标集中在百亿亿次级。推动百亿亿次级架构的芯片、内存和网络技术的发展趋势表明,超级计算机发展的限制条件之一是功耗,实际上也就是数据的移动(因为数据移动会消耗大量功率)。由于数据的移动左右了计算成本,人们需要重新思考整个数据分析的过程。

当数据驻留在超级计算机平台的内存时,必须对其进行深度分类。这需要一个全新的大规模并行数据约简算法来有效分析这些庞大的数据集。例如,在传输前采用统计和压缩技术来实现数据的降低采样(downsample)。这些方法可以为科学家感兴趣的区域提供不同水平的分辨率。关键技术之一是将基于科学(知识)的特征提取算法集成,这些算法从仿真结果中识别出高阶的结构。这些结构信息丰富,但其规模远小于原始的数据集。

这个过程的一个重要方面是保存分析数据的科学完整性。在支撑可重复科学数据分析过程中需要记录数据的起源,也就是说它是如何创建和处理的,以及理解在分析过程中是否引入和何时引入了偏差。自始至终,支持有效归档、管理和共享必须是分析工作流的一部分。

另一项挑战来自更深入科学发现所需的不断增加的分析复杂性。目前已经有一些好的可用于模拟结果输出数据子集中几个变量的可视化方法。然而,随着仿真的复杂性和解析度的提高,人们有必要更全面地探索仿真输出结果,以发现异常行为。这些探索对验证过程以及科学发现过程至关重要。探索性分析不仅需要对仿真输出结果的不同部分进行高效访问,还需要高度的用户交互。不过,现在对一些基本问题的探索(例如不确定性量化)仍处于起步阶段。这种高级的分析能力目前还很难用于海量数据集。

读/写速度仅仅是仿真数据分析的几个技术瓶颈之一。如图 7.1 所示,高性能计算系统计算能力的历史增长率远远超过了磁盘性能的历史增长率,这导致了计算数据产生率和数据归档率之间越来越不匹配。因此,大多数的计算结果从未保存,只有周期性存储的快照可用于分析。

如图 7.1 中所示磁盘性能的改进和计算系统的对比,磁盘的性能改进速度远远低于计算系统,这导致每个新一代高性能计算系统需要部署更多的磁盘以保持同步。从成本、可靠性和能耗角度来看,这种增加磁盘数目的做法不是可持续的(美国 IBM 阿尔马登(Almaden)研究中心提供了一些数据)。

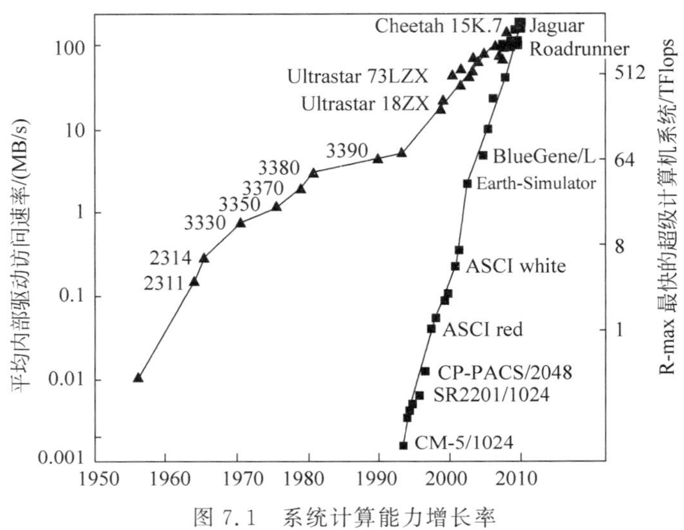

图 7.1　系统计算能力增长率

令人鼓舞的是,固态存储技术正快速成熟。虽然目前还不清楚如何很好地使用这些器件,即是否应将固态存储技术作为磁盘的替代品,或者是否应重新考虑整体系统架构,但是其所具有的支持大规模随机读取的能力会使其成为数据密集型工具包的一个重要组成部分。

随着仿真在规模和解析度上的持续增长,这些器件会越来越多地用于关键性决策。这需要计算界在软件和数据管理方面的积极工作。

美国能源部数据密集型远景面临的几个挑战和机遇如下。

(1) 美国能源部的任务需要分析类型和大小不同的数据,包括科学的和传感器的数据。作为产品的源泉,数据的完整性、来源和是否易于分析等问题必须认真对待,就是要依靠科学的理解和洞察力。

(2) 集成的数据分析方法可减少数据移动,弥合实验、模拟和分析之间的鸿沟,是缓解海量数据分析问题的关键。这种紧耦合的方法通过降低这些不同源的科学知识之间的壁垒来改进科学进程。

(3) 传统的高性能计算体系结构的设计并不是为了有效地处理数据密集的工作负载。多元化的方法,包括将数据密集的特点集成到高性能计算体系结构和从零开始设计定制的数据密集型的体系结构,可帮助人们有效地处理大规模数据集。

7.2 分布式数据处理

在20世纪70年代中期，流行的思想是利用大型设备采用集中信息服务的方式来争取公司信息服务的全面性和综合性。随着规模的扩大，灵活性就降低了，这就削弱了信息服务部门的响应能力。这种响应能力的减弱是取消集中方式的主要原因；另一个原因是计算机硬件成本的迅速降低，特别是小型计算机系统的降价。

7.2.1 分布式数据处理的含义

分散的选择方案就是分布式数据处理（DDP）方案。分布式数据处理不仅是一种技术上的概念，也是一种结构上的概念。分布式数据处理的概念是建立在集中和分散这两种信息服务都能实现的原则基础上的。

集中/分散的问题归结起来就是建立综合的信息系统（集中）和对用户服务（分散）这两者结合的问题，规模的大小已不再是争论点。从理论上来说，分布式数据处理将这两个领域能最好地结合在一起。计算机系统不仅能连接到所有的业务领域，而且能致力于各业务领域的应用。由于所有的分布式系统都用一个网络连在一起，所以信息系统的综合也就很容易实现了。

公司应该认识到分布式处理系统会具有较高的运行效率，因为其中某个计算机系统的失效并不危及整个公司的工作。事实上，在一个设计周到的分布式数据处理系统中，任何一个计算机子系统都能用来使整个系统正常工作。

7.2.2 分布式数据处理的范围

在分布式数据处理系统中，计算机组成网络，每台计算机可以与一台或多台其他计算机连接起来。分布式数据处理网络一般按照地理位置或功能来考虑设计，而大多数网络是这两方面的结合。

分布式数据处理也是一个经常使用的术语，它与人们日常所说的意思不同，很容易被用户和信息服务工作人员误解。由于缺乏统一的认识，所以经常导致一些问题得不到解决。例如"分布的内容是什么？""分布到什么程度才能最好地满足公司的需要？"下面所列的部分或全部内容可以用于分布式信息服务系统。

- 输入/输出；
- 处理；
- 数据存储；
- 个人信息或管理部门的信息；
- 检查和控制；
- 规划。

在考虑任一信息服务的改革尝试之前，应首先解决哪一方面要分布，以及哪一方面要分布到什么程度的问题。

7.2.3 分布式数据处理的控制

卫星计算机系统和分布式数据处理系统的中心能够通过集中的信息服务部门(由业务领域所分派的)或决策组织(其中用户和信息服务分担管理责任)来控制。无论哪一种情况,为了保持公司数据库的兼容性、一致性和信息处理的综合性,集中小组通常应负责下列工作。

- 评价和选择硬件;
- 制定标准、方法和文件;
- 制定近期和长期信息服务规划;
- 补充或雇佣信息服务人员;
- 运行公司的数据库(包括提供数据库所需的数据);
- 建立公司范围内的信息服务优先权(通常是由信息服务指导委员会决定);
- 采用当前可用的技术;
- 提供信息服务和用户培训计划。

由厂商开发和提供的新式的硬件和软件促进了分布式数据处理的发展,分布式数据处理的有效技术和突出的优点已使得许多对此坚信不疑的业务领域的管理人员能承担起管理信息服务小组和计算中心的责任。

分布式计算项目案例如下。

1. Climateprediction. net

该案例模拟百年以来的全球气象变化,并计算未来地球气象,以应对未来可能遭遇的灾变性天气。

Climateprediction. net 是一个基于伯克利开放式网络计算平台(BOINC)的分布式计算项目。该项目由英国牛津大学开发和维护,用于全球气象变化的研究。与其他 BOINC 项目一样,Climateprediction. net 使用志愿者的计算机中空闲的进程资源来运行单独的单元计算。计算结果会被发送到项目的中央服务器,经验证后存入数据库中。这个项目是跨平台的,支持多种不同的软件和硬件环境。用户可通过 Climateprediction. net 的屏幕保护程序观看正在自己的计算机上进行的全球气象变化研究的情况。

通过计算一系列最先进的气候模型,科学家能够更好地了解全球气候受到微小变化时有何影响。Climateprediction. net 的实验有助于改进不确定性的气候预测和设想,包括不同的复杂气候模型。

2. SOB

该案例解决谢尔宾斯基问题。

十七或者破产(Seventeen or Bust)是一个解决谢尔宾斯基问题的分布式计算项目。

这个项目的目的就是证明 78557 是最小的谢尔宾斯基数,要做到这一点,所有小于 78557 的奇数都需要排除掉。如果一个数 $2k+1$ 被证明是质数,那么 k 就不可以是谢尔宾斯基数。在这个项目开始之前,只有 17 个数列有待排除。

如果这个目的达到,那么关于谢尔宾斯基问题的猜想就被证明为真。现在已经有11个数列被排除,还有6个有待排除。

现在仍然有这种可能,剩下的序列当中包含有非质数,如果这种可能性不存在,那么这个问题就变得没有吸引力了。如果有这样的序列,这个项目将因寻找不存在的质数而无法停止。但是,因为没有数学家成功地证明剩下的数列仅包含有合数,这个猜想也通常被认为是真的。

7.2.4 信息中心

某些用户管理人员和行政领导感到由信息服务部门来承担越来越多的业务领域的工作责任是一个令人担心的事情。然而,20世纪80年代的用户管理人员不但非常愿意直接参与影响他们眼前工作的信息服务系统,而且愿意参与公司信息服务中其他方面的工作。这种积极态度是分散的信息服务工作成功的关键。

1. 信息中心的作用

为了能使用户有效地直接参与信息服务工作,公司必须提供设备、技术支持和团体用户的培训,这些是由信息中心来完成的。信息中心是实现分布式数据处理必不可少的一个部门。

2. 成立信息中心的目的

成立信息中心的出发点是使用户能获得一个不必请求信息服务部门就能自己帮助自己的场所。信息中心的任务是向用户提供一个机会,使其成为信息服务的直接参与者。这样用户可以自己处理信息服务请求,就不必提出一份正式服务申请以获得批准,也不必将要求通知给系统分析员等。用户仅仅利用信息中心便可自己完成这一切。由于有这样的条件,用户非常希望自己能成为信息服务工作中的一名成员。现有的信息中心已得到了用户的普遍承认和依赖,这远远超出了人们最初的预料。

3. 信息中心的业务管理

信息中心的业务管理一般就是公司信息服务的职责。信息中心能提供便利的场所、适当的硬件(显示器、打印机,有可能还提供图形终端)以及信息服务的专门技术。信息服务人员在信息中心回答问题、提供指导和帮助,绝不应该要求他们参加生产性工作。根据用户要解决的问题的复杂程度,每5到10个固定用户就要分配一名信息服务专业人员到信息中心工作。信息中心人员要定期举办有关各种技术和面向用户课题的讲座及报告会。

7.2.5 集中式数据处理与分布式数据处理的比较

1. 集中式数据处理

集中式计算机网络有一个大型的中央系统,其终端是客户机,数据全部存储在中央系统，由数据库管理系统进行管理，所有的处理都由该大型系统完成，终端只是用来输入和输出。终端自己不做任何处理，所有任务都在主机上进行处理。

集中式数据存储的主要特点是能把所有数据保存在一个地方，各地办公室的远程终端通过电缆和中央计算机（主机）相连，保证了每个终端使用的都是同一信息；备份数据容易，因为它们都存储在服务器上，而服务器是唯一需要备份的系统，这还意味着服务器是唯一需要安全保护的系统，终端没有任何数据。银行的自动提款机（ATM）采用的就是集中式计算机网络。另外，所有的事务都在主机上进行处理，终端也不需要软驱，所以网络感染病毒的可能性很小。这种类型的网络总费用比较低，因为主机拥有大量存储空间、功能强大的系统，使终端可以使用功能简单而且便宜的微机和其他终端设备。

这类网络不利的一面是来自所有终端的计算都由主机完成，这类网络的处理速度可能有些慢。另外，如果用户有各种不同的需要，在集中式计算机网络上满足这些需要可能是十分困难的，因为每个用户的应用程序和资源都必须单独设置，让这些应用程序和资源都在同一台集中式计算机上操作，使得系统效率不高。并且，因为所有用户都必须连接到一台中央计算机，集中连接可能成为集中式网络的一个大问题。由于这些限制，如今的大多数网络都采用了分布式和协作式网络计算模型。

2. 分布式数据处理

由于个人计算机的性能得到极大的提高并且其使用普及，使处理能力分布到网络上的所有计算机成为可能。分布式计算是和集中式计算相对的概念，分布式计算的数据可以分布在很大区域。

在分布式网络中，数据的存储和处理都是在本地工作站上进行的。数据输出可以打印，也可以保存在软盘上。通过网络主要是得到更快、更便捷的数据访问。因为每台计算机都能够存储和处理数据，所以不要求服务器的功能十分强大，其价格也就不必过于昂贵。这种类型的网络可以适应用户的各种需要，同时允许他们共享网络的数据、资源和服务。在分布式网络中使用的计算机既能够作为独立的系统，也可以把它们连接在一起得到更强的网络功能。

分布式计算的优点是可以快速访问、多用户使用。每台计算机可以访问系统内其他计算机的信息文件；在系统设计上具有更大的灵活性，既可为独立的计算机的地区用户的特殊需求服务，也可为联网的企业需求服务，实现系统内不同计算机之间的通信；每台计算机都可以拥有和保持所需要的最大数据和文件；减少了数据传输的成本和风险；为分散地区和中心办公室双方提供更迅速的信息通信和处理方式，为每个分散的数据库提供作用域，数据存储于许多存储单元中，但任何用户都可以进行全局访问，使故障的不利影响最小化，以较低的成本来满足企业的特定要求。

分布式计算的缺点如下。

(1) 对病毒比较敏感：任何用户都可能引入被病毒感染的文件，并将病毒扩散到整个网络。

(2) 备份困难：如果用户将数据存储在各自的系统上，而不是将它们存储在中央系统中，难以制订一项有效的备份计划。这种情况还可能导致用户使用同一文件的不同版本。

(3) 为了运行程序要求性能更好的计算机。

(4) 要求使用适当的程序。

(5) 不同计算机的文件数据需要复制。

(6) 对某些计算机要求有足够的存储容量，形成不必要的存储成本。

(7) 管理和维护比较复杂。

(8) 设备必须要互相兼容。

3. 协作式数据处理

协作式数据处理系统内的计算机能够联合处理数据，处理既可集中实施，也可分区实施。协作式计算允许各个客户计算机合作处理一项共同的任务，采用这种方法，任务完成的速度要快于仅在一个客户计算机上运行。协作式计算允许计算机在整个网络内共享处理能力，可以使用其他计算机上的处理能力完成任务。除了具有在多个计算机系统上处理任务的能力外，该类型的网络在共享资源方面类似于分布式计算。

协作式计算和分布式计算具有相似的优缺点。例如协作式网络上可以容纳各种不同的客户。协作式计算的优点是处理能力强，允许多用户使用；缺点是病毒可迅速扩散到整个网络。因为数据能够在整个网络内存储，形成多个副本，文件同步困难，并且也使得备份所有的重要数据比较困难。

7.3 并行编程模型概述

目前两种最重要的并行编程模型是数据并行和消息传递。

数据并行即将相同的操作同时作用于不同的数据，因此适合在 SIMD 及 SPMD 并行计算机上运行。在向量机上通过数据并行求解问题的实践也说明，数据并行可以高效地解决一大类科学与工程计算问题。

消息传递即各个并行执行的部分之间通过传递消息来交换信息、协调步伐、控制执行。消息传递一般是面向分布式内存的，但是它也可适用于共享内存的并行机。灵活性和控制手段的多样化是消息传递并行程序能提供较高的执行效率的重要原因。

数据并行和消息传递两种并行编程模型的对比如表 7.1 所示。

表 7.1　并行编程模型的比较

对比内容	数据并行	消息传递
编程级别	高	低
适用的并行机类型	SIMD/SPMD	SIMD/MIMD/SPMS/MPMD
执行效率	依赖于编译器	高
地址空间	单一	多个

续表

对比内容	数据并行	消息传递
存储类型	共享内存	分布式或共享内存
通信的实现	编译器负责	程序员负责
问题类	数据并行类问题	数据并行、任务并行
目前状况	缺乏高效的编译器支持	使用广泛

7.4 并行编程模型 MapReduce

7.4.1 MapReduce 简介

MapReduce 是 Google 公司于 2004 年提出的能并发处理海量数据的并行编程模型，其特点是简单易学、适用广泛，能够降低并行编程难度，让程序员从繁杂的并行编程工作中解脱出来，轻松地编写简单、高效的并行程序。传统并行编程模型可分为两类，即数据并行模型和消息传递模型。其中，数据并行模型的典型代表是 HPF，消息传递模型的典型代表是 MPI 和 PVM。数据并行模型的级别较高，编程相对简单，但是仅适用于解决数据并行问题。在使用消息传递模型编写并行程序时，用户需要显式地进行数据与任务量的划分、任务之间的通信与同步、死锁检测等，编程负担较重。

针对上述问题，MapReduce 并行编程模型的最大优势在于能够屏蔽底层实现细节，有效降低并行编程难度，提高编程效率。其主要贡献如下。

(1) 使用廉价的商用机器组成集群，费用较低，同时又能具有较高的性能。

(2) 松耦合和无共享结构使之具有良好的可扩展性。

(3) 用户可根据需要自定义 MapReduce 和 Partition 等函数。

(4) 提供了一个运行时支持库，它支持任务的自动并行执行。

(5) 提供的接口便于用户高效地进行任务调度、负载均衡、容错和一致性管理等。

(6) MapReduce 的适用范围广泛，不仅适用于搜索领域，也适用于满足 MapReduce 要求的其他领域的计算任务。

7.4.2 MapReduce 总体研究状况

最近几年，在处理 TB 和 PB 级数据方面，MapReduce 已经成为使用最广泛的并行编程模型之一。国内外 MapReduce 相关的研究成果主要有以下几个方面。

(1) 在编程模型改进方面：MapReduce 存在诸多不足。目前，典型的研究成果有 Barrier-less MapReduce、MapReduceMerge、Oivos、Kahn Process Networks 等，但这些模型仅针对 MapReduce 某方面的不足，研究片面，并且都没有得到广泛应用，部分模型也不成熟。

(2) 在模型针对不同平台的实现方面：典型的研究成果包括 Hadoop、Phoenix、Mars、Cell MapReduce、Misco 和 Ussop。部分平台(例如 GPUs 和 Cell/BE)由于底层硬件比较复杂，造成编程难度较大，增加了用户编程的负担。

(3) 在运行时支持库(包括任务调度、负载均衡和容错)方面：常用的任务调度策略是任务窃取，但该策略有时会加大通信开销。典型的研究成果包括延迟调度策略、LATE调度策略和基于性能驱动的任务调度策略等。在容错方面的典型研究成果是Reduce对象。目前，运行时支持库中针对一致性管理和资源分配等方面的研究相对较少。

(4) 在性能分析与优化方面：目前，主要研究在全虚拟环境下MapReduce的性能分析，提出了名为MRBench的性能分析评价指标。性能优化的典型成果包括几何规划、动态优先级管理和硬件加速器等。着眼于性能，结合运行时支持库，将是MapReduce研究的热点之一。

(5) 在安全性和节能方面：安全性方面的典型研究成果是SecureMR模型。目前国内外在安全性和节能方面的研究成果相对较少，但是这方面研究的重要性已经得到了越来越多的重视。如果一个模型没有很高的安全性，同时也没有很好地考虑功耗问题，那对其大范围推广将产生致命的影响。

(6) 在实际应用方面：MapReduce的应用范围广泛，Google等诸多公司都在使用MapReduce来加速或者简化公司的业务。MapReduce还广泛应用于云计算和图像处理等领域。随着科技的进步，MapReduce将会得到越来越广泛的应用。国内学者的MapReduce相关研究成果主要集中在实际应用方面，例如把MapReduce应用于模式发现和数据挖掘等领域。部分研究成果涉及模型针对不同平台的实现、任务调度、容错和性能评估优化。

综上所述，国内针对MapReduce的研究起步稍晚，绝大部分研究集中在应用方面，对MapReduce关键技术也进行了研究。但是与国外相比，国内在这些方面的研究成果较少。

7.4.3　MapReduce总结及未来的发展趋势

目前，国内外众多研究人员已对MapReduce并行编程模型所涉及的关键技术(包括模型改进、模型针对不同平台的实现、任务调度、负载均衡和容错)进行了卓有成效的研究。预计在今后的一段时期内，与MapReduce并行编程模型相关的研究可能会朝着以下几个方面进行。

(1) 逐步形成完善的MapReduce并行编程模型规范。它统一定义MapReduce并行编程模型的各个组成部分(例如Map、Partition、Sort、Reduce和Merge等)，将现存的多种定义一致起来，形成能够长期有效的统一定义规范。它支持并行计算和分布式应用，具有良好的自适应能力与性能预测能力，能够满足较高的性能要求。

(2) 由于MapReduce并行编程模型主要用于大规模数据集(TB甚至PB级)的并行处理，因此性能问题将成为研究的重点之一。可着眼于性能来研究MapReduce并行编程模型，在MapReduce并行编程模型的实现中采取多种提高性能的手段(例如减少数据复制，改进节点间数据传输方法，改进运行时支持库的任务调度机制，改进内存管理，采用高效的同步机制和性能预测等)。

(3) 随着云计算的兴起与进一步发展,MapReduce 并行编程模型的大规模底层基础设施建设(例如亚马逊公司的 EC2 与 S3 等)将成为研究的热点,这也是基于 MapReduce 并行编程模型的各种应用(例如云计算等)的实现根本。

(4) 针对不同的实验平台实现 MapReduce 并行编程模型,已有学者将 MapReduce 并行编程模型从最初的普通多核分布式系统移植到共享内存和 Cell/BE 架构等环境中,将来 MapReduce 并行编程模型会被移植到更多的实验平台上(例如物联网等),同时已有平台上的实现会进一步优化。

(5) MapReduce 并行编程模型的应用领域将进一步扩大。目前 MapReduce 已被各大互联网公司所采用,并且在云计算和图像处理等领域得到了广泛的应用。相信将来更多的公司会采用 MapReduce 并行编程模型,同时针对不同的应用领域开发出更多的专用模型。

综上所述,MapReduce 并行编程模型的研究是一个充满前途和挑战的领域,它改变着大规模数据集的并行计算方式,必将在并行计算领域发挥越来越重要的作用。

案例分析

例 1:求最大数

从一系列数中求出最大的那一个。这个需求应该说是很简单的,如果不用 MapReduce 来实现,普通的 Java 程序要实现这个需求也是轻而易举的,几行代码就能搞定。这里用这个例子是想说一下 Hadoop 中的 Combiner 的用法。

大家知道,Hadoop 使用 Mapper 函数将数据处理成一个一个的< key, value >键值对,然后在网络节点间对这些键值对进行整理(shuffle),再使用 Reducer 函数处理这些键值对,并最终将结果输出。那么可以这样想,如果有 1 亿个数据(Hadoop 就是为大数据而生),Mapper 函数将会产生 1 亿个键值对在网络中进行传输,如果只是要求出这 1 亿个数当中的最大值,那么显然,Mapper 只需要输出它所知道的最大值即可。这样可以减轻网络带宽的压力,还可以减轻 Reducer 的压力,提高程序的效率。

如果 Reducer 只是运行简单的求最大值、求最小值、计数等程序,那么可以使用 Combiner,但如果是求一组数的平均值,千万不要用 Combiner,道理很简单。Combiner 可以看作是 Reducer 的帮手,或者看作是 Mapper 端的 Reducer,它能减少 Mapper 函数的输出,从而减少网络数据传输,并能减少 Reducer 上的负载。下面是 Combiner 的例子程序。

MapReduce 程序需要找到这一组数字中的最大值 99,Mapper 函数如下。

```
public class MyMapper extends Mapper < Object, Text, Text, IntWritable >{
    @Override
     protected void map ( Object key, Text value, Context context ) throws IOException,
InterruptedException {
    // TODO Auto - generated method stub
    context.write(new Text(), new IntWritable (Integer.parseInt (value. toString( ))));
    }

}
```

Mapper 函数非常简单，它是负责读取 HDFS 中的数据的，负责将这些数据组成<key，value>对，然后传输给 Reducer 函数。Reducer 函数如下。

```
public class MyReducer extends Reducer<Text, IntWritable, Text, IntWritable>{
    @Override
    protected void reduce(Text key, Iterable<IntWritable> values,Context context)throws
IOException, InterruptedException {
        // TODO Auto-generated method stub
        int temp = Integer.MIN_VALUE;
        for(IntWritable value: values){
            if(value.get() > temp){
                temp = value.get();
            }
        }
        context.write(new Text(), new IntWritable(temp));
    }
}
```

Reducer 函数也很简单，就是负责找到从 Mapper 端传来的数据中的最大值。那么在 Mapper 函数与 Reducer 函数之间有个 Combiner，它的代码如下。

```
public class MyCombiner extends Reducer<Text, IntWritable, Text, IntWritable> {

    @Override
    protected void reduce(Text key, Iterable<IntWritable> values,Context context)throws
IOException, InterruptedException {
        // TODO Auto-generated method stub
        int temp = Integer.MIN_VALUE;
        for(IntWritable value: values){
            if(value.get() > temp){
                temp = value.get();
            }
        }
        context.write(new Text(), new IntWritable(temp));
    }
}
```

可以看到，Combiner 也是继承了 Reducer 类，其写法与写 Reduce 函数一样，Reduce 和 Combiner 对外的功能是一样的，只是使用时的位置和上下文(Context)不一样而已。在定义 Combiner 函数之后，需要在 Job 类中加入一行代码，告诉 Job 要在 Mapper 端使用 Combiner。

```
job.setCombinerClass(MyCombiner.class);
```

那么这个求最大数的例子的 Job 类如下。

```
public class MyMaxNum {

    public static void main(String[] args) throws IOException, InterruptedException,
```

```
ClassNotFoundException {
        Configuration conf = new Configuration();
        Job job = new Job(conf,"My Max Num");
        job.setJarByClass(MyMaxNum.class);
        job.setMapperClass(MyMapper.class);
        job.setReducerClass(MyReducer.class);
        job.setOutputKeyClass(Text.class);
        job.setOutputValueClass(IntWritable.class);
        job.setCombinerClass(MyCombiner.class);
        FileInputFormat.addInputPath(job, new Path("/huhui/nums.txt"));
        FileOutputFormat.setOutputPath(job, new Path("/output"));
        System.exit(job.waitForCompletion(true) ? 0:1);
    }
}
```

当然还可以对输出进行压缩，只要在函数中添加两行代码，就能对 Reducer 函数的输出结果进行压缩。这里没有必要对结果进行压缩，只是作为一个知识点而已。

```
//对输出进行压缩
conf.setBoolean("mapred.output.compress", true);
conf.setClass ( " mapred. output. compression. codec", GzipCodec. class, CompressionCodec.
class);
```

例 2：自定义 key 的类型

这个例子主要讲述如何自定义< key, value >中 key 的类型，以及如何使用 Hadoop 中的比较器 WritableComparator 和输入格式 KeyValueTextInputFormat。

给定下面一组输入。

```
str1   2
str2   5
str3   9
str1   1
str2   3
str3   12
str1   8
str2   7
str3   18
```

希望得到的输出如下。

```
str1     1,2,8
str2     3,5,7
str3     9,12,19
```

注意，输入格式 KeyValueTextInputFormat 只能针对 key 和 value 中间使用制表符\t 隔开的数据，而逗号是不行的。

对于这个需求，需要自定义一个 key 的数据类型。在 Hadoop 中，自定义的 key 值类型都要实现 WritableComparable 接口，然后重写这个接口的 3 个方法。这里定义 IntPaire 类，它实现了 WritableComparable 接口。

```
public class IntPaire implements WritableComparable<IntPaire> {

    private String firstKey;
    private int secondKey;

    @Override
    public void readFields(DataInput in) throws IOException {
        // TODO Auto-generated method stub
        firstKey = in.readUTF();
        secondKey = in.readInt();
    }

    @Override
    public void write(DataOutput out) throws IOException {
        // TODO Auto-generated method stub
        out.writeUTF(firstKey);
        out.writeInt(secondKey);
    }

    @Override
    public int compareTo(IntPaire o) {
        // TODO Auto-generated method stub
        return o.getFirstKey().compareTo(this.firstKey);
    }

    public String getFirstKey() {
        return firstKey;
    }

    public void setFirstKey(String firstKey) {
        this.firstKey = firstKey;
    }

    public int getSecondKey() {
        return secondKey;
    }

    public void setSecondKey(int secondKey) {
        this.secondKey = secondKey;
    }
}
```

上面重写的 readFields()方法和 write()方法都是这样写的，几乎成为模板。

由于要将相同的 key 的键值对送到同一个 Reducer 那里，所以这里要用到 Partitioner。在 Hadoop 中，将哪个 key 分配到哪个 Reducer 的过程是由 Partitioner 规定的，这是一个类，它只有一个抽象方法，在继承这个类时要覆盖这个方法。

```
getPartition(KEY key, VALUE value, int numPartitions)
```

其中,第一个参数 key 和第二个参数 value 是 Mapper 端的输出< key, value >,第三个参数 numPartitions 表示的是当前 Hadoop 集群一共有多少个 Reducer。输出则是分配的 Reducer 编号,就是 Mapper 端输出的键对应到哪一个 Reducer 中。一般实现 Partitioner 是用哈希散列的方式,它以 key 的 hash 值对 Reducer 的数目取模,得到对应的 Reducer 编号,这样就能保证相同的 key 值必定会被分配到同一个 Reducer 上。如果有 N 个 Reducer,那么编号就是 0~($N-1$)。

在本例中,Partitioner 是这样实现的。

```
public class PartitionByText extends Partitioner < IntPaire, IntWritable > {

    @Override
    public int getPartition(IntPaire key, IntWritable value, int numPartitions) {
//Reducer 的个数
        // TODO Auto - generated method stub
        return (key.getFirstKey().hashCode() & Integer.MAX_VALUE) % numPartitions;
    }
}
```

本例还用到了 Hadoop 的比较器 WritableComparator,它实现的是 RawComparator 接口。

```
public class TextIntComparator extends WritableComparator {

    public TextIntComparator(){
        super(IntPaire.class,true);
    }

    @Override
    public int compare(WritableComparable a, WritableComparable b) {
        // TODO Auto - generated method stub
        IntPaire o1 = (IntPaire) a;
        IntPaire o2 = (IntPaire) b;
        if(!o1.getFirstKey().equals(o2.getFirstKey())){
            return o1.getFirstKey().compareTo(o2.getFirstKey());
        }else{
            return o1.getSecondKey() - o2.getSecondKey();
        }
    }

}
```

由于在 key 中加入了额外的字段,所以在 group 的时候需要手工设置。手工设置很简单,因为 Job 提供了相应的方法,在这里 group 比较器是这样实现的。

```
public class TextComparator extends WritableComparator {

    public TextComparator(){
        super(IntPaire.class,true);
```

```
    }

    @Override
    public int compare(WritableComparable a, WritableComparable b) {
        // TODO Auto - generated method stub
        IntPaire o1 = (IntPaire) a;
        IntPaire o2 = (IntPaire) b;
        return o1.getFirstKey().compareTo(o2.getFirstKey());
    }

}
```

下面写出 Mapper 函数，它以 KeyValueTextInputFormat 的输入形式读取 HDFS 中的数据，将在 Job 中设置输入格式。

```
public class SortMapper extends Mapper < Object, Text, IntPaire, IntWritable >{

    public IntPaire intPaire = new IntPaire();
    public IntWritable intWritable = new IntWritable(0);

    @Override
     protected void map ( Object key, Text value, Context context ) throws IOException,
InterruptedException {
        // TODO Auto - generated method stub
        int intValue = Integer.parseInt(value.toString());
        intPaire.setFirstKey(key.toString());
        intPaire.setSecondKey(intValue);
        intWritable.set(intValue);
        context.write(intPaire, intWritable);                //key:str1   value:5
    }
}
```

下面是 Reducer 函数。

```
public class SortReducer extends Reducer < IntPaire, IntWritable, Text, Text > {

    @Override
    protected void reduce(IntPaire key, Iterable < IntWritable > values, Context context)
throws IOException, InterruptedException {
        // TODO Auto - generated method stub
        StringBuffer combineValue = new StringBuffer();
        Iterator < IntWritable > itr = values.iterator();
        while(itr.hasNext()){
            int value = itr.next().get();
            combineValue.append(value + ",");
        }
        int length = combineValue.length();
        String str = "";
        if(combineValue.length() > 0){
            str = combineValue.substring(0, length - 1);        //去除最后一个逗号
```

```
            }
            context.write(new Text(key.getFirstKey()), new Text(str));
        }

}
```

Job 类是这样的。

```
public class SortJob {
    public static void main(String[] args) throws IOException, InterruptedException,
ClassNotFoundException {
        Configuration conf = new Configuration();
        Job job = new Job(conf, "Sortint");
        job.setJarByClass(SortJob.class);
        job.setMapperClass(SortMapper.class);
        job.setReducerClass(SortReducer.class);

        //设置输入格式
        job.setInputFormatClass(KeyValueTextInputFormat.class);

        //设置 map 的输出类型
        job.setMapOutputKeyClass(IntPaire.class);
        job.setMapOutputValueClass(IntWritable.class);

        //设置排序
        job.setSortComparatorClass(TextIntComparator.class);

        //设置 group
        job.setGroupingComparatorClass(TextComparator.class); //以 key 进行 group

        job.setPartitionerClass(PartitionByText.class);
        job.setOutputKeyClass(Text.class);
        job.setOutputValueClass(Text.class);
        FileInputFormat.addInputPath(job, new Path("/huhui/input/words.txt"));
        FileOutputFormat.setOutputPath(job, new Path("/output"));
        System.exit(job.waitForCompletion(true)?0:1);
    }
}
```

这样程序就写完了,按照需求完成了相应的功能。

7.5 云处理技术 Spark

Spark 是 UC Berkeley AMP Lab 所开源的类 Hadoop MapReduce 的通用并行框架,Spark 拥有 Hadoop MapReduce 所具有的优点,但不同于 MapReduce 的是 Job 中间输出结果可以保存在内存中,从而不再需要读/写 HDFS,因此 Spark 能更好地适用于数据挖掘与机器学习等需要迭代的 MapReduce 的算法。Spark 是一种与 Hadoop 相似的开源集群计算环境,但是两者之间还存在一些不同之处,这些有用的不同之处使 Spark 在某些工作负载方面表现得更加出色。换句话说，Spark启用了内存分布数据集，除了能够提供交互式查询以外，它还可以优化迭代工作负载。Spark是在Scala语言中实现的，它将Scala用作其应用程序框架。与Hadoop不同，Spark和Scala能够紧密集成，其中的Scala可以像操作本地集合对象一样轻松地操作分布式数据集。

尽管创建Spark是为了支持分布式数据集上的迭代作业，但实际上它是对Hadoop的补充，可以在Hadoop文件系统中并行运行。名为Mesos的第三方集群框架可以支持此行为。Spark由加州大学伯克利分校的AMP实验室（Algorithms，Machines and People Lab）开发，可用来构建大型的、低延迟的数据分析应用程序。

Spark生态系统由以下两部分组成。

(1) Shark：Shark基本上就是在Spark的框架基础上提供和Hive一样的HiveQL命令接口，为了最大限度地保持和Hive的兼容性，Shark使用了Hive的API来实现query Parsing和Logic Plan generation，最后的Physical Plan execution阶段用Spark代替Hadoop MapReduce。通过配置Shark参数，Shark可以自动在内存中缓存特定的RDD，实现数据重用，进而加快特定数据集的检索。同时，Shark通过UDF用户自定义函数实现特定的数据分析学习算法，使得SQL数据查询和运算分析能结合在一起，最大化RDD的重复使用。

(2) SparkR：SparkR是一个为R提供了轻量级的Spark前端的R包。SparkR提供了一个分布式的Dataframe数据结构，解决了R中的Dataframe只能在单机中使用的瓶颈，它和R中的Dataframe一样支持许多操作，例如Select、Filter、Aggregate等（类似dplyr包中的功能），这很好地解决了R的大数据级瓶颈问题。SparkR也支持分布式的机器学习算法，例如使用MLlib机器学习库。SparkR为Spark引入了R语言社区的活力，吸引了大量的数据科学家在Spark平台上直接开始数据分析之旅。

Spark Streaming是构建在Spark上处理Stream数据的框架，基本的原理是将Stream数据分成小的时间片段（几秒），以类似batch批量处理的方式来处理这小部分数据。Spark Streaming构建在Spark上，一方面是因为Spark的低延迟执行引擎（100ms+），虽然比不上专门的流式数据处理软件，也可以用于实时计算；另一方面，相比基于Record的其他处理框架（例如Storm），一部分窄依赖的RDD数据集可以从源数据重新计算达到容错处理目的。此外，小批量处理的方式使它可以同时兼容批量和实时数据处理的逻辑与算法，方便了一些需要历史数据和实时数据联合分析的特定应用场合。

对于Spark的计算方法，例如Bagel（Pregel on Spark），可以用Spark进行图计算，这是一个非常有用的小项目。Bagel自带了一个例子，实现了Google的PageRank算法。当下Spark没有止步于实时计算，目标直指通用大数据处理平台，而终止Shark。

近几年来，大数据机器学习和数据挖掘的并行化算法研究成为大数据领域中一个较为重要的研究热点。早几年国内外研究者和业界比较关注的是在Hadoop平台上的并行化算法设计。然而，Hadoop MapReduce平台由于网络和磁盘读/写开销大，难以高效地实现需要大量迭代计算的机器学习并行化算法。随着UC Berkeley AMP Lab推出的新一代大数据平台——Spark系统的出现和逐步发展成熟，近年来国内外开始关注在Spark平台上如何实现各种机器学习和数据挖掘并行化算法设计。为了方便一般应用领域的数据分析人员使用所熟悉的 R 语言在 Spark 平台上完成数据分析，Spark 提供了一个称为 SparkR 的编程接口，使得一般应用领域的数据分析人员可以在 R 语言的环境里方便地使用 Spark 的并行化编程接口和强大的计算能力。

7.6 MapReduce 的开源实现——Hadoop

7.6.1 Hadoop 概述

Hadoop 是一个由 Apache 基金会所开发的分布式系统基础架构。

用户可以在不了解分布式底层细节的情况下开发分布式程序，充分利用集群进行高速运算和存储。

Hadoop 实现了一个分布式文件系统(Hadoop Distributed File System)，简称 HDFS。HDFS 有高容错性的特点，并且设计用来部署在低廉的(low-cost)硬件上；而且它提供高吞吐量(high throughput)来访问应用程序的数据，适合那些有着超大数据集(Large Data Set)的应用程序。HDFS 放宽了 POSIX 的要求，可以用流的形式访问(streaming access，流媒体访问)文件系统中的数据。

Hadoop 的框架最核心的设计就是 HDFS 和 MapReduce。HDFS 为海量的数据提供了存储，MapReduce 为海量的数据提供了计算。

Hadoop 是一个能够对大量数据进行分布式处理的软件框架。Hadoop 以一种可靠、高效、可伸缩的方式进行数据处理。

Hadoop 是可靠的，因为它假设计算元素和存储会失败，所以它维护多个工作数据副本，确保能够针对失败的节点重新分布处理。

Hadoop 是高效的，因为它以并行的方式工作，通过并行处理加快处理速度。

Hadoop 还是可伸缩的，能够处理 PB 级数据。

此外，Hadoop 依赖于社区服务，因此它的成本比较低，任何人都可以使用。

Hadoop 是一个能够让用户轻松架构和使用的分布式计算平台，用户可以轻松地在 Hadoop 上开发和运行处理海量数据的应用程序。它主要有以下几个优点。

(1) 高可靠性：Hadoop 按位存储和处理数据的能力值得人们信赖。

(2) 高扩展性：Hadoop 是在可用的计算机集群间分配数据并完成计算任务的，这些集群可以方便地扩展到数以千计的节点中。

(3) 高效性：Hadoop 能够在节点之间动态地移动数据，并保证各个节点的动态平衡，因此处理速度非常快。

(4) 高容错性：Hadoop 能够自动保存数据的多个副本，并且能够自动将失败的任务重新分配。

(5) 低成本：与一体机、商用数据仓库以及 QlikView、Yonghong Z-Suite 等数据集市相比，Hadoop 是开源的，项目的软件成本会因此大大降低。

Hadoop 带有用 Java 语言编写的框架，因此运行在 Linux 生产平台上是非常理想的。Hadoop 上的应用程序也可以使用其他语言编写，例如 C++。

Hadoop 得以在大数据处理应用中广泛应用得益于其自身在数据提取、变形和加载

(ETL)方面的天然优势。Hadoop 的分布式架构将大数据处理引擎尽可能地靠近存储，对像 ETL 这样的批处理操作相对合适，因为类似这样操作的批处理结果可以直接存储。Hadoop 的 MapReduce 功能实现了将单个任务打碎，并将碎片任务(Map)发送到多个节点上，之后再以单个数据集的形式加载(Reduce)到数据仓库里。

7.6.2　Hadoop 的核心架构

Hadoop 由许多元素构成，其最底部是 Hadoop Distributed File System(HDFS)，它存储 Hadoop 集群中所有存储节点上的文件。HDFS 的上一层是 MapReduce 引擎，该引擎由 JobTrackers 和 TaskTrackers 组成。本部分对 Hadoop 分布式计算平台最核心的分布式文件系统 HDFS 等内容进行介绍。

1. HDFS

对外部客户机而言，HDFS 就像一个传统的分级文件系统，可以创建、删除、移动或重命名文件等。但是 HDFS 的架构是基于一组特定的节点构建的，这是由它自身的特点决定的。这些节点包括 Namenode(仅一个)，它在 HDFS 内部提供元数据服务；Datanode，它为 HDFS 提供存储块。由于仅存在一个 Namenode，所以这是 HDFS 的一个缺点(单点失效)。

存储在 HDFS 中的文件被分成块，然后将这些块复制到多个计算机中(Datanode)，这与传统的 RAID 架构大不相同。块的大小(通常为 64MB)和复制的块数量在创建文件时由客户机决定。Namenode 可以控制所有文件操作。HDFS 内部的所有通信都基于标准的 TCP/IP 协议。

2. Namenode

Namenode 是一个通常在 HDFS 实例中的单独机器上运行的软件，它负责管理文件系统的命名空间和控制外部客户机的访问。Namenode 决定是否将文件映射到 Datanode 的复制块上。对于最常见的 3 个复制块，第一个复制块存储在同一机架的不同节点上，最后一个复制块存储在不同机架的某个节点上。

实际的 I/O 事务并没有经过 Namenode，只有表示 Datanode 和块的文件映射的元数据经过 Namenode。当外部客户机发送请求要求创建文件时，Namenode 会以块标识和该块的第一个副本的 Datanode IP 地址作为响应。这个 Namenode 还会通知其他将要接收该块的副本的 Datanode。

Namenode 在一个称为 FsImage 的文件中存储所有关于文件系统命名空间的信息。这个文件和一个包含所有事务的记录文件(这里是 EditLog)将存储在 Namenode 的本地文件系统上。FsImage 和 EditLog 文件也需要复制副本，以防文件损坏或 Namenode 系统丢失。

Namenode 本身不可避免地具有 SPOF(Single Point Of Failure，单点失效)的风险，主备模式并不能解决这个问题，通过 Hadoop Non-stop Namenode 才能实现 100% uptime 可用时间。

3. Datanode

Datanode也是一个通常在HDFS实例中的单独机器上运行的软件。Hadoop集群包含一个Namenode和大量Datanode。Datanode通常以机架的形式组织,机架通过一个交换机将所有系统连接起来。Hadoop的一个假设是机架内部节点之间的传输速度快于机架间节点的传输速度。

Datanode响应来自HDFS客户机的读/写请求,它们还响应来自Namenode的创建、删除和复制块的命令。Namenode依赖来自每个Datanode的定期心跳(heartbeat)消息。每条消息都包含一个块报告,Namenode可以根据这个报告验证块映射和其他文件系统元数据。如果Datanode不能发送心跳消息,则Namenode将采取修复措施,重新复制在该节点上丢失的块。

4. 文件操作

HDFS并不是一个万能的文件系统,它的主要目的是支持以流的形式访问写入的大型文件。

如果客户机想将文件写到HDFS上,首先需要将该文件缓存到本地的临时存储空间。如果缓存的数据大于所需的HDFS块大小,创建文件的请求将发送给Namenode。Namenode将以Datanode标识和目标块响应客户机。

同时通知将要保存文件块副本的Datanode。当客户机开始将临时文件发送给第一个Datanode时,会立即通过管道方式将块内容转发给副本Datanode。客户机也负责创建保存在相同HDFS命名空间中的校验和(checksum)文件。

在最后的文件块发送之后,Namenode将文件创建提交到它的持久化元数据存储(在EditLog和FsImage文件中)。

5. Linux集群

Hadoop框架可在单一的Linux平台上使用(在开发和调试时),官方提供MiniCluster作为单元测试使用,不过使用存放在机架上的商业服务器才能发挥它的作用。这些机架组成一个Hadoop集群。它通过集群拓扑知识决定如何在整个集群中分配作业和文件。Hadoop假定节点可能失败,因此采用本机方法处理单个计算机甚至所有机架的失败。

7.6.3 Hadoop和高效能计算、网格计算的区别

在Hadoop出现之前,高性能计算和网格计算一直是处理大数据问题主要使用的方法和工具,它们主要采用消息传递接口(Message Passing Interface,MPI)提供的API来处理大数据。高性能计算的思想是将计算作业分散到集群机器上,集群计算节点访问存储区域网络(SAN)系统构成的共享文件系统获取数据,这种设计比较适合计算密集型作业。当需要访问像PB级别的数据的时候,由于存储设备网络带宽的限制,很多集群计算节点只能空闲,等待数据。Hadoop却不存在这种问题,由于Hadoop使用专门为分布式

计算设计的文件系统 HDFS,在计算的时候只需要将计算代码推送到存储节点上,即可在存储节点上完成数据本地化计算,Hadoop 中的集群存储节点也是计算节点。在分布式编程方面,MPI 属于比较底层的开发库,它赋予了程序员极大的控制能力,但是却要程序员自己控制程序的执行流程、容错功能,甚至底层的套接字通信、数据分析算法等细节都需要自己编程实现。这种要求无疑对开发分布式程序的程序员提出了较高的要求。相反,Hadoop 的 MapReduce 却是一个高度抽象的并行编程模型,它将分布式并行编程抽象为两个原语操作,即 Map 操作和 Reduce 操作,开发人员只需要简单地实现相应的接口即可,完全不用考虑底层数据流、容错、程序的并行执行等细节。这种设计无疑大大降低了开发分布式并行程序的难度。

网格计算通常是指通过现有的互联网,利用大量来自不同地域、资源异构的计算机空闲的 CPU 和磁盘来进行分布式存储和计算。这些参与计算的计算机具有分处不同地域、资源异构(基于不同平台,使用不同的硬件体系结构等)等特征,从而使网格计算和 Hadoop 这种基于集群的计算相区别。Hadoop 集群一般构建在通过高速网络连接的单一数据中心内,集群计算机都具有体系结构、平台一致的特点,而网格计算需要在互联网接入环境下使用,网络带宽等都没有保证。

7.6.4 Hadoop 的发展现状

Hadoop 设计之初的目标就定位于高可靠性、高可拓展性、高容错性和高效性,正是这些设计上与生俱来的优点,才使得 Hadoop 一出现就受到众多大公司的青睐,同时也引起了研究界的普遍关注。到目前为止,Hadoop 技术在互联网领域已经得到了广泛的应用,例如雅虎公司使用 4000 个节点的 Hadoop 集群来支持广告系统和 Web 搜索的研究;Facebook 网站使用 1000 个节点的集群运行 Hadoop,存储日志数据,支持其上的数据分析和机器学习;百度公司用 Hadoop 处理每周 200TB 的数据,从而进行搜索日志分析和网页数据挖掘工作;中国移动研究院基于 Hadoop 开发了“大云(Big Cloud)”系统,不仅用于相关数据分析,还对外提供服务;淘宝网站的 Hadoop 系统用于存储并处理电子商务交易的相关数据。国内的高校和科研院所基于 Hadoop 在数据存储、资源管理、作业调度、性能优化、系统高可用性和安全性方面进行研究,相关研究成果多以开源形式贡献给 Hadoop 社区。

除了上述大型企业将 Hadoop 技术运用在自身的服务中以外,一些提供 Hadoop 解决方案的商业型公司也纷纷跟进,利用自身技术对 Hadoop 进行优化、改进、二次开发等,然后以公司自有产品形式对外提供 Hadoop 的商业服务。比较知名的有创办于 2008 年的 Cloudera 公司,这是一家专业从事基于 Apache Hadoop 的数据管理软件销售和服务的公司,它希望充当大数据领域中类似 Red Hat 在 Linux 世界中的角色。该公司基于 Apache Hadoop 发行了相应的商业版本 Cloudera Enterprise,还提供 Hadoop 相关的支持、咨询、培训等服务。在 2009 年,Cloudera 公司聘请了 Doug Cutting(Hadoop 的创始人)担任公司的首席架构师,从而更加增强了 Cloudera 公司在 Hadoop 生态系统中的影响和地位。最近,Oracle 公司表示已经将 Cloudera 公司的 Hadoop 发行版和 Cloudera Manager 整合到 Oracle Big Data Appliance 中。同样,英特尔公司也基于 Hadoop 发行了自己的版本 IDH。从这些可以看出，越来越多的企业将 Hadoop 技术作为进入大数据领域的必备技术。

需要说明的是，Hadoop 技术虽然已经被广泛应用，但是它无论在功能上还是在稳定性等方面还有待进一步完善，所以还在不断开发和不断升级维护的过程中，新的功能也在不断地被添加和引入，读者可以关注 Apache Hadoop 的官方网站了解最新信息。得益于如此多厂商和开源社区的大力支持，相信在不久的将来，Hadoop 也会像当年的 Linux 一样被广泛应用于越来越多的领域，从而风靡全球。

7.6.5 Hadoop 和 MapReduce 的比较

Hadoop 是 Apache 软件基金会发起的一个项目，在大数据分析以及非结构化数据蔓延的背景下，Hadoop 受到了前所未有的关注。

Hadoop 是一种分布式数据和计算的框架，它很擅长存储大量的半结构化的数据集。数据可以随机存放，所以一个磁盘的失败并不会带来数据丢失。Hadoop 也非常擅长分布式计算——快速地跨多台机器处理大型数据集合。

MapReduce 是处理大量半结构化数据集的编程模型。编程模型是一种处理并结构化特定问题的方式。例如在一个关系数据库中使用一种集合语言执行查询，告诉语言想要的结果，并将它提交给系统计算出如何产生计算。当然，还可以用更传统的语言(C++、Java)一步步地来解决问题。这是两种不同的编程模型，MapReduce 就是另外一种。

MapReduce 和 Hadoop 是相互独立的，实际上又能相互配合工作得很好。

7.7 小结

云计算是由分布式计算、并行处理、网格计算发展而来的，是一种新兴的商业计算模型。目前，对于云计算的认识在不断发展变化，通过对数据密集型计算和分布式数据处理的学习，读者能够掌握云计算数据处理的基础知识；通过并行编程模型 MapReduce 和 Hadoop 的学习，读者能够对并行处理有所了解。

7.8 习题

1. 什么是数据密集型计算？为什么要进行数据密集型计算？
2. 分布式数据处理的概念是什么？
3. 并行编程模型的概念是什么？
4. MapReduce 和 Hadoop 的概念分别是什么？

第 8 章

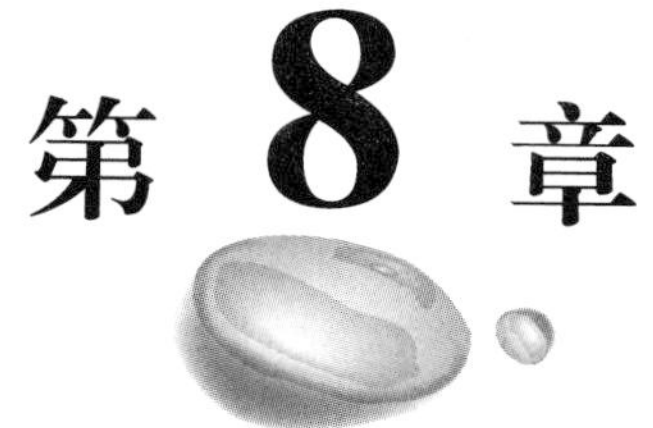

分布式存储系统

分布式文件系统是分布式存储系统(键值系统、表格系统、数据库系统)的底层基础部件,本章介绍基于分布式文件系统之上用于大规模数据存储的存储系统——分布式存储系统。其所具有的主要功能有两个,一个是存储文档、图像、视频之类的 Blob 类型数据;另外一个是作为分布式表格系统的持久化层。

本章介绍分布式存储系统的概念、NoSQL 数据库、分布式存储系统 BigTable、分布式存储系统 HBase 和多元数据的管理与应用,旨在让读者对分布式存储系统等相关概念有所了解。

8.1 概述

Google、亚马逊、阿里巴巴等互联网公司的成功让云计算和大数据两大热门领域受到了更多人的关注。无论是云计算、大数据还是互联网公司的各种应用,其后台基础设施的主要目标是构建低成本、高性能、可扩展、易使用的分布式存储系统。

虽然分布式系统的概念已经存在了很多年,但是直到近几年来互联网大数据应用的兴起才使得它被大规模地应用到工程实践中。相比传统的分布式系统,互联网公司的分布式系统具有两个特点:一个特点是规模大;另一个特点是成本低。由于不同的需求造就不同的设计方案,Google 等互联网公司重新定义了大规模分布式系统的概念。

大规模分布式存储系统的定义是"分布式存储系统是大量普通服务器通过 Internet 互联,对外作为一个整体提供存储服务的系统。"分布式存储系统具有如下几个特性。

(1) 可扩展:分布式存储系统可以扩展到几百台甚至几千台的集群规模,而且随着集群规模的增长,系统整体性能表现为线性增长。

(2) 低成本:分布式存储系统的自动容错、自动负载均衡机制使其可以构建在普通计算机之上。另外,线性扩展能力也使得增加、减少机器非常方便,可以实现自动运维。

(3) 高性能:无论是针对整个集群还是单台服务器,都要求分布式存储系统具备高性能。

(4) 易使用:分布式存储系统需要能够提供易用的对外接口,另外要求具备完善的监控、运维工具,并能够方便地与其他系统集成,例如从 Hadoop 云计算系统导入数据。

分布式存储系统的挑战主要在于数据、状态信息的持久化,要求在自动迁移、自动容错、并发读/写的过程中保证数据的一致性。

分布式存储涉及的技术主要来自两个领域,即分布式系统以及数据库。关于这两个技术领域的基本要求如下。

(1) 数据分布:如何将数据分布到多台服务器才能够保证数据分布均匀,数据分布到多台服务器后如何实现跨服务器读/写操作。

(2) 一致性:如何将数据的多个副本复制到多台服务器,即使在异常情况下也能够保证不同副本之间的数据一致性。

(3) 容错:如何检测到服务器故障,如何自动将出现故障的服务器上的数据和服务迁移到集群中的其他服务器。

(4) 负载均衡:新增服务器和集群正常运行过程中如何实现自动负载均衡,数据迁移的过程中如何保证不影响已有服务。

(5) 事务与并发控制:如何实现分布式事务,如何实现多版本并发控制。

(6) 易用性:如何设计对外接口使得系统容易使用,如何设计监控系统并将系统的内部状态以方便的形式暴露给运维人员。

(7) 压缩/解压缩:如何根据数据的特点设计合理的压缩/解压缩算法,如何平衡压缩算法节省的存储空间和消耗的 CPU 计算资源。

分布式存储系统挑战大,研发周期长,涉及的知识面广。一般来讲,工程师如果能够深入理解分布式存储系统,那么理解其他互联网后台架构几乎不会有困难。

8.2 NoSQL 数据库

NoSQL 一词最早出现于 1998 年,它是一个轻量、开源、不提供 SQL 功能的关系数据库。

2009 年,来自 Rackspace 的 Eric Evans 再次提出了 NoSQL 的概念,这时的 NoSQL 主要指非关系型、分布式的数据库设计模式。

2009 年在亚特兰大举行的"no:sql(east)"讨论会是一个里程碑,其口号是"select fun, profit from real world where relational=false;"。因此,对 NoSQL 最普遍的解释是"非关联型的",强调文档数据库的优点。

当代典型的关系数据库在一些数据敏感的应用中表现了糟糕的性能,例如为巨量文档创建索引、高流量网站的网页服务和发送流式媒体。关系型数据库主要被用于执行规模小但读/写频繁的事务。

NoSQL 的结构通常提供弱一致性的保证,例如最终一致性。不过,有些系统提供完整的 ACID(数据库事务正确执行的 4 个基本要素的缩写,包含原子性、一致性、隔离性、持久性)保证,在某些情况下增加了补充中间件层。一些成熟的系统会提供快照隔离(snapshot isolation)的列存储,例如 Google 公司基于过滤器系统的 BigTable、滑铁卢大学开发的 HBase。这些系统使用类似的概念来实现多行(multi-row)分布式 ACID 交易的快照隔离保证为基础列存储,无须额外的数据管理开销和中间件系统部署或维护,减少了中间件层。

少数 NoSQL 系统部署了分布式结构,通常使用分布式散列表(DHT)将数据以冗余方式保存在多台服务器上,因此在扩充系统的时候添加服务器更容易,并且提高了对服务器失效的承受程度。

NoSQL 数据库的四大分类如表 8.1 所示。

- 键值(Key-Value)存储数据库:这一类数据库主要会使用到一个哈希表,这个表中有一个特定的键和一个指针指向特定的数据。Key-Value 模型对于 IT 系统来说,其优势在于简单、易部署,但如果只对部分值进行查询或更新,Key-Value 模型就显得效率低下了。
- 列存储数据库:这部分数据库通常是用来应对分布式存储的海量数据。键仍然存在,但是它们的特点是指向多个列,这些列是由列家族来安排的。
- 文档型数据库:文档型数据库的灵感来自 Lotus Notes 办公软件,和第一种键值存储相类似。该类型的数据模型是版本化的文档,例如 JSON。文档型数据库可以看作是键值数据库的升级版,允许在其中嵌套键值,而且文档型数据库比键值数据库的查询效率更高。国内的文档型数据库 SequoiaDB 已经开源。
- 图形(Graph)数据库:图形结构的数据库与其他行列以及刚性结构的 SQL 数据库不同,它使用灵活的图形模型,并且能够扩展到多个服务器上。NoSQL 数据库没有标准的查询语言(SQL),因此进行数据库查询需要制定数据模型。许多 NoSQL 数据库都有 REST 式的数据接口或者查询 API。

NoSQL 数据库在以下几种情况下比较适用。

(1) 数据模型比较简单。

(2) 需要灵活性更强的 IT 系统。

(3) 对数据库性能要求较高。

(4) 不需要高度的数据一致性。

(5) 对于给定 Key,比较容易映射复杂值的环境。

表 8.1 NoSQL 数据库的四大分类

分 类	举 例	典型应用场景	数据模型	优 点	缺 点
键值(Key-Value)存储数据库	Tokyo Cabinet/Tyrant、Redis、Voldemort、Oracle BDB	内容缓存,主要用于处理大量数据的高访问负载,也用于一些日志系统等	Key 指向 Value 的键值对,通常用 hash table 来实现	查找速度快	数据无结构化,通常只被当作字符串或者二进制数据

续表

分 类	举 例	典型应用场景	数据模型	优 点	缺 点
列存储数据库	Cassandra、HBase、Riak	分布式的文件系统	以列簇式存储,将同一列数据存在一起	查找速度快,可扩展性强,更容易进行分布式扩展	功能相对局限
文档型数据库	CouchDB、MongoDB	Web应用(与Key-Value类似,Value是结构化的,不同的是数据库能够了解Value的内容)	Key-Value对应的键值对,Value为结构化数据	数据结构要求不严格,表结构可变,不用像关系型数据库那样需要预先定义表结构	查询性能不高,而且缺乏统一的查询语法
图形(Graph)数据库	Neo4J、InfoGrid、Infinite Graph	社交网络 推荐系统 专注于构建关系图谱	图结构	利用图结构相关算法,例如最短路径寻址、N度关系查找等	很多时候需要对整个图做计算才能得出需要的信息,而且这种结构不太好做分布式的集群方案

对于 NoSQL 并没有一个明确的范围和定义,但是它们都普遍存在下面一些特征。

(1) 不需要预定义模式:不需要事先定义数据模式、预定义表结构。数据中的每条记录都可能有不同的属性和格式。当插入数据时并不需要预先定义它们的模式。

(2) 无共享架构:相对于将所有数据存储的存储区域网络中的全共享架构,NoSQL 往往将数据划分后存储在各个本地服务器上。因为从本地磁盘读取数据的性能往往好于通过网络传输读取数据的性能,从而提高了系统的性能。

(3) 弹性可扩展:可以在系统运行的时候动态增加或者删除节点,不需要停机维护,数据可以自动迁移。

(4) 分区:相对于将数据存放在同一个节点,NoSQL 数据库需要将数据进行分区,将记录分散在多个节点上面,并且通常分区的同时还要做复制,这样既提高了并行性能,又能保证没有单点失效的问题。

(5) 异步复制:和 RAID 存储系统不同的是,NoSQL 中的复制往往是基于日志的异步复制,这样数据就可以尽快地写入一个节点,而不会被网络传输引起迟延。其缺点是并不能总是保证一致性,这样的方式在出现故障的时候可能会丢失少量的数据。

(6) BASE:相对于事务严格的 ACID 特性,NoSQL 数据库保证的是 BASE 特性,BASE 是最终一致性和软事务。

NoSQL 数据库并没有一个统一的架构,两种 NoSQL 数据库之间的不同甚至远远超过两种关系型数据库的不同。可以说 NoSQL 各有所长,成功的 NoSQL 必然特别适用于某些场合或者某些应用,在这些场合中会远远胜过关系型数据库和其他的 NoSQL。

尽管大多数 NoSQL 数据存储系统已被部署于实际应用中,但归纳其研究现状,还有许多挑战性问题。

(1) 已有 Key-Value 数据库产品大多是面向特定应用自治构建的,缺乏通用性。

(2) 已有产品支持的功能有限(不支持事务特性),导致其应用具有一定的局限性。

(3) 已有一些研究成果和改进的 NoSQL 数据存储系统,但它们都是针对不同应用需求所提出的相应解决方案,例如支持组内事务特性、弹性事务等,很少从全局考虑系统的通用性,也没有形成系列化的研究成果。

(4) 缺乏类似关系数据库所具有的强有力的理论(例如 armstrong 公理系统)、技术(例如成熟的基于启发式的优化策略、两段封锁协议等)、标准规范(例如 SQL 语言)的支持。

目前,HBase 数据库是安全特性最完善的 NoSQL 数据库产品之一,其他的 NoSQL 数据库多数没有提供内建的安全机制。但随着 NoSQL 的发展,越来越多的人开始意识到安全的重要性,部分 NoSQL 产品逐渐开始提供一些安全方面的支持。

随着云计算、互联网等技术的发展,许多云环境下的新型应用应运而生,例如社交网络网、移动服务、协作编辑等。这些新型应用对海量数据管理(或称云数据管理系统)也提出了新的需求,例如事务的支持、系统的弹性等。云计算时代海量数据管理系统的设计目标为可扩展性、弹性、容错性、自管理性和"强一致性"。目前,已有系统通过支持可随意增减节点来满足可扩展性;通过副本策略保证系统的容错性;基于监测的状态消息协调实现系统的自管理性。"弹性"的目标是满足 pay-per-use 模型,以提高系统资源的利用率。该特性是已有典型 NoSQL 数据库系统所不完善的,但却是云系统应具有的典型特点。"强一致性"主要是新应用的需求。

8.3 分布式存储系统 BigTable

BigTable 是一个分布式的结构化数据存储系统,它被设计用来处理海量数据,通常是分布在数千台普通服务器上的 PB 级的数据。Google 公司的很多项目使用 BigTable 存储数据,包括 Web 索引、Google Earth、Google Finance。这些应用对 BigTable 提出的要求差异非常大,表现在数据量上(从 URL 到网页到卫星图像,需求的数据量依次递增)和响应速度上(从后端的批处理到实时数据服务)。尽管应用需求差异很大,但是针对 Google 公司的这些产品,BigTable 还是成功地提供了一个灵活的、高性能的解决方案。

BigTable 的设计目的是可靠地处理 PB 级的数据,并且能够部署到上千台机器上。BigTable 已经实现了适用性广泛、可扩展、高性能、高可用性几个目标。

BigTable 已经在 Google 公司的超过 60 个产品和项目上得到了应用,包括 Google Analytics、Google Finance、Orkut、Personalized Search、Writely 和 Google Earth。这些产品对 BigTable 提出了各不相同的需求,有的需要高吞吐量的批处理,有的则需要及时响应,快速返回数据给最终用户。它们使用的 BigTable 集群的配置也有很大的差异,有的集群只有几台服务器,而有的则需要上千台服务器,存储几百 TB 的数据。

在很多方面,BigTable 和数据库很类似,使用了很多数据库的实现策略。并行数据库和内存数据库已经具备可扩展性和高性能,但是 BigTable 提供了一个和这些系统完全不同的接口。BigTable 不支持完整的关系数据模型。与之相反,BigTable 为用户提供了简单的数据模型,利用这个模型,用户可以动态控制数据的分布和格式(也就是对 BigTable 而言,数据是没有格式的,用数据库领域的术语来说,就是数据没有 Schema,用户自己去定义 Schema),用户也可以自己推测底层存储数据的位置相关性。数据的下标是行和列的名字,名字可以是任意字符串。BigTable 将存储的数据都视为字符串,但是 BigTable 本身不去解析这些字符串,客户程序通常会把各种结构化或者半结构化的数据串行化到这些字符串里。通过仔细选择数据的模式,用户可以控制数据的位置相关性。最后,可以通过 BigTable 的模式参数来控制数据是存放在内存中还是硬盘上。

8.3.1 数据模型

BigTable 是一个稀疏的、分布式的、持久化存储的多维度排序 Map。Map 的索引是行关键字、列关键字以及时间戳,Map 中的每个 Value 都是一个未经解析的 byte 数组。一个存储 Web 网页的表的片段的例子如图 8.1 所示。

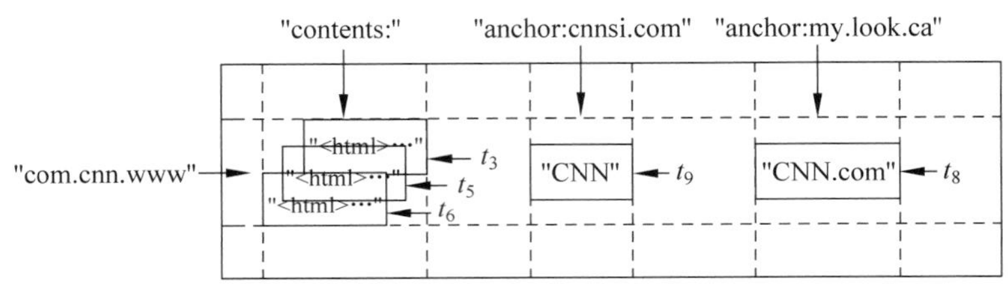

图 8.1 Web 网页的表的片段

行名是一个反向 URL。contents 列存放的是网页的内容,anchor 列族存放引用该网页的锚链接文本。CNN 的主页被 Sports Illustrater 和 MY-look 的主页引用,因此该行包含了名为"anchor:cnnsi.com"和"anchhor:my.look.ca"的列。每个锚链接只有一个版本,而 contents 列有 3 个版本,分别由时间戳 t_3、t_5 和 t_6 标识。

1. 行

表中的行关键字可以是任意的字符串(目前支持最大 64KB 的字符串,但是对于大多数用户,10~100 字节就足够了)。对同一个行关键字的读或者写操作都是原子的(不管读或者写这一行里的多少个不同列),这个设计决策能够使用户很容易地理解程序在对同一个行进行并发更新操作时的行为。

BigTable 通过行关键字的字典顺序来组织数据。表中的每行都可以动态分区。每个分区叫作一个"Tablet",Tablet 是数据分布和负载均衡调整的最小单位。这样做的结果是当操作只读取行中很少几列的数据时效率很高,通常只需要很少几次机器间的通信即可完成。用户可以通过选择合适的行关键字,在数据访问时有效利用数据的位置相关性,从而更好地利用这个特性。举例来说,在 Webtable 里,通过反转 URL 中主机名的方式,可以把同一个域名下的网页聚集起来组织成连续的行。具体来说,可以把"maps.

google.com/index.html”的数据存放在“com.google.maps/index.html”下。另外，把相同域中的网页存储在连续的区域可以让基于主机和域名的分析更加有效。

2. 列族

表中的列关键字组成的集合叫作“列族”，列族是访问控制的基本单位。存放在同一列族下的所有数据通常属于同一个类型(可以把同一个列族下的数据压缩在一起)。列族在使用之前必须先创建，然后才能在列族中任何的列关键字下存放数据；在列族创建后，其中的任何一个列关键字下都可以存放数据。根据设计意图，一张表中的列族不能太多(最多几百个)，并且列族在运行期间很少改变。与之相对应，一张表可以有无限多个列。

列族的名字必须是可打印的字符串，而限定词的名字可以是任意的字符串。例如，Webtable 有个列族 language，language 列族用来存放撰写网页的语言。在 language 列族中只使用一个列关键字，用来存放每个网页的语言标识 ID。在 Webtable 中另一个有用的列族是 anchor，这个列族的每一个列关键字代表一个锚链接。anchor 列族的限定词是引用该网页的站点名，anchor 列族每列的数据项存放的是超链接文本。

3. 时间戳

在 BigTable 中，表的每一个数据项都可以包含同一份数据的不同版本，不同版本的数据通过时间戳来索引。BigTable 时间戳的类型是 64 位整型。BigTable 可以给时间戳赋值，用来表示精确到毫秒的“实时”时间，客户程序也可以给时间戳赋值。如果应用程序需要避免数据版本冲突，那么它必须自己生成具有唯一性的时间戳。在数据项中，不同版本的数据按照时间戳倒序排序，即最新的数据排在最前面。

为了减轻多个版本数据的管理负担，对每一个列族配有两个设置参数，BigTable 通过这两个参数可以对废弃版本的数据自动进行垃圾收集。用户可以指定只保存最后 n 个版本的数据，或者只保存“足够新”的版本的数据(例如只保存最近 7 天写入的数据)。

在 Webtable 的举例中，contents 列存储的时间戳信息是网络爬虫抓取一个页面的时间。上面提及的垃圾收集机制可以让用户只保留最近 3 个版本的网页数据。

8.3.2 BigTable 的构件

BigTable 是建立在其他几个 Google 基础构件上的。BigTable 使用 Google 公司的分布式文件系统存储日志文件和数据文件。BigTable 集群通常运行在一个共享的机器池中，池中的机器还会运行其他各种各样的分布式应用程序，BigTable 的进程经常要和其他应用的进程共享机器。BigTable 依赖集群管理系统来调度任务、管理共享机器上的资源、处理机器的故障，以及监视机器的状态。

BigTable 内部存储数据的文件是 Google SSTable 格式的。SSTable 是一个持久化的、排序的、不可更改的 Map 结构，而 Map 是一个 Key-Value 映射的数据结构，Key 和 Value 的值都是任意的 byte 串。用户可以对 SSTable 进行如下操作：查询与一个 Key 值相关的 Value，或者遍历某个 Key 值范围内所有的 Key-Value 对。从内部看，SSTable 是一系列的数据块(通常每个块的大小是 64KB，这个大小是可以配置的)。SSTable 使用块索引(通常存储在 SSTable 的最后)来定位数据块,在打开 SSTable 的时候,索引被加载到内存。每次查找都可以通过一次磁盘搜索完成,首先使用二分查找法在内存中的索引里找到数据块的位置,然后从硬盘读取相应的数据块。当然,也可以选择把整个 SSTable 都放在内存中,这样就不必访问硬盘了。

BigTable 还依赖一个高可用的、序列化的分布式锁服务组件,叫作 Chubby。一个 Chubby 服务包括 5 个活动的副本,其中的一个副本被选为 Master,并且处理请求。只有在大多数副本都是正常运行的,并且彼此之间能够互相通信的情况下,Chubby 服务才是可用的。当有副本失效的时候,Chubby 使用 Paxos 算法来保证副本的一致性。Chubby 提供了一个命名空间,里面包括了目录和小文件。每个目录或者文件都可以当成一个锁,读/写文件的操作都是原子的。Chubby 客户程序库提供对 Chubby 文件的一致性缓存。每个 Chubby 客户程序都维护一个与 Chubby 服务的会话。如果客户程序不能在租约到期的时间内重新签订会话的租约,这个会话就过期失效了。当一个会话失效时,它拥有的锁和打开的文件句柄就都失效了。Chubby 客户程序可以在文件和目录上注册回调函数,当文件或目录改变或者会话过期时,回调函数会通知客户程序。

BigTable 使用 Chubby 完成以下几个任务:确保在任何给定的时间内最多只有一个活动的 Master 副本,存储 BigTable 数据的自引导指令的位置,查找 Tablet 服务器,以及在 Tablet 服务器失效时进行善后,存储 BigTable 的模式信息,存储访问控制列表。如果 Chubby 长时间无法访问,BigTable 就会失效。由于 Chubby 不可用而导致 BigTable 中的部分数据不能访问的平均比率是 0.0047%。在单个集群里,受 Chubby 失效影响最大的百分比是 0.0326%。

BigTable 包括 3 个主要的组件,即链接到客户程序中的库、一个 Master 服务器和多个 Tablet 服务器。针对系统工作负载的变化情况,BigTable 可以动态地向集群中添加(或者删除)Tablet 服务器。

Master 服务器负责的工作主要是为 Tablet 服务器分配 Tablets、检测新加入的或者过期失效的 Tablet 服务器、对 Tablet 服务器进行负载均衡,以及对保存在 GFS 上的文件进行垃圾收集。除此之外,它还处理对模式的相关修改操作,例如建立表和列族。

每个 Tablet 服务器都管理一个 Tablet 的集合(通常每个服务器有大约数十个至上千个 Tablet)。每个 Tablet 服务器负责处理它所加载的 Tablet 的读/写操作,以及在 Tablets 过大时对其进行分割。

和很多 Single-Master 类型的分布式存储系统类似,客户端读取的数据都不经过 Master 服务器,客户程序直接和 Tablet 服务器通信进行读/写操作。由于 BigTable 的客户程序不必通过 Master 服务器来获取 Tablet 的位置信息,所以大多数客户程序甚至完全不需要和 Master 服务器通信。在实际应用中,Master 服务器的负载是很轻的。

一个 BigTable 集群存储了很多表,每个表包含了一个 Tablet 的集合,而每个 Tablet 包含了某个范围内的行的所有相关数据。在初始状态下,一个表只有一个 Tablet。随着表中数据的增加,它被自动分割成多个 Tablet,在默认情况下,每个 Tablet 的大小是 100~200MB。

8.4　分布式存储系统 HBase

HBase 是一个分布式的、面向列的开源数据库，该技术来源于 Fay Chang 所撰写的 Google 论文"BigTable：一个结构化数据的分布式存储系统"。就像 BigTable 利用了 Google 文件系统(File System)所提供的分布式数据存储一样，HBase 在 Hadoop 之上提供了类似于 BigTable 的能力。HBase 是 Apache 的 Hadoop 项目的子项目。HBase 不同于一般的关系数据库，它是一个适合于非结构化数据存储的数据库；另一个不同是 HBase 是基于列的(而不是基于行的)模式。

HBase-Hadoop Database 是一个高可靠性、高性能、面向列、可伸缩的分布式存储系统，利用 HBase 技术可在廉价 Server 上搭建起大规模结构化存储集群。

HBase 是 Google BigTable 的开源实现，类似 Google BigTable 利用 GFS 作为其文件存储系统，HBase 利用 Hadoop HDFS 作为其文件存储系统，Google 运行 MapReduce 来处理 BigTable 中的海量数据，HBase 同样利用 Hadoop MapReduce 来处理 HBase 中的海量数据，Google BigTable 利用 Chubby 作为协同服务，HBase 利用 ZooKeeper 作为对应来源。

图 8.2 描述的是 Hadoop Ecosystem 中的各层系统。其中，HBase 位于结构化存储层，Hadoop HDFS 为 HBase 提供了高可靠性的底层存储支持，Hadoop MapReduce 为 HBase 提供了高性能的计算能力，ZooKeeper 为 HBase 提供了稳定服务和 failover 机制。

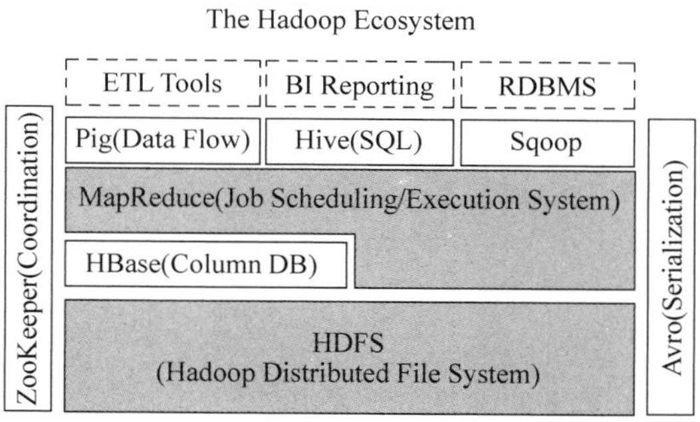

图 8.2　Hadoop Ecosystem 的各层系统

此外，Pig 和 Hive 还为 HBase 提供了高层语言支持，使得在 HBase 上进行数据统计处理变得非常简单。Sqoop 则为 HBase 提供了方便的 RDBMS 数据导入功能，使得传统数据库数据向 HBase 中迁移变得非常方便。

8.4.1　HBase 的访问接口和数据模型

HBase 的访问接口如下。

- Native Java API：最常规和高效的访问方式，适合 Hadoop MapReduce Job 并行批处理 HBase 表数据。
- HBase Shell：HBase 的命令行工具，最简单的接口，适合 HBase 管理使用。
- Thrift Gateway：利用 Thrift 序列化技术，支持 C++、PHP、Python 等多种语言，

适合其他异构系统在线访问 HBase 表数据。

- REST Gateway：支持 REST 风格的 Http API 访问 HBase，解除了语言限制。
- Pig：可以使用 Pig Latin 流式编程语言来操作 HBase 中的数据，和 Hive 类似，其本质最终也是编译成 MapReduce Job 来处理 HBase 表数据，适合做数据统计。
- Hive：当前 Hive 的 Release 版本尚没有加入对 HBase 的支持。

HBase 以表的形式存储数据。表由行键和列族组成，列划分为若干个列族(row family)，其逻辑视图如表 8.2 所示。

表 8.2 HBase 数据形式表

<table>
<tr><th>行　键</th><th>时间戳</th><th>列族 contents</th><th>列族 anchor</th><th>列族 mine</th></tr>
<tr><td rowspan="5">"com.cnn.www"</td><td>t_9</td><td></td><td>anchor:cnnsi.com="CNN"</td><td></td></tr>
<tr><td>t_8</td><td></td><td>anchor:my.look.ca="CNN.com"</td><td></td></tr>
<tr><td>t_6</td><td>contents:html="< html >…"</td><td></td><td>mine: type = "text/html"</td></tr>
<tr><td>t_5</td><td>contents:html="< html >…"</td><td></td><td></td></tr>
<tr><td>t_3</td><td>contents:html="< html >…"</td><td></td><td></td></tr>
</table>

1. 行键(RowKey)

(1) 行键是字节数组，任何字符串都可以作为行键。

(2) 表中的行根据行键进行排序，数据按照 RowKey 的字节序(byte order)排序存储。

(3) 所有对表的访问都要通过行键(单个 RowKey 访问，或 RowKey 范围访问，或全表扫描)。

2. 列族(ColumnFamily)

(1) CF 必须在定义表时给出。

(2) 每个 CF 可以有一个或多个列成员(ColumnQualifier)，列成员不需要在定义表时给出，新的列族成员可以随后按需要动态加入。

(3) 数据按 CF 分开存储，HBase 所谓的列式存储就是根据 CF 分开存储(每个 CF 对应一个 Store)，这种设计非常适合于数据分析的情形。

3. 时间戳(TimeStamp)

每个 Cell 可能有多个版本，它们之间用时间戳区分。

4. 单元格(Cell)

(1) Cell 由行键、列族限定符、时间戳唯一决定。

(2) Cell 中的数据是没有类型的，全部以字节码形式存储。

5. 区域(Region)

(1) HBase 自动把表水平(按 Row)划分成多个区域(Region),每个 Region 会保存一个表里面某段连续的数据。

(2) 每个表一开始只有一个 Region,随着数据不断插入表,Region 不断增大,当增大到一个阈值的时候,Region 就会等分为两个新的 Region。

(3) 当 Table 中的行不断增多时,就会有越来越多的 Region,这样一张完整的表就被保存在多个 Region 上。

(4) HRegion 是 HBase 中分布式存储和负载均衡的最小单元。最小单元表示不同的 HRegion 可以分布在不同的 HRegionServer 上。但一个 HRegion 不会拆分到多个 Server 上。

在 HBase 系统上运行批处理运算,最方便、实用的模型依然是 MapReduce,如图 8.3 所示。

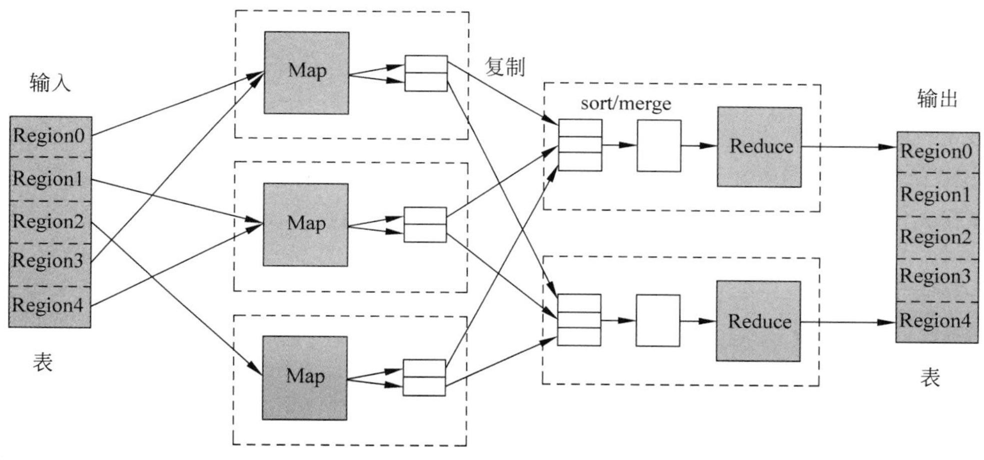

图 8.3 MapReduce 模型

HBase Table 和 Region 的关系比较类似于 HDFS File 和 Block 的关系,HBase 提供了配套的 TableInputFormat 和 TableOutputFormat API,可以方便地将 HBase Table 作为 Hadoop MapReduce 的 Source 和 Sink,对于 MapReduce Job 应用开发人员来说,基本上不需要关注 HBase 系统自身的细节。

8.4.2 HBase 系统架构

HBase Client 使用 HBase 的 RPC 机制与 HMaster 和 HRegionServer 进行通信,对于管理类操作,Client 与 HMaster 进行 RPC;对于数据读/写类操作,Client 与 HRegionServer 进行 RPC。

1. ZooKeeper

ZooKeeper Quorum 中存储了 ROOT 表的地址和 HMaster 的地址,HRegionServer

也会把自己以 Ephemeral 方式注册到 ZooKeeper 中，使得 HMaster 可以随时感知到各个 HRegionServer 的健康状态。此外，ZooKeeper 也避免了 HMaster 的单点问题。

2. HMaster

HMaster 没有单点问题，在 HBase 中可以启动多个 HMaster，通过 ZooKeeper 的 Master Election 机制保证总有一个 Master 运行，HMaster 在功能上主要负责 Table 和 Region 的管理工作。

(1) 管理用户对 Table 的增、删、改、查操作。

(2) 管理 HRegionServer 的负载均衡，调整 Region 分布。

(3) 在 Region Split 后，负责新 Region 的分配。

(4) 在 HRegionServer 停机后，负责失效 HRegionServer 上的 Regions 迁移。

3. HRegionServer

HRegionServer 主要负责响应用户的 I/O 请求，向 HDFS 文件系统中读/写数据，它是 HBase 中最核心的模块。

HRegionServer 内部管理一系列 HRegion 对象，每个 HRegion 对应 Table 中的一个 Region，HRegion 由多个 HStore 组成。每个 HStore 对应 Table 中的一个 Column Family 的存储，可以看出每个 Column Family 其实就是一个集中的存储单元，因此最好将具有共同 I/O 特性的 Column 放在一个 Column Family 中，这样最高效。

4. HStore

HStore 存储是 HBase 存储的核心，它由两部分组成，一部分是 MemStore，另一部分是 StoreFiles。MemStore 是 Sorted Memory Buffer，用户写入的数据首先会放入 MemStore，当 MemStore 满了之后会 Flush 成一个 StoreFile(底层实现是 HFile)，当 StoreFile 文件数量增长到一定阈值时会触发 Compact 操作，将多个 StoreFiles 合并成一个 StoreFile，在合并过程中会进行版本合并和数据删除，因此可以看出 HBase 其实只有增加数据，所有的更新和删除操作都是在后续的 Compact 过程中进行的，这使得用户的写操作只要进入内存中就可以立即返回，保证了 HBase I/O 的高性能。当 StoreFiles Compact 后会逐步形成越来越大的 StoreFile，当单个 StoreFile 大小超过一定阈值后会触发 Split 操作，同时把当前 Region Split 成两个 Region，父 Region 会下线，新 Split 出的两个孩子 Region 会被 HMaster 分配到相应的 HRegionServer 上，使得原先一个 Region 的压力得以分流到两个 Region 上。

在了解了上述 HStore 的基本原理后还必须了解一下 HLog 的功能，因为上述的 HStore 在系统正常工作的前提下是没有问题的，但是在分布式系统环境中无法避免系统出错或者宕机，因此一旦 HRegionServer 意外退出，MemStore 中的内存数据将会丢失，这就需要引入 HLog 了。在每个 HRegionServer 中都有一个 HLog 对象，HLog 是一个实现 Write Ahead Log 的类，在每次用户操作写入 MemStore 的同时也会写一份数据到 HLog 文件中(HLog 文件格式见后续)，HLog 文件会定期滚动出新的，并删除旧的文件

(已持久化到 StoreFile 中的数据)。当 HRegionServer 意外终止后,HMaster 会通过 ZooKeeper 感知到,HMaster 首先会处理遗留的 HLog 文件,将其中不同 Region 的 Log 数据进行拆分,分别放到相应 Region 的目录下,然后再将失效的 Region 重新分配,领取到这些 Region 的 HRegionServer 在 Load Region 的过程中会发现有历史 HLog 需要处理,因此会 Replay HLog 中的数据到 MemStore 中,然后 Flush 到 StoreFiles,完成数据恢复。

8.5 HBase 存储格式

HBase 中的所有数据文件都存储在 Hadoop HDFS 文件系统上,主要包括两种文件类型。

- HFile: HBase 中 Key-Value 数据的存储格式,HFile 是 Hadoop 的二进制格式文件,实际上 StoreFile 就是对 HFile 做了轻量级包装,即 StoreFile 底层就是 HFile。
- HLog File: HBase 中 WAL(Write Ahead Log)的存储格式,物理上是 Hadoop 的 Sequence File。

首先 HFile 文件是不定长的,长度固定的只有其中的两块,即 Trailer 和 FileInfo。Trailer 中有指针指向其他数据块的起始点;FileInfo 中记录了文件的一些 Meta 信息,例如 AVG_KEY_LEN、AVG_VALUE_LEN、LAST_KEY、COMPARATOR、MAX_SEQ_ID_KEY 等。Data Index 和 Meta Index 块记录了每个 Data 块和 Meta 块的起始点。

Data Block 是 HBase I/O 的基本单元,为了提高效率,在 HRegionServer 中有基于 LRU 的 Block Cache 机制。每个 Data 块的大小可以在创建一个 Table 的时候通过参数指定,大号的 Block 有利于顺序 Scan,小号的 Block 有利于随机查询。每个 Data 块除了开头的 Magic 以外就是一个个 Key-Value 对拼接而成,Magic 内容就是一些随机数字,目的是防止数据损坏。在后面会详细介绍每个 Key-Value 对的内部构造。

HFile 里面的每个 Key-Value 对就是一个简单的 byte 数组,但是这个 byte 数组里面包含了很多项,并且有固定的结构。

开始是两个固定长度的数值,分别表示 Key 的长度和 Value 的长度,紧接着是 Key,开始是固定长度的数值,表示 RowKey 的长度,紧接着是 RowKey,然后是固定长度的数值,表示 Family 的长度,然后是 Family,接着是 Qualifier,然后是两个固定长度的数值,表示 Time Stamp 和 Key Type(Put/Delete)。Value 部分没有这么复杂的结构,就是纯粹的二进制数据。

HLog 文件就是一个普通的 Hadoop Sequence File, Sequence File 的 Key 是 HLogKey 对象,HLogKey 中记录了写入数据的归属信息,除了 table 和 region 名字外,同时还包括 sequence number 和 timestamp,timestamp 是“写入时间”,sequence number 的起始值为 0,或者是最近一次存入文件系统中的 sequence number。HLog Sequece File 的 Value 是 HBase 的 KeyValue 对象,即对应 HFile 中的 KeyValue。

RowKey 设计是使用 HBase 时最重要的一个环节,接下来通过对比 NoSQL 数据库和关系型数据库说明 HBase 的 RowKey 设计会怎样影响系统的性能。

例 1：稀疏矩阵结构

比如我国的省市结构是一个典型的树形结构：中国下面有北京、上海等直辖市，还有广州、山东等这样一些省，省下面还有市。采用传统的关系型数据库存储是以图 8.4 所示的方式存储的。

在 RDBMS 中存储

loc_id(primary key)	loc_name	parent_id	child_id
1	China		2,3,4,5
2	Beijing	1	
3	Shanghai	1	
4	Guangzhou	1	
5	Shandong	1	7,8
6	Sichuan	1	9
7	Jinan	1,5	
8	Qingdao	1,5	
9	Chengdu	1,6	

图 8.4　关系数据库存储(例 1)

用 HBase 设计的存储结构如图 8.5 所示。

在 HBase 中存储

行	列家族		
	name:	parent:	child:
< loc_id >		parent:< loc_id >	child:< loc_id >
1	China		child:1=state child:2=state child:3=state child:4=state child:5=state child:6=state
5	Shandong	parent:1=nation	child:7=city
			child:8=city
8	Qingdao	parent:1=nation	
		parent:5=state	

图 8.5　存储结构(例 1)

HBase 中的列可以在过程中定义，不需要预先定义。对于一些稀疏的矩阵结构，这种存储方式的优势很明显。

例 2：多对多关系

比如学校的选课系统，一个学生可以选多门课程，同时每门课程也可以有很多学生去选，是一个典型的多对多关系。传统的关系型数据库存储如图 8.6 所示。

HBase 存储方式如图 8.7 所示。

在 RDBMS 中存储

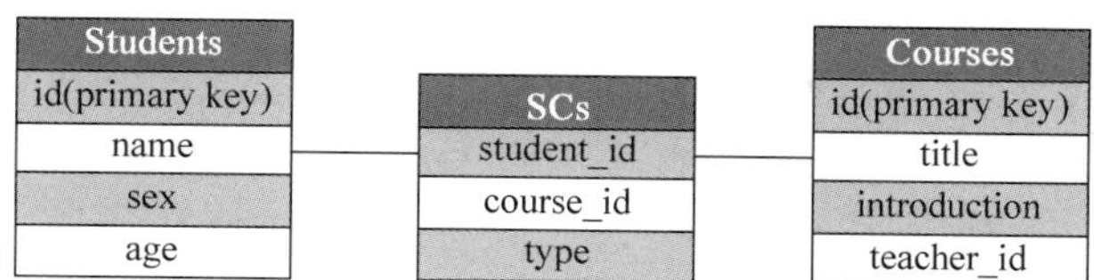

图 8.6　关系数据库存储(例 2)

在 HBase 中存储

行	列家族	
	info:	course:
<student_id>	info:name info:sex info:age	course:<course_id>=type

行	列家族	
	info:	student:
<course_id>	info:title info:introduction info:teacher_id	student:<student_id>=type

图 8.7　存储结构(例 2)

这样设计可以实现每条记录的动态扩展,很匹配真实的业务场景。

例 3: Key 代替索引

比如人人网的广告系统,一天就有十亿条记录。这些记录是怎样存储下来的呢?一种方式就是直接放到文件系统,包括用户的 ID 是什么,名字是什么,什么时候做了什么事。为了便于查询,必须做索引。

在 HBase 中的设计如图 8.8 所示。

在 HBase 中存储

行	列家族
	name:
<user><Long. MAX_VALUE-System. currentTimeMills()><event id>	

图 8.8　存储结构(例 3)

表中左列是 Key,第一部分是用户标识,第二部分是用户操作时间,第三部分是事件 ID(靠前的在检索时更有优势,在设计时可以利用这一点进行优化)。在检索的时候,首先找到这个 Key 在哪台服务器上,客户端再直接去那台服务器中做一个很小范围的检索。在存储的时候也通过这个 ID 存储到不同服务器上,所以吞吐量非常大。

例 4: 热点问题

用户的社交关系存储,大型互联网公司都会遇到这个问题。类似于前面的例子,在 HBase 中的设计如图 8.9 所示。

在 HBase 中存储

行	列家族	
	info:	friend:
<user_id>	info:name info:sex info:age	friend:<user_id>=type

图 8.9 存储结构(例 4)

但是这种设计会存在热点问题,比如某个人可能有 10 万个好友,一旦查询到这个人,整个服务器就死掉了。所以这个设计可以改进一下,可以把 friend 列的内容也放到 Key 中,这样这张表就变成两两之间的关系,热点问题就解决了。

例 5:关联概念

该例是一个数据分析案例,业务场景是这样的:假设有一个搜索引擎每天采集用户大量的搜索数据,怎样知道用户总是把哪些概念放在一起搜索,在 HBase 中可以得到这样的逻辑关系,其中 T(*N*)是搜索关键词,如图 8.10 所示。

HBase 表概念视图

T_ID	T1	T2	T3	T4	…	T(*N*)
T1	12121	0	21	51	…	0
T2	0	97232	13	0	…	1
T3	21	13	23231	12	…	1
T4	51	0	12	12322	…	0
…	…	…	…	…	…	…
T(*N*)	0	1	1	0	…	81311

图 8.10 数据逻辑关系

这种逻辑关系在关系型数据库中是无法设计的,其存储优势在于列弹性,只有被一起检索过的关键词才会存储下来,这也是传统意义上列存储的优势。

通过这几个案例可以知道,在 HBase 中需要注意以下几个问题。

(1) 避免热点问题,分布式就怕不均匀。

(2) HBase 有分割的概念。一台服务器如果存储数据量很大,会把大表或者小表分成两个更小的表,放在其他服务器上,所以要尽量减少这些分割。

(3) 珍惜每一个字节,可以节约资源,降低风险,而且可以减少 I/O,使这个系统做到最佳。

(4) HBase 没有外键,也没有 Join 和跨表的 Transaction。

当前很多流行的 NoSQL 数据库对于安全、交通行业等非互联网的应用来说并不适用,所以设计一个 NoSQL 数据库管理系统作为案例。设计目标是实现系统具有高可扩展性;支持复杂数据类型统一存储管理(结构化数据、半结构化数据及非结构化数据;文本数据、多媒体数据;针对多种类型业务数据进行统一组织管理和处理);支持多样化的访问类型,访问接口标准化(检索、统计分析、关联处理及深入挖掘;需要对多种业务数据进行关联综合分析;提供标准的 DDL、DML 操作语法,支持 JDBC、ODBC 等操作接口;

对数据检索、统计、分析处理的实时性要求很高；检索要求秒级响应；跨域检索访问）。

整个大数据系统的框架如图 8.11 所示。

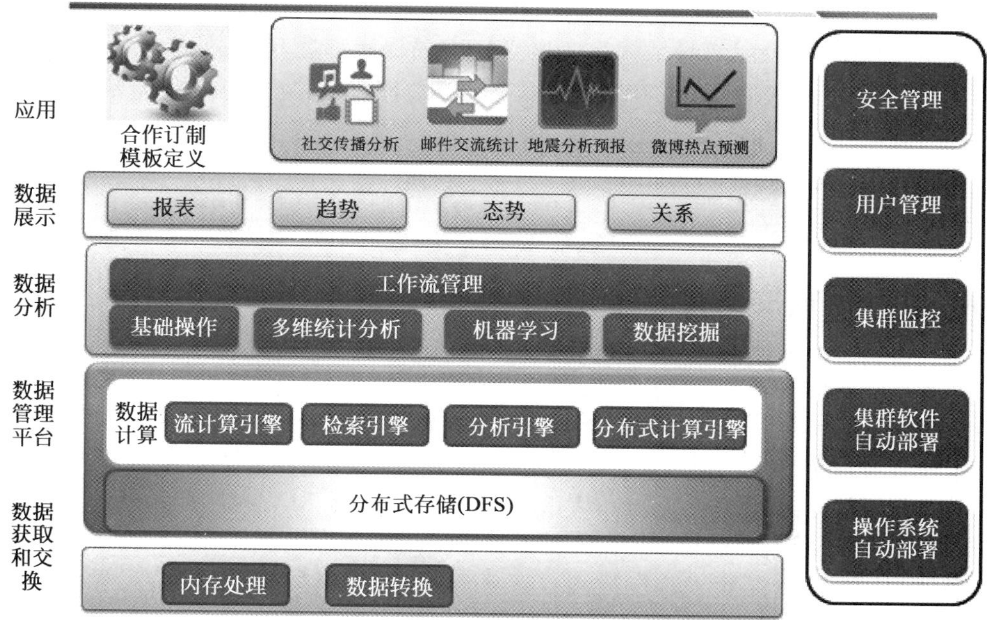

图 8.11　大数据系统框架

其中，数据库管理平台的结构如图 8.12 所示。

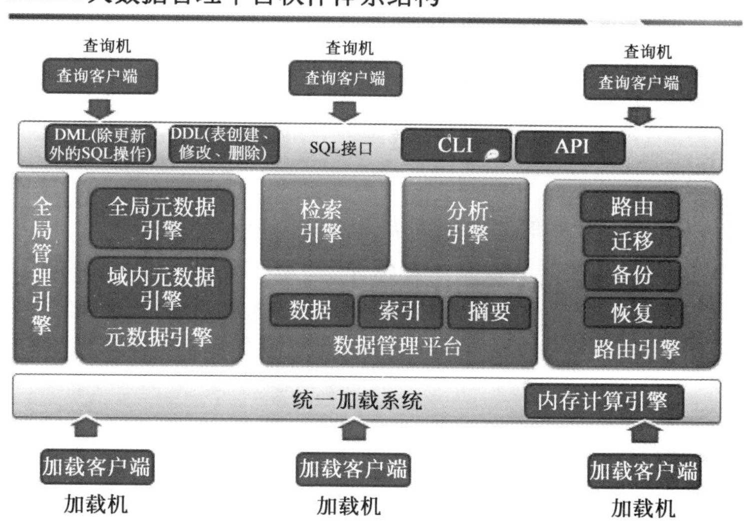

图 8.12　数据库大数据管理平台结构

可以通过管理引擎实现跨越数据管理，对外可以提供相应的 DDL 接口、DML 接口以及开发接口。

系统主要特色包括 Share-Nothing 的分布式存储和计算架构；异构多源数据的组织管理(实现了结构化数据、非结构化文本及非结构化多媒体的统一存储管理)；支持异构数据的统一 SQL 查询(支持对于结构化数据、非结构化文本的检索和分析，该检索和分析操作都可以通过 SQL 进行实现)；丰富的数据访问和处理模式；高效的检索机制；异构多副本存储和恢复机制；跨域数据管理和检索(支持跨域部署，可以在多个物理地点建立多个数据中心，在此之上可以支持数据在数据中心之间进行移动，并且可以支持对位于不同地域的数据进行全局检索和访问)。

应用场景可用于海量结构化记录管理、处理海量小文档管理和处理、面向异构数据的智能搜索和挖掘系统。

8.6 多元数据的管理与应用

在对社会、经济、技术等系统的认识过程当中，需要收集和分析大量表现系统特征和运行状态的数据信息。多元数据处理的基本内容就是利用统计和数学的方法对多维复杂数据群体进行科学分析。多元统计数据分析的主要内容包括对数据的描述性分析方法和解析性分析方法。其中，解析性分析方法的主要代表是回归分析和判别分析。

在对原始数据进行分析和处理时，这类原始数据集合往往由于样本点数量巨大，用于描述系统的特征指标变量众多，且大多数有动态特性，具有规模宏大、复杂难辨等特征。

统计分析与决策的进程可以分为 4 个阶段，首先是对系统的描述性分析，即运用所掌握的信息对系统进行尽可能充分、全面的认识；其次是对系统的解析性分析，常常通过建立数学模型，辨识和刻画系统的解析结构，确定系统中各因素或各元素的内在联系；再次是关于系统的预测性研究，其目的是掌握系统运行和动态变化的规律，对系统的未来做出准确的预见；最后是决策阶段，即对系统的状态进行充分观察和认识，对系统构造及其要素的内在联系进行辨识和深入分析。这 4 个过程是循序渐进的。

8.7 小结

分布式文件系统是云计算的一个很重要的方面，Google 公司研究的 GFS 以及 Hadoop 的 HDFS 分布式文件系统都属于分布式存储系统，它们的基本实现类似于 BitTorrent 等非结构化 P2P 存储系统，通过一个服务器充当索引服务器，然后节点之间相互通信。通过本章对分布式存储系统的学习，读者能对 BigTable 和 HBase 等分布式存储系统有所了解。

8.8 习题

1. 分布式存储系统有哪些？
2. 分布式存储系统 BigTable 的基本概念是什么？
3. 分布式存储系统 HBase 的基本概念是什么？

第 9 章

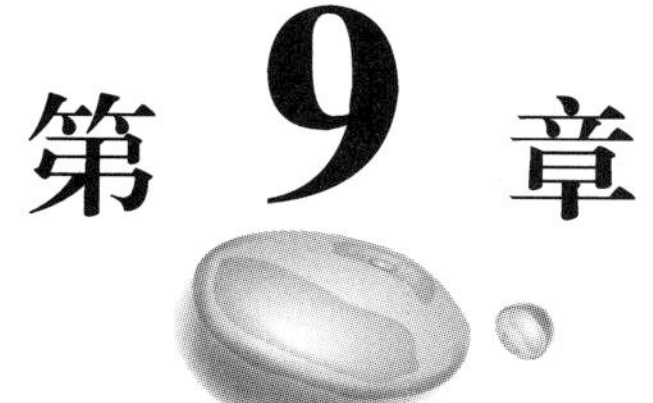

云计算的应用

本章介绍常见的云计算应用，包括 Google 的云计算平台、亚马逊的弹性计算云、IBM 的蓝云云计算平台、清华大学的透明计算平台，以及阿里云和 Microsoft Azure。通过本章的学习，读者能够对常见的云应用有所了解。

9.1 概述

云计算资源规模庞大，服务器数量众多，并分布在不同的地点，同时运行着数百种应用，如何有效地管理这些服务器，保证整个系统提供不间断服务，将是巨大的挑战。

云计算作为一种新型的计算模式，目前还处于早期发展阶段，众多提供商提供了各自基于云计算的应用服务。

“云应用”是“云计算”概念的子集，是云计算技术在应用层的体现。

“云应用”的工作原理是把传统软件“本地安装、本地运算”的使用方式变为“即取即用”的服务，通过互联网或局域网连接并操控远程服务器集群，完成业务逻辑或计算任务的一种新型应用。“云应用”的主要载体为互联网技术，以瘦客户端（Thin Client）或智能客户端（Smart Client）的形式展现，其界面实际上是 HTML5、JavaScript、Flash 等技术的集成。云应用不仅可以帮助用户降低 IT 成本，更能大大提高工作效率，因此传统软件向云应用转型的发展革新浪潮已经不可阻挡。

“云应用”具有“云计算”技术概念的所有特性，概括来讲分为以下 3 个方面。

1）跨平台性

大部分的传统软件应用只能运行在单一的系统环境中，例如一些应用只能安装在 Windows XP 下，而对于较新的 Windows 8 或 Windows 10 系统，或者是 Windows 之外的系统,例如 OS X 与 Linux,又或者是当前流行的 Android 与 iOS 等智能设备操作系统,则不能兼容使用。在当今这个智能操作系统兴起,传统计算机操作系统早已不是 Windows XP 一统天下的情况下,"云应用"的跨平台特性可以帮助用户大大降低使用成本,并提高工作效率。

2)易用性

复杂的设置是传统软件的特色,越是强大的软件应用其设置越复杂。云应用不仅完全有能力实现不输于传统软件的强大功能,更把复杂的设置变得极其简单。云应用不需要用户进行如传统软件一样的下载、安装等复杂部署流程,更可借助与远程服务器集群时刻同步的"云"特性,免去用户永无休止的更新软件之苦。如果云应用有任何更新,用户只需简单地操作(例如刷新一下网页),便可完成升级,并开始使用最新的功能。

3)轻量性

安装众多的传统本地软件不仅会拖慢计算机,更带来了隐私泄露、木马病毒等诸多安全问题。"云应用"的界面说到底是 HTML5、JavaScript、Flash 等技术的集成,其轻量的特点首先保证了应用的流畅运行,让计算机重新快速运转。优秀的云应用更提供了银行级的安全防护,将传统由本地木马或病毒所导致的隐私泄露、系统崩溃等风险降到最低。

其常见的提供商如下。

1. 中国云应用平台

中国云应用平台为中小型企业提供办公软件、财务软件、营销软件、推广软件、网络营销软件等的在线购买和快速部署,并提供免费的软件试用平台。其独有的应用软件与云计算服务器一体化的概念帮助企业快速部署各项软件应用,实现快速的云应用。

2. Gleasy

Gleasy 是一款面向个人和企业用户的云服务平台,可通过网页及客户端两种方式登录,乍看之下和计算机操作系统十分接近,其中包括即时通信、邮箱、OA、网盘、办公协同等多款云应用,用户也可以通过应用商店安装自己想要的云应用。

Gleasy 由杭州格畅科技开发,该团队认为云应用已经十分普及,但始终无集中管理的平台,用户,特别是企业用户,需要一个一次登录即可解决日常应用需求的环境。

Gleasy 的"一盘"云存储包括了在线编辑和直接共享等功能。

Gleasy 从"系统"上看由 3 个层次组成,即基础环境、系统应用、应用商店和开放平台。

(1)基础环境为运行和管理云应用的基础环境,包括 Gleasy 桌面、账号管理、G 币充值与消费、消息中心等。

（2）系统应用主要包含一说（即时通信）、一信（邮箱）、一盘（文件云存储及在线编辑）、联系人（名片、好友动态、个人主页），以及记事本、表格等在线编辑工具，还包括图片查看器、PDF阅读器等辅助性工具。

（3）应用商店和开放平台接近于计算机上的可安装软件，或智能手机中的App。第三方应用经过改造后可入驻，目前有《美图秀秀》《金山词霸》《挖财记账》《虾米音乐》等。

3. 燕麦企业云盘（OATOS）

燕麦企业云盘（OATOS）一改云计算技术方案难懂、昂贵、部署复杂等缺点，通过潜心钻研把云计算方案变成"即取即用"的云应用程序，从而方便了企业的"云"信息化转型之路。燕麦企业云盘云应用程序包括云存储、即时通信、云视频会议、移动云应用（支持iOS及Android）等。

4. Google Apps for Business

Google公司是云应用的探路人，为云应用在企业（特别是在中小型企业）中的普及做出了卓越的贡献。Google企业云应用产品Google Apps for Business在全球已经拥有了400万企业客户。Google Apps for Business为企业提供了邮件、日程管理、存储、文档、信息保险箱等众多企业云应用程序。

5. Microsoft Office 365

传统企业办公软件龙头——Microsoft（微软）公司也在近期推出了其云应用产品Office 365，这预示着微软公司已经清楚地意识到云应用的未来发展价值。Office 365将微软公司旗下的众多企业服务器软件（例如Exchange Server、SharePoint、Lync、Office等）以云应用的方式提供给客户，企业客户只需要按需付费即可。

9.2 Google公司的云计算平台与应用

Google公司的云计算技术实际上是针对Google公司特定的网络应用程序而定制的。针对内部网络数据规模超大的特点，Google公司提出了一整套基于分布式并行集群方式的基础架构，利用软件的能力来处理集群中经常发生的节点失效问题。

从2003年开始，Google公司连续几年在计算机系统研究领域的顶级会议与杂志上发表论文，揭示其内部的分布式数据处理方法，向外界展示其使用的云计算核心技术。从其近几年发表的论文来看，Google公司使用的云计算基础架构模式包括4个相互独立又紧密结合在一起的系统，即Google建立在集群之上的文件系统Google File System、针对Google公司应用程序的特点提出的Map/Reduce编程模式、分布式的锁机制Chubby，以及Google开发的模型简化的大规模分布式数据库BigTable。

9.2.1 MapReduce 分布式编程环境

为了让内部非分布式系统方向背景的员工能够有机会将应用程序建立在大规模的集群基础之上，Google 公司还设计并实现了一套大规模数据处理的编程规范——MapReduce 系统。这样，非分布式专业的程序编写人员也能够为大规模的集群编写应用程序而不用去顾虑集群的可靠性、可扩展性等问题。应用程序编写人员只需要将精力放在应用程序本身，对于集群的处理问题则交由平台来处理。

MapReduce 通过“Map(映射)”和“Reduce(化简)”这两个简单的概念来参加运算，用户只需要提供自己的 Map 函数以及 Reduce 函数就可以在集群上进行大规模的分布式数据处理。

据称，Google 公司的文本索引方法(即搜索引擎的核心部分)已经通过 MapReduce 的方法进行了改写，获得了更加清晰的程序架构。在 Google 公司内部，每天有上千个 MapReduce 的应用程序在运行。

9.2.2 分布式大规模数据库管理系统 BigTable

构建于上述两项基础之上的第三个云计算平台就是 Google 公司关于将数据库系统扩展到分布式平台上的 BigTable 系统。很多应用程序对于数据的组织还是非常有规则的。一般来说，数据库对于处理格式化的数据还是非常方便的，但是由于对关系数据库很强的一致性要求，很难将其扩展到很大的规模。为了处理 Google 公司内部大量的格式化以及半格式化数据，Google 公司构建了弱一致性要求的大规模数据库系统 BigTable。据称，现在 Google 公司有很多的应用程序建立在 BigTable 之上，例如 Search History、Maps、Orkut 和 RSS 阅读器等。

BigTable 模型中的数据模型包括行、列以及相应的时间戳，所有的数据都存放在表格中的单元里。BigTable 的内容按照行来划分，将多行组成一个小表，保存到某一个服务器节点中。这一个小表就被称为 Tablet。

以上是 Google 公司内部云计算基础平台的 3 个主要部分，除了这 3 个部分之外，Google 公司还建立了分布式程序的调度器、分布式的锁服务等一系列相关的云计算服务平台。

9.2.3 Google 的云应用

除了上述的云计算基础设施之外，Google 公司还在其云计算基础设施之上建立了一系列新型网络应用程序。由于借鉴了异步网络数据传输的 Web 2.0 技术，这些应用程序给予用户全新的界面感受以及更加强大的多用户交互能力。其中，典型的 Google 公司云计算应用程序就是 Google 公司推出的与 Microsoft Office 软件进行竞争的 Docs 网络服务程序。Google Docs 是一个基于 Web 的工具，它有跟 Microsoft Office 相近的编辑界面，有一套简单易用的文档权限管理，而且它还记录下所有用户对文档所做的修改。Google Docs 的这些功能使它非常适用于网上共享与协作编辑文档。Google Docs 甚至可以用于监控责任清晰、目标明确的项目进度。当前，Google Docs 已经推出了文档编辑、电子表格、幻灯片演示、日程管理等多个功能的编辑模块，能够替代 Microsoft Office 相应的一部分功能。值得注意的是，通过这种云计算方式形成的应用程序非常适合于多个用户共享以及协同编辑，为一个小组的人员进行共同创作带来很大的方便。

Google Docs 是云计算的一种重要应用，可以通过浏览器的方式访问远端大规模的存储与计算服务。云计算能够为大规模的新一代网络应用打下良好的基础。

虽然 Google 公司可以说是云计算的最大实践者，但是 Google 公司的云计算平台是私有的环境，特别是 Google 公司的云计算基础设施还没有开放出来。除了开放有限的应用程序接口，例如 GWT(Google Web Toolkit)以及 Google Map API 等，Google 公司并没有将云计算的内部基础设施共享给外部的用户使用，上述的所有基础设施都是私有的。

幸运的是，Google 公司公开了其内部集群计算环境的一部分技术，使得全球的技术开发人员能够根据这一部分文档构建开源的大规模数据处理云计算基础设施，其中最有名的项目即 Apache 旗下的 Hadoop 项目。下面两个云计算的实现则为外部的开发人员以及中小公司提供了云计算的平台环境，使得开发者能够在云计算的基础设施之上构建自己的新型网络应用：IBM 的蓝云云计算平台是可供销售的计算平台，用户可以基于这些软/硬件产品自己构建云计算平台；亚马逊的弹性计算云则是托管式的云计算平台，用户可以通过远端的操作界面直接使用。

9.3　亚马逊的弹性计算云

亚马逊公司是互联网上最大的在线零售商，同时也为独立开发人员以及开发商提供云计算服务平台。亚马逊公司将其云计算平台称为弹性计算云(Elastic Compute Cloud，EC2)，这是最早提供远程云计算平台服务的公司。

9.3.1　开放的服务

与亚马逊公司提供的云计算服务不同，Google 公司仅为自己在互联网上的应用提供云计算平台，独立开发商或者开发人员无法在这个平台上工作，因此只能转而通过开源的 Hadoop 软件支持来开发云计算应用。亚马逊公司的弹性计算云服务也和 IBM 公司的云计算服务平台不一样，亚马逊公司不销售物理的云计算服务平台，没有类似于“蓝云”一样的计算平台。亚马逊公司将自己的弹性计算云建立在公司内部的大规模集群计算的平台之上，用户可以通过弹性计算云的网络界面去操作在云计算平台上运行的各个实例(Instance)，而付费方式则由用户的使用状况决定，即用户仅需要为自己所使用的计算平台实例付费，运行结束后计费也随之结束。

弹性计算云从沿革上来看，并不是亚马逊公司推出的第一项这种服务，它由名为亚马逊网络服务的现有平台发展而来。早在 2006 年 3 月，亚马逊公司就发布了简单存储服务(Simple Storage Service，S3)，这种存储服务按照每个月类似租金的形式进行服务付费，同时用户还需要为相应的网络流量进行付费。亚马逊网络服务平台使用 REST (Representational State Transfer)和简单对象访问协议(SOAP)等标准接口，用户可以通过这些接口访问到相应的存储服务。

2007年7月,亚马逊公司推出了简单队列服务(Simple Queue Service,SQS),这项服务使托管主机可以存储计算机之间发送的消息。通过这一项服务,应用程序编写人员可以在分布式程序之间进行数据传递,而无须考虑消息丢失的问题。通过这种服务方式,即使消息的接收方还没有模块启动也没有关系。服务内部会缓存相应的消息,一旦有消息接收组件被启动运行,则队列服务就将消息提交给相应的运行模块进行处理。同样,用户必须为这种消息传递服务进行付费,计费的规则与存储计费规则类似,依据消息的个数以及消息传递的大小进行收费。

2016年,亚马逊公司的云计算平台直接提供AI SaaS服务,意味着这方面的创业机会基本消失。

在亚马逊公司提供上述服务的时候,并没有从头开始开发相应的网络服务组件,而是对公司已有的平台进行优化和改造,一方面满足了本身网络零售购物应用程序的需求,另一方面也供外部开发人员使用。

在开放了上述的服务接口之后,亚马逊公司进一步在此基础上开发了EC2系统,并且开放给外部开发人员使用。

9.3.2 灵活的工作模式

亚马逊公司的云计算模式沿袭了简单、易用的传统,并且建立在亚马逊公司现有的云计算基础平台之上。弹性计算云用户使用客户端通过SOAP over HTTPS协议来实现与亚马逊公司弹性计算云内部的实例进行交互。使用HTTPS协议的原因是为了保证远端连接的安全性,避免用户数据在传输的过程中造成泄露。因此从使用模式上来说,弹性计算云平台为用户或者开发人员提供了一个虚拟的集群环境,使得用户的应用具有充分的灵活性,同时也减轻了云计算平台拥有者(亚马逊公司)的管理负担。

弹性计算云中的实例是一些真正在运行的虚拟服务器,每一个实例代表一个运行中的虚拟机。对于提供给某一个用户的虚拟机,该用户具有完整的访问权限,包括针对此虚拟机的管理员用户权限。虚拟服务器的收费也是根据虚拟机的能力进行计算的,因此实际上用户租用的是虚拟的计算能力,简化了计费方式。在弹性计算云中提供了3种不同能力的虚拟机实例,具有不同的收费标准。例如其中默认的最小的运行实例是1.7GB的内存,一个EC2的计算单元,160GB的虚拟机内部存储容量的一个32位的计算平台,收费标准为每小时10美分。在当前的计算平台中还有两种性能更加强大的虚拟机实例可供使用,当然价格也更加昂贵一点。

由于用户在部署网络程序的时候一般会使用超过一个运行实例,需要很多个实例共同工作,在弹性计算云的内部也架设了实例之间的内部网络,使得用户的应用程序在不同的实例之间可以通信。在弹性计算云中每一个计算实例都具有一个内部的IP地址,用户程序可以使用内部IP地址进行数据通信,以获得数据通信的最好性能。每一个实例也具有外部的地址,用户可以将分配给自己的弹性IP地址分配给自己的运行实例,使得建立在弹性计算云上的服务系统能够为外部提供服务。当然,亚马逊公司也对网络上的服务流量计费,计费规则按照内部传输以及外部传输分开。

9.3.3 总结

亚马逊公司通过提供弹性计算云，减少了小规模软件开发人员对于集群系统的维护，并且收费方式相对简单明了，用户使用多少资源，只需要为这一部分资源付费即可。这种付费方式与传统的主机托管模式不同。传统的主机托管模式让用户将主机放入托管公司，用户一般需要根据最大或者计划的容量进行付费，而不是根据使用情况进行付费，而且可能还需要保证服务的可靠性、可用性等，付出的费用更多，在很多时候，服务并没有被满额资源使用。根据亚马逊公司的模式，用户只需要为实际使用付费即可。

在用户使用模式上，亚马逊公司的弹性计算云要求用户创建基于亚马逊规格的服务器映像（名为亚马逊机器映像，即亚马逊 Machine Image，AMI）。弹性计算云的目标是服务器映像能够拥有用户想要的任何一种操作系统、应用程序、配置、登录和安全机制，但是当前情况下，它只支持 Linux 内核。通过创建自己的 AMI，或者使用亚马逊公司预先为用户提供的 AMI，用户在完成这一步骤后将 AMI 上传到弹性计算云平台，然后调用亚马逊的应用编程接口（API）对 AMI 进行使用与管理。AMI 实际上就是虚拟机的映像，用户可以使用它们来完成任何工作，例如运行数据库服务器，构建快速网络下载的平台，提供外部搜索服务，甚至可以出租自己具有特色的 AMI 而获得收益。用户所拥有的多个 AMI 可以通过通信彼此合作，就像当前的集群计算服务平台一样。

在弹性计算云将来的发展过程中，亚马逊公司也规划了如何在云计算平台之上帮助用户开发 Web 2.0 的应用程序。亚马逊公司认为除了它所依赖的网络零售业务之外，云计算也是亚马逊公司的核心价值所在。可以预见，在将来的发展过程中，亚马逊公司必然会在弹性计算云的平台上添加更多的网络服务组件模块，为用户构建云计算应用提供方便。

9.4 IBM 公司的蓝云云计算平台

IBM 公司在 2007 年 11 月 15 日推出了蓝云云计算平台，为客户带来即买即用的云计算平台。它包括一系列的云计算产品，使得计算不仅仅局限在本地机器或远程服务器农场（即服务器集群），通过架构一个分布式、可全球访问的资源结构，使得数据中心在类似于互联网的环境下运行计算。

通过 IBM 公司的技术白皮书，大家可以一窥蓝云云计算平台的内部构造。蓝云云计算平台建立在 IBM 大规模计算领域的专业技术基础之上，基于由 IBM 软件、系统技术和服务支持的开放标准和开源软件。简单地说，蓝云云计算平台是基于 IBM Almaden 研究中心（Almaden Research Center）的云基础架构，包括 Xen 和 PowerVM 虚拟化、Linux 操作系统映像以及 Hadoop 文件系统与并行构建。蓝云云计算平台由 IBM Tivoli 软件支持，通过管理服务器来确保基于需求的最佳性能。这包括通过能够跨越多服务器实时分配资源的软件为客户带来一种无缝体验，加速性能，并确保在最苛刻环境下的稳定性。IBM 公司新近发布的蓝云计划能够帮助用户进行云计算环境的搭建。它通过将 Tivoli、DB2、WebSphere 与硬件产品（目前是 x86 刀片服务器）集成，能够为企业架设一个分布式、可全球访问的资源结构。根据 IBM 的计划，首款支持 Power 和 x86 处理器刀片服务器系统的蓝云产品于 2008 年正式推出，并且随后推出基于 System z 大型主机的云环境，以及基于高密度机架集群的云环境。

在 IBM 的云计算白皮书上可以看到蓝云云计算平台的配置情况，如图 9.1 所示。

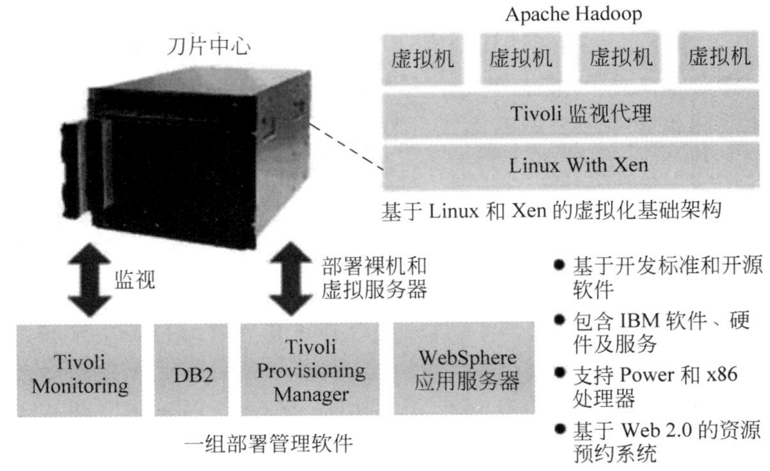

图 9.1 蓝云云计算平台的高层结构

可以看到，蓝云云计算平台由一个包含 IBM Tivoli 部署管理软件（Tivoli Provisioning Manager）、IBM Tivoli 监控软件（IBM Tivoli Monitoring）、IBM WebSphere 应用服务器、IBM DB2 数据库以及一些虚拟化的组件的数据中心共同组成。

蓝云云计算平台的硬件平台并没有什么特殊的地方，但是蓝云云计算平台使用的软件平台相较于以前的分布式平台具有不同的地方，主要体现在对于虚拟机的使用以及对于大规模数据处理软件 Apache Hadoop 的部署。Hadoop 是网络开发人员根据 Google 公司公开的资料开发出来的类似于 Google File System 的 Hadoop File System 以及相应的 Map/Reduce 编程规范。现在正在进一步开发类似于 Google 公司的 Chubby 系统以及相应的分布式数据库管理系统 BigTable。由于 Hadoop 是开源的，所以可以被用户单位直接修改，以适合应用的特殊需求。IBM 公司的蓝云云计算平台产品则直接将 Hadoop 软件集成到自己本身的云计算平台之上。

9.4.1 蓝云云计算平台中的虚拟化

从蓝云云计算平台的结构上还可以看出，在每一个节点上运行的软件栈与传统的软件栈相比，一个很大的不同在于蓝云云计算平台内部使用了虚拟化技术。虚拟化的方式在云计算中可以在两个级别上实现，其中一个级别是在硬件级别上实现虚拟化。硬件级别的虚拟化可以使用 IBM P 系列的服务器，获得硬件的逻辑分区 LPAR。逻辑分区的 CPU 资源能够通过 IBM Enterprise Workload Manager 来管理。通过这样的方式加上在实际使用过程中的资源分配策略，能够使相应的资源合理地分配到各个逻辑分区。P 系列系统的逻辑分区的最小粒度是一个中央处理器（CPU）的 1/10。

虚拟化的另外一个级别可以通过软件来获得，在蓝云云计算平台中使用了 Xen 虚拟化软件。Xen 也是一个开源的虚拟化软件，能够在现有的 Linux 基础之上运行另外一个操作系统，并通过虚拟机的方式灵活地进行软件部署和操作。

通过虚拟机的方式进行云计算资源的管理具有特殊的好处。由于虚拟机是一类特殊的软件，能够完全模拟硬件的执行，所以能够在上面运行操作系统，进而能够保留一整套运行环境语义。这样，可以将整个执行环境通过打包的方式传输到其他物理节点上，从而能够使得执行环境与物理环境隔离，方便整个应用程序模块的部署。从总体上来说，通过将虚拟化的技术应用到云计算的平台，可以获得以下良好的特性。

(1) 云计算的管理平台能够动态地将计算平台定位到所需要的物理平台上，而无须停止运行在虚拟机平台上的应用程序，这比采用虚拟化技术之前的进程迁移方法更加灵活。

(2) 能够更加有效率地使用主机资源，将多个负载不是很重的虚拟机计算节点合并到同一个物理节点上，从而能够关闭空闲的物理节点，达到节约电能的目的。

(3) 通过虚拟机在不同物理节点上的动态迁移，能够获得与应用无关的负载平衡性能。由于虚拟机中包含了整个虚拟化的操作系统以及应用程序环境，所以在进行迁移的时候带着整个运行环境，达到了与应用无关的目的。

(4) 在部署上也更加灵活，即可以将虚拟机直接部署到物理计算平台当中。

总而言之，通过虚拟化的方式，云计算平台能够达到极其灵活的特性，如果不使用虚拟化的方式则会有很多的局限。

9.4.2 蓝云云计算平台中的存储结构

蓝云云计算平台中的存储体系结构对于云计算来说也是非常重要的，无论是操作系统、服务程序还是用户应用程序的数据都保存在存储体系中。云计算并不排斥任何一种有用的存储体系结构，而是需要跟应用程序的需求结合起来获得最好的性能提升。从总体上来说，云计算的存储体系结构包含类似于 Google File System 的集群文件系统以及基于块设备方式的存储区域网络(SAN)系统两种方式。

在设计云计算平台的存储体系结构的时候，不仅仅是需要考虑存储的容量。实际上随着硬盘容量的不断扩充以及硬盘价格的不断下降，使用当前的磁盘技术，可以很容易通过使用多个磁盘的方式获得很大的磁盘容量。相较于磁盘的容量，在云计算平台的存储中，磁盘数据的读/写速度是一个更重要的问题。单个磁盘的速度很有可能限制应用程序对于数据的访问，因此在实际使用的过程中需要将数据分布到多个磁盘之上，并且通过对于多个磁盘的同时读/写达到提高速度的目的。在云计算平台中，数据如何放置是一个非常重要的问题，在实际使用的过程中，需要将数据分配到多个节点的多个磁盘当中。当前能够达到这一目的的存储技术有两种方式：一种是使用类似于 Google File System 的集群文件系统；另外一种是基于块设备的 SAN 系统。

Google 文件系统在前面已经做过一定的描述。在 IBM 公司的蓝云云计算平台中使用的是它的开源实现 Hadoop HDFS(Hadoop Distributed File System)。这种使用方式将磁盘附着于节点的内部，为外部提供一个共享的分布式文件系统空间，并且在文件系统级别做冗余以提高可靠性。在合适的分布式数据处理模式下，这种方式能够提高总体的数据处理效率。Google 文件系统的这种架构与 SAN 系统有很大的不同。

SAN 系统是云计算平台的另外一种存储体系结构选择，在蓝云平台上也有一定的体现，IBM 提供 SAN 系统的平台能够接入蓝云云计算平台中。图 9.2 是一个 SAN 系统的结构示意图。

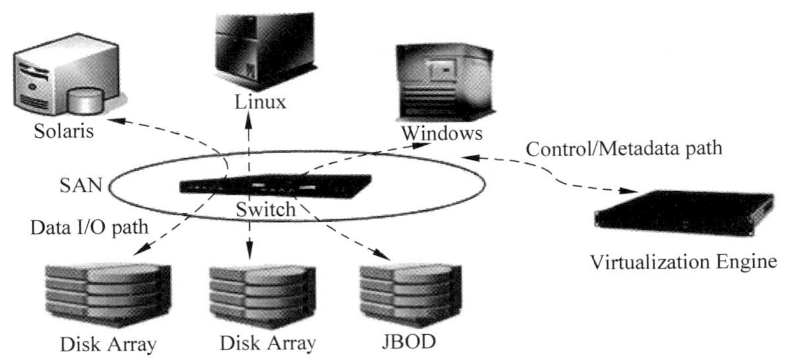

图 9.2　SAN 系统结构示意图

SAN 系统是在存储端构建存储的网络，将多个存储设备构成一个存储区域网络。前端的主机可以通过网络的方式访问后端的存储设备。而且，由于提供了块设备的访问方式，与前端操作系统无关。在 SAN 系统的连接方式上可以有两种选择：一种选择是使用光纤网络，能够操作快速的光纤磁盘，适合于对性能和可靠性要求比较高的场所；另外一种选择是使用以太网，采取 iSCSI 协议，能够运行在普通的局域网环境下，从而降低了成本。由于存储区域网络中的磁盘设备并没有与某一台主机绑定在一起，而是采用了非常灵活的结构，所以对于主机来说可以访问多个磁盘设备，从而能够获得性能的提升。在存储区域网络中，使用虚拟化的引擎来进行逻辑设备到物理设备的映射，管理前端主机到后端数据的读/写。因此，虚拟化引擎是存储区域网络中非常重要的管理模块。

SAN 系统与分布式文件系统(例如 Google File System)并不是相互对立的系统，而是在构建集群系统的时候可供选择的两种方案。其中，在选择 SAN 系统的时候，为了应用程序的读/写，还需要为应用程序提供上层的语义接口，此时就需要在 SAN 系统之上构建文件系统；而 Google File System 正好是一个分布式的文件系统，因此能够建立在 SAN 系统之上。总体来说，SAN 系统与分布式文件系统都可以提供类似的功能，例如对于出错的处理等，至于如何使用还需要由建立在云计算平台之上的应用程序来决定。

9.5 清华大学的透明计算平台

清华大学张尧学教授领导的研究小组从 1998 年开始就从事透明计算系统和理论的研究，到 2004 年前后正式提出，并不断完善了透明计算的概念和相关理论。

随着硬件、软件以及网络技术的发展，计算模式从大型机的方式逐渐过渡到微型个人计算机的方式，并且近年来过渡到普适计算上，但是用户仍然很难获得异构类型的操作系统以及应用程序,在轻量级的设备上很难获得完善的服务。在透明计算中,用户无须感知计算的具体所在位置以及操作系统、中间件、应用等技术细节,只需要根据自己的需求,通过连在网络之上的各种设备选取相应的服务。图9.3显示了透明计算平台的3个重要组成部分。

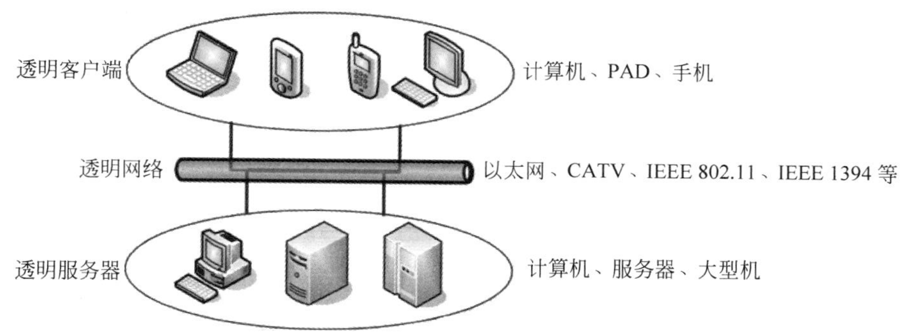

图9.3　透明计算平台的组成

用户的显示界面是前端的一些设备,包括个人计算机、笔记本电脑、PAD、智能手机等,被统称为透明客户端。透明客户端可以是没有安装任何软件的裸机,也可以是装有部分核心软件平台的轻巧性终端。中间的透明网络则整合了各种有线和无线网络传输设施,主要用来在透明客户端与后台服务器之间完成数据的传递,用户无须意识到网络的存在。与云计算基础服务设施构想一致,透明服务器不排斥任何一种可能的服务提供方式,既可通过当前流行的计算机服务器集群方式来构建透明服务器集群,也可使用大型服务器等。当前透明计算平台已经达到了平台异构的目的,能够支持Linux以及Windows操作系统的运行。用户具有很大的灵活性,能够自主选择自己所需要的操作系统运行在透明客户端上。透明服务器使用了流行的计算机服务器集群的方式,预先存储了各种不同的操作平台,包括操作系统的运行环境、应用程序以及相应的数据。每个客户端从透明服务器上获取并建立整个运行环境,以满足用户对于不同操作环境的需求。由于用户之间的数据相互隔离,所以服务器集群可以选取用户相对独立的方式进行存储,使得整个系统能够扩展到很大的规模。在服务器集群之上进行相应的冗余出错处理,很好地保护了每个用户的透明计算数据的安全性。

9.6　阿里云

阿里云是阿里巴巴集团旗下的云计算品牌,是全球卓越的云计算技术和服务提供商。它创立于2009年,在杭州、北京、硅谷等地设有研发中心和运营机构。

9.6.1　简介

阿里云创立于2009年,是中国的云计算平台,服务范围覆盖全球200多个国家和地区。阿里云致力于为企业、政府等组织机构提供最安全、可靠的计算和数据处理能力,让计算成为普惠科技和公共服务,为万物互联的DT世界提供源源不断的新能源。

阿里云的服务群体包括微博、知乎、魅族、锤子科技、小咖秀等一大批明星互联网公司。在天猫"双11"全球狂欢节、"12306"春运购票等极具挑战性的应用场景中,阿里云保持着良好的运行纪录。此外,阿里云在金融、交通、基因、医疗、气象等领域广泛输出一站式的大数据解决方案。

2014年,阿里云曾帮助用户抵御全球互联网史上最大的DDoS攻击,峰值流量达到453.8Gb/s。在Sort Benchmark 2015世界排序竞赛中,阿里云利用自研的分布式计算平台ODPS,377秒完成100TB数据排序,刷新了Apache Spark 1406秒的世界纪录。

阿里云在全球各地部署高效节能的绿色数据中心,利用清洁计算支持不同的互联网应用。目前,阿里云在杭州、北京、青岛、深圳、上海等城市以及新加坡、美国、俄罗斯、日本等国家设有数据中心,未来还将在欧洲、中东等地设立新的数据中心。

9.6.2 阿里云的发展过程

2009年9月10日,在阿里巴巴集团十周年庆典上阿里巴巴云计算团队以独立身份出现,命名为"阿里云"的子公司正式成立。

从2010年开始,阿里云正式对外提供云计算商业服务,希望能够帮助更多的中小型企业、金融、科研机构、政府部门实现计算资源的"互联网化"。

针对不同行业的特点,阿里云提供了政务、游戏、金融、电商、移动、医疗、多媒体、物联网、O2O等行业解决方案。其中,金融云是为金融行业量身定制的云计算服务,具有低成本、高弹性、高可用、安全合规的特性,帮助金融客户实现从传统IT向云计算的转型,助力金融客户的业务创新。

电商云又名"聚石塔",其价值在于把"电商"和"云"的价值结合,基于阿里云强大的云计算产品技术,结合淘宝开放平台的电商数据及服务,为电子商务生态中的服务商、商家提供安全、弹性、高效、稳定的基础运行环境。

2013年8月,阿里云成为世界上第一个对外提供5K云计算服务能力的公司。飞天5K单点服务器集群拥有超过10万核计算的能力、100PB存储空间,可处理15万并发任务,承载亿级别文件数目。

2014年7月,阿里云计算最重要的产品——ODPS正式开放商用。ODPS可在6小时内处理100PB数据。通过ODPS在线服务,小型公司花几百元即可分析海量数据。

2014年8月,阿里云发布"云合计划",希望能够与合作伙伴一起构建适应DT(Data Technology)时代的云生态体系。阿里云在这个生态圈里的定位非常清楚——生态圈的最底层,提供云计算的基础服务,例如弹性计算、存储服务、大规模计算等。

2014年11月,运行在阿里云计算上的"中国药品电子监管网"正式通过国家信息安全等级保护三级测评。这是全国首例部署在"云端"的部委级应用系统。

2014年12月,阿里云抵御了全球互联网史上最大的DDoS攻击,攻击时间长达14个小时,攻击峰值流量达到453.8Gb/s。

2015年,阿里云加快了全球化步伐,陆续启用新加坡数据中心、美国硅谷数据中心,扩建中国香港数据中心。5月,迪拜领军企业Meraas控股集团和阿里云正式签署合作协议,合资成立全新的技术型企业,为中东、北非地区的企业以及政府机构提供服务。6月,阿里云启动全球合作伙伴计划(MAP),在世界范围内寻找顶尖的合作伙伴,一同构建适应 DT 时代的云生态体系。英特尔、新加坡电信、迪拜 Meraas 控股集团等首批加入。11 月,阿里云完成中国香港数据中心的规模扩大,正式启用该数据中心的第二个可用区(Availability Zone)。此外,阿里云国际站也同步上线。

2015 年 7 月 29 日,阿里巴巴集团宣布对阿里云战略增资 60 亿元,用于国际业务拓展,云计算、大数据领域基础和技术的研发,以及 DT 生态体系的建设。阿里巴巴集团 CEO 张勇表示,“阿里巴巴集团对云计算的投入放在最高战略优先级”,同一天,阿里巴巴集团与用友网络科技股份有限公司在北京签署全面战略合作协议。

阿里巴巴集团发布的 2015 年财报显示,阿里云前 3 个季度分别获得了 82%、106%、128%的增速,超过亚马逊和微软的云计算业务的增速,成为全球增速最快的云计算服务商。

2015 年,云计算在成为各个领域基础设施的同时,计算的力量被进一步发挥,数据成为新的能源。4 月,中石化与阿里云共同宣布展开技术合作,借助云计算和大数据,部分传统石油化工业务将进行升级,新的商业服务模式将会展开。5 月,华夏保险决定采用云和分布式技术重构其电商业务系统,新的电商系统将基于阿里金融云进行建设,华夏保险成为国内首家将关键业务部署到公有云平台的人寿保险机构。7 月,阿里云宣布联合中科院成立全新的实验室,共同开展在量子信息科学领域的前瞻性研究,研制量子计算机。10 月,阿里云与英特尔、华大基因合作,共建中国乃至亚太地区的首个定位精准医疗应用云平台,促进精准医疗的发展。

2015 年 10 月,阿里云 2015 杭州云栖大会吸引了全球两万多名开发者参加,阿里云及其合作伙伴在大会上展示了量子计算、人工智能等前沿科技,并且发布 15 款新品。同时,阿里云新的品牌口号——“为了无法计算的价值”曝光。

2015 年天猫“双 11”,阿里云用技术支撑 912 亿元交易额,每秒交易创建峰值达 14 万笔。全球最大规模混合云架构、全球首个核心交易系统上云、1000km 外交易支付“异地多活”、全球首个金融级数据库 OceanBase 等世界级的技术通过阿里云向外输出。

在大数据时代,云计算成为经济社会发展的基础设施,政府成为云计算最为积极的实践者之一。目前,全国引入阿里云计算的省(自治区)和直辖市包括海南、浙江、贵州、广西、河南、河北、宁夏、新疆、甘肃、广东、吉林、天津、云南、福建、上海等。

各地政府希望借助云计算推动电子政务、政府网络采购、交通、医疗、旅游、商圈服务等政府公共服务的电商化、无线化、智慧化应用,同时推动传统工业、金融业、服务业的转型升级,催生、带动一批本地创新/创业企业发展。浙江省水利厅将台风路径实时发布系统搬上阿里云,以应对台风天突增的上百倍访问量;2014 年 5 月,中国气象局与阿里云达成合作,共同挖掘气象大数据的价值;2015 年 5 月,中国交通通信信息中心研发、运营的宝船网 2.0 系统与阿里云合作,让公众可以查询全球超过 30 万艘船舶的实时位置和历史轨迹。

截至 2014 年 6 月,阿里云服务的政府、企业客户超过 140 万,涵盖电子商务、数字娱乐、金融服务、医疗健康、气象、政府管理等多个领域。

2016 年 1 月,阿里云发布一站式大数据平台“数加”,开放阿里巴巴十年的大数据处理能力，首批亮相20款产品。

2016年4月，阿里云发布专有云(Apsara Stack)，支持企业客户在自己的数据中心部署飞天操作系统。

2016年11月，飞天入选2016世界互联网最有代表性15项科技创新成果；阿里云在欧洲、中东、日本和澳洲区相继开服，实现全球互联网市场覆盖；阿里云打破CloudSort世界纪录，将100TB数据排序的计算成本降低到原来的1/3。

2017年1月，阿里云成为奥运会全球指定云服务商。

2017年3月，网商银行在专有云上完成量子加密通信试点，阿里云成为全球首个提供该服务的云计算公司。

2017年11月，世俱杯与阿里云宣布为期6年的合作，中国技术参与全球体育；首批人工智能国家队亮相，阿里云的ET城市大脑成为国家新一代人工智能开放创新平台。

2017年12月，在乌镇世界互联网大会上，ET城市大脑获得世界互联网领先科技成果奖。

2018年11月，阿里云事业群升级为阿里云智能事业群。全新的阿里云智能事业群将中台的智能化能力(包括机器智能的计算平台、算法能力、数据库、基础技术架构平台、调度平台等核心能力)和阿里云全面结合。

在2018年的Gartner报告中，阿里云数据库更是中国唯一首次入围"远见者"象限。

2019年6月，阿里钉钉加入阿里云事业群。

2019年9月，阿里云与Facebook达成协作，PyTorch进驻阿里云机器学习平台。

2019年10月，IDC公布中国金融云市场排名，阿里云排名第一。

2020年3月，阿里云疫情期间向全球医院免费开放新冠肺炎AI检测技术。

9.6.3 阿里云的主要产品

阿里云的产品致力于提高运维效率，降低IT成本，令使用者更专注于核心业务发展。

1. 底层技术平台

阿里云独立研发的飞天开放平台(Apsara)负责管理数据中心Linux集群的物理资源，控制分布式程序运行，隐藏下层故障恢复和数据冗余等细节，从而将数以千计甚至万计的服务器连成一台"超级计算机"，并且将这台超级计算机的存储资源和计算资源以公共服务的方式提供给互联网上的用户。

2. 弹性计算

(1) 云服务器ECS：一种简单、高效、处理能力可弹性伸缩的计算服务。

(2) 云引擎ACE：一种弹性、分布式的应用托管环境，支持Java、PHP、Python、Node.js等多种语言环境，帮助开发者快速开发和部署服务端应用程序，并简化系统维护工作。其搭载了丰富的分布式扩展服务，为应用程序提供强大助力。

(3) 弹性伸缩：根据用户的业务需求和策略自动调整弹性计算资源的管理服务，其能够在业务增长时自动增加ECS实例，并在业务下降时自动减少ECS实例。

3. 云数据库 RDS

(1) 一种即开即用、稳定可靠、可弹性伸缩的在线数据库服务。基于飞天分布式系统和高性能存储,RDS 支持 MySQL、SQL Server、PostgreSQL 和 PPAS(高度兼容 Oracle)引擎,并且提供了容灾、备份、恢复、监控、迁移等方面的全套解决方案。

(2) 开放结构化数据服务 OTS:构建在阿里云飞天分布式系统之上的 NoSQL 数据库服务,提供海量结构化数据的存储和实时访问。OTS 以实例和表的形式组织数据,通过数据分片和负载均衡技术实现规模上的无缝扩展,应用通过调用 OTS API/SDK 或者操作管理控制台来使用 OTS 服务。

(3) 开放缓存服务 OCS:在线缓存服务,为热点数据的访问提供高速响应。

(4) 键值存储 KVStore for Redis:兼容开源 Redis 协议的 Key-Value 类型在线存储服务。KVStore 支持字符串、链表、集合、有序集合、哈希表等多种数据类型,以及事务(Transactions)、消息订阅与发布(Pub/Sub)等高级功能。通过内存加硬盘的存储方式,KVStore 在提供高速数据读/写能力的同时满足数据持久化需求。

(5) 数据传输:支持以数据库为核心的结构化存储产品之间的数据传输。它是一种集数据迁移、数据订阅和数据实时同步于一体的数据传输服务。数据传输的底层数据流基础设施为数千下游应用提供实时数据流,已在线上稳定运行 3 年之久。

4. 存储与 CDN

(1) 对象存储 OSS:阿里云对外提供的海量、安全和高可靠的云存储服务。

(2) 归档存储:作为阿里云数据存储产品体系的重要组成部分,致力于提供低成本、高可靠的数据归档服务,适合于海量数据的长期归档、备份。

(3) 消息服务:一种高效、可靠、安全、便捷、可弹性扩展的分布式消息与通知服务。消息服务能够帮助应用开发者在他们应用的分布式组件上自由地传递数据,构建松耦合系统。

(4) CDN:内容分发网络将源站内容分发至全国所有的节点,缩短用户查看对象的延迟,提高用户访问网站的响应速度与网站的可用性,解决网络带宽小、用户访问量大、网点分布不均等问题。

5. 网络

(1) 负载均衡:对多台云服务器进行流量分发的负载均衡服务。负载均衡可以通过流量分发扩展应用系统对外的服务能力,通过消除单点故障提升应用系统的可用性。

(2) 专有网络 VPC:帮助用户基于阿里云构建出一个隔离的网络环境,可以完全掌控自己的虚拟网络,包括选择自有 IP 地址范围、划分网段、配置路由表和网关等,也可以通过专线/VPN 等连接方式将 VPC 与传统数据中心组成一个按需定制的网络环境,实现应用的平滑迁移上云。

6. 大规模计算

(1) 开放数据处理服务 ODPS:由阿里云自主研发,提供针对 TB/PB 级数据、实时性要求不高的分布式处理能力,应用于数据分析、挖掘、商业智能等领域。阿里巴巴的离线数据业务都运行在ODPS上。

(2) 采云间DPC:基于开放数据处理服务(ODPS)的DW/BI的工具解决方案。DPC提供全链路的易于上手的数据处理工具,包括ODPS IDE、任务调度、数据分析、报表制作和元数据管理等,可以大大降低用户在数据仓库和商业智能上的实施成本,加快实施进度。天弘基金、高德地图的数据团队基于DPC完成他们的大数据处理需求。

(3) 批量计算:一种适用于大规模并行批处理作业的分布式云服务。批量计算可支持海量作业并发规模,系统自动完成资源管理、作业调度和数据加载,并按实际使用量计费。批量计算广泛应用于电影动画渲染、生物数据分析、多媒体转码、金融保险分析等领域。

(4) 数据集成:阿里集团对外提供的稳定高效、弹性伸缩的数据同步平台,为阿里云大数据计算引擎(包括ODPS、分析型数据库、OSPS)提供离线(批量)、实时(流式)的数据进出通道。

7. 云盾

(1) DDoS防护服务:针对阿里云服务器在遭受大流量的DDoS攻击后导致服务不可用的情况下推出的付费增值服务,用户可以通过配置高防IP将攻击流量引流到高防IP,确保源站的稳定、可靠。其免费为阿里云上的客户提供最高5GB的DDoS防护能力。

(2) 安骑士:阿里云推出的一款免费的云服务器安全管理软件,主要提供木马文件查杀、防密码暴力破解、高危漏洞修复等安全防护功能。

(3) 阿里绿网:基于深度学习技术及阿里巴巴多年的海量数据支撑,提供多样化的内容识别服务,能有效帮助用户降低违规风险。

(4) 安全网络:一款集安全、加速和个性化负载均衡于一体的网络接入产品。用户通过接入安全网络可以缓解业务被各种网络攻击造成的影响,提供就近访问的动态加速功能。

(5) 网络安全专家服务:在云盾DDoS高防IP服务的基础上推出的安全代为托管服务。该服务由阿里云云盾的DDoS专家团队为企业客户提供私家定制的DDoS防护策略优化、重大活动保障、人工值守等服务,让企业客户在日益严重的DDoS攻击下高枕无忧。

(6) 服务器安全托管:为云服务器提供定制化的安全防护策略、木马文件检测和高危漏洞检测与修复工作。当发生安全事件时,阿里云安全团队提供安全事件分析、响应,并进行系统防护策略的优化。

(7) 渗透测试服务:针对用户的网站或业务系统,通过模拟黑客攻击的方式,进行专业性的入侵尝试,评估出重大安全漏洞或隐患的增值服务。

(8) 态势感知:专为企业安全运维团队打造,结合云主机和全网的威胁情报,利用机器学习,进行安全大数据分析的威胁检测平台,可以让客户全面、快速、准确地感知过去、现在、未来的安全威胁。

8. 管理与监控

(1) 云监控：一个开放性的监控平台，可以实时监控用户的站点和服务器，并提供多种告警方式（短信、旺旺、邮件）以保证及时预警，为站点和服务器的正常运行保驾护航。

(2) 访问控制：一个稳定、可靠的集中式访问控制服务，可以通过访问控制将阿里云资源的访问及管理权限分配给企业成员或合作伙伴。

9. 应用服务

(1) 日志服务：针对日志收集、存储、查询和分析的服务。日志服务可收集云服务和应用程序生成的日志数据并编制索引，提供实时查询海量日志的能力。

(2) 开放搜索：解决用户结构化数据搜索需求的托管服务，支持数据结构、搜索排序、数据处理自由定制。

(3) 媒体转码：为多媒体数据提供的转码计算服务。它以经济、弹性和高可扩展的音/视频转换方法将多媒体数据转码成适合在 PC、TV 以及移动终端上播放的格式。

(4) 性能测试：全球领先的 SaaS 性能测试平台，具有强大的分布式压测能力，可模拟海量用户真实的业务场景，让应用性能问题无所遁形。性能测试包含两个版本，其中 Lite 版适合于业务场景简单的系统，免费使用；企业版适合于承受大规模压力的系统，同时每月提供免费额度，可以满足大部分企业客户。

(5) 移动数据分析：一款移动 App 数据统计分析产品，提供通用的多维度用户行为分析，支持日志自主分析，助力移动开发者实现基于大数据技术的精细化运营，提升产品质量和体验，增强用户黏性。

10. 万网服务

阿里云旗下的万网域名，连续 19 年蝉联域名市场第一，近 1000 万个域名在万网注册。除域名外，它提供云服务器、云虚拟主机、企业邮箱、建站市场、云解析等服务。2015 年 7 月，阿里云官网与万网网站合二为一，万网旗下的域名、云虚拟主机、企业邮箱和建站市场等业务深度整合到阿里云官网，用户可以在该网站上完成网络创业的第一步。

9.7 Microsoft Azure

9.7.1 简介

Windows Azure 是微软基于云计算的操作系统，现在更名为 Microsoft Azure，它和 Azure Services Platform 一样，是微软“软件和服务”技术的名称。Microsoft Azure 的主要目标是为开发者提供一个平台，帮助开发可运行在云服务器、数据中心、Web 和计算机上的应用程序。云计算的开发者能使用微软全球数据中心的储存、计算能力和网络基础服务。Azure 服务平台包括以下主要组件：Microsoft Azure；Microsoft SQL 数据库服务、Microsoft. Net 服务；用于分享、储存和同步文件的 Live 服务；针对商业的 Microsoft

SharePoint 和 Microsoft Dynamics CRM 服务。

Microsoft Azure 是一种灵活和支持互操作的平台，它可以被用来创建云中运行的应用或者通过基于云的特性来加强现有应用。它开放式的架构给开发者提供了 Web 应用、互联设备的应用、个人计算机、服务器或者提供最优在线复杂解决方案的选择。Microsoft Azure 以云技术为核心，提供了软件加服务的计算方法。它是 Microsoft Azure 服务平台的基础。Microsoft Azure 能够将处于云端的开发者个人能力与微软全球数据中心网络托管的服务(例如存储、计算和网络基础设施服务)紧密结合起来。

微软会保证 Microsoft Azure 服务平台自始至终的开放性和互操作性。我们确信企业的经营模式和用户从 Web 获取信息的体验将会因此改变。最重要的是，这些技术将使用户有能力决定是将应用程序部署在以云计算为基础的互联网服务上，还是将其部署在客户端，或者根据实际需要将二者结合起来。

9.7.2 Microsoft Azure 架构

Microsoft Azure 是专为在微软建设的数据中心管理所有服务器、网络以及存储资源所开发的一种特殊版本 Windows Server 操作系统，它具有针对数据中心架构的自我管理(autonomous)机能，可以自动监控划分在数据中心的数个不同的分区(微软将这些分区称为 Fault Domain)的所有服务器与存储资源，自动更新补丁，自动运行虚拟机部署与镜像备份(Snapshot Backup)等。Microsoft Azure 被安装在数据中心的所有服务器中，并且定时和中控软件(Microsoft Azure Fabric Controller)进行沟通，接收指令以及回传运行状态数据等，系统管理人员只要通过 Microsoft Azure Fabric Controller 就能够掌握所有服务器的运行状态。Fabric Controller 本身融合了很多微软系统管理技术，包含对虚拟机的管理(System Center Virtual Machine Manager)，对作业环境的管理(System Center Operation Manager)，以及对软件部署的管理(System Center Configuration Manager)等，它们在 Fabric Controller 中被发挥得淋漓尽致，如此才能够达成通过 Fabric Controller 来管理数据中心中所有服务器的能力。

Microsoft Azure 环境除了各种不同的虚拟机外，它也为应用程序打造了分散式的巨量存储环境(Distributed Mass Storage)，也就是 Microsoft Azure Storage Services，应用程序可以根据不同的存储需求选择要使用哪一种或哪几种存储方式，以保存应用程序的数据，而微软也尽可能地提供应用程序的兼容性工具或接口，以降低应用程序移转到 Windows Azure 上的负担。

Microsoft Azure 不仅是开发给外部的云应用程序使用的，它也作为微软许多云服务的基础平台，像 Microsoft Azure SQL Database 或 Dynamic CRM Online 这类在线服务。

9.7.3 Microsoft Azure 服务平台

Microsoft Azure 服务平台现在已经包含网站、虚拟机、云服务、移动应用服务、大数据支持以及媒体等功能的支持。

- 网站：允许使用 ASP. NET、PHP 或 Node. js 构建，并使用 FTP、Git 或 TFS 进行快速部署，支持 SQL Database、Caching、CDN 及 Storage。

- Virtual Machines：在 Microsoft Azure 上可以轻松部署并运行 Windows Server 和 Linux 虚拟机，迁移应用程序和基础结构，而无须更改现有代码。它支持 Windows Virtual Machines、Linux Virtual Machines、Storage、Virtual Network、Identity 等功能。
- Cloud Services：Microsoft Azure 中的企业级云平台，使用 PaaS 环境创建高度可用的且可无限缩放的应用程序和服务。它支持多层方案、自动化部署和灵活缩放，支持 Cloud Services、SQL Database、Caching、Business Analytics、Service Bus、Identity。
- Mobile 服务：Microsoft Azure 提供的移动应用程序的完整后端解决方案，加速连接的客户端应用程序开发，在几分钟内并入结构化存储、用户身份验证和推送通知。它支持 SQL Database、Mobile 服务，并可以快速生成 Windows Phone、Android 或者 iOS 应用程序项目。
- 大型数据处理：Microsoft Azure 提供的海量数据处理能力，可以从数据中获取可执行洞察力，利用完全兼容的企业准备就绪 Hadoop 服务。此 PaaS 产品/服务提供了简单的管理，并与 Active Directory 和 System Center 集成。它支持 Hadoop、Business Analytics、Storage、SQL Database 及在线商店 Marketplace。
- Media 媒体支持：支持插入、编码、保护、流式处理，可以在云中创建、管理和分发媒体。此 PaaS 产品/服务提供从编码到内容保护再到流式处理和分析支持的所有内容。它支持 CDN 及 Storage 存储。

9.7.4　开发步骤

1. 使用 Windows Azure 的专用工具

在微软公司的旗舰开发工具 Visual Studio 中有一套针对 Microsoft Azure 开发工作的工具，这一点并不让人感到惊奇。用户可以通过 Visual Studio 安装 Microsoft Azure 工具，具体的安装步骤可能因版本有所不同。当用户创建一个新项目时，能够选择一个 Microsoft Azure 项目并为自己的项目添加 Web 和 Worker 角色。Web 角色是专为运行微软 IIS 实例设计的，而 Worker 角色则是针对禁用微软 IIS 的 Windows 虚拟机的。一旦创建了自己的角色，那么用户就可以添加特定应用程序的代码了。

Visual Studio 允许用户设置服务配置参数，例如实例数、虚拟机容量、使用 HTTP 或使用 HTTPS 以及诊断报告水平等。通常情况下，在启动阶段它可以帮助用户在本地进行应用程序代码的调试。与在 Microsoft Azure 中运行应用程序相比，在本地运行应用程序可能需要不同的配置设置，Visual Studio 允许用户使用多个配置文件。用户所需要做的只是为每一个环境选择一个合适的配置文件。

这个工具包还包括了 Microsoft Azure Compute Emulator，这个工具支持查看诊断日志和进行存储仿真。

如果 Microsoft Azure 工具中缺乏一个针对发布用户的应用程序至云计算的过程简化功能，那么这样的工具将是不完整的。这个发布应用程序至云计算的功能允许用户指定一个配置与环境(如生产)以及一些先进的功能,例如启用剖析和 IntelliTrace,后者是一个收集与程序运行相关详细事件信息的调试工具,它允许开发人员查看程序在执行过程中发生的状态变化。

2. 专门为分布式处理进行设计

在开发和部署代码时,Visual Studio 的 Microsoft Azure 工具是比较有用的。除此之外,用户应当注意这些代码是专门为云计算环境设计的,尤其是为一个分布式环境设计的。以下内容有助于防止出现将导致糟糕性能、漫长调试以及运行时分析的潜在问题。

专门为云计算设计的分布式应用程序(或者其他的网络应用程序)的一个基本原则就是不要在网络服务器上存储应用程序的状态信息。确保在网络服务器层不保存状态信息可实现更具灵活性的应用程序。用户可以在一定数量的服务器前部署一个负载均衡器而无须中断应用程序的运行。如果计划充分利用 Microsoft Azure 能够改变所部署服务器数量的功能,那么这一点是特别重要的。这一配置对于打补丁升级也是有所帮助的。用户可以在其他服务器继续运行时为一台服务器打补丁升级,这样一来就能够确保用户的应用程序的可用性。

即便是在分布式应用程序的应用中,也有可能存在严重影响性能的瓶颈问题。例如,用户的应用程序的多个实例有可能会同时向数据库发出查询请求。如果所有的调用请求是同步进行的,那么就有可能消耗完一台服务器中的所有可用线程。C# 和 VB 两种编程语言都支持异步调用,这一功能有助于减少出现阻塞资源风险的可能性。

3. 为最佳性能进行规划

在云计算中维持足够性能表现的关键就是一方面扩大运行的服务器数量,另一方面分割数据和工作负载。例如无状态会话的设计功能就能够帮助实现数据与工作负载的分割和运行服务器数量的扩容,完全杜绝(或者最大限度地减少)跨多个工作负载地使用全局数据结构将有助于降低在工作流程中出现瓶颈问题的风险。

如果要把一个 SQL 服务器应用程序迁往 Microsoft Azure,那么应当评估如何最好地利用不同云计算存储类型的优势。例如,在 SQL 服务器数据库中存储二进制大对象(BLOB)数据结构可能是有意义的,而在 Microsoft Azure 云计算中,BLOB 存储可以降低存储成本,且无须对代码进行显著修改。如果用户使用的是高度非归一化的数据模型,且未利用 SQL 服务器的关系型运行的优势(例如连接和过滤),那么表存储有可能是用户为自己的应用程序选择的一个更经济的方法。

9.8 小结

本章介绍了云应用的基本概念,详细介绍了典型的云应用案例。当前世界上的云应用案例不仅仅是本章介绍的这些,还有许多本章未涉及的云应用案例,例如新浪的云应用。由于篇幅限制,本章只列举了部分典型的云应用案例供读者学习参考。通过学习本章，读者可知云应用还有非常广阔的开发空间，云应用目前发展迅速，需要对其多加关注。

9.9　习题

1. 什么是云应用？
2. 百度云是否属于云应用？

第10章

综合实践

视频讲解

10.1 AWS

Amazon Web Service(AWS)是一个提供 Web 服务解决方案的平台,它提供了不同抽象层上的计算、存储和网络的解决方案。用户可以使用这些服务来托管网站,运行企业应用程序和进行大数据挖掘。AWS 的客户可以选择不同的数据中心,AWS 数据中心分布在美国、欧洲、亚洲和南美洲等。用户在日本启动一个虚拟服务器与在爱尔兰启动虚拟服务器是一样的。这使得 AWS 能够为世界各地的客户提供全球性的基础设施服务。

本节引入具体的应用示例,让读者对云计算和 AWS 平台有一个整体的了解;然后讲解如何搭建包含服务器和网络的基础设施;了解高可用性、高扩展的最佳实践;并在此基础上深入介绍如何在云上存取数据,让读者熟悉存储数据的方法和技术。

10.1.1 实验一:创建一个 EC2 实例

在开始使用 AWS 之前,用户需要创建一个账户。AWS 账户是用户拥有的所有资源的一个"篮子"。如果多个人需要访问该账户,那么可以将多个用户添加到一个账户下面。在默认情况下,用户的账户将有一个 root 用户。

1. 创建一个 AWS 账号

注册的流程包括以下 5 个步骤。

(1) 提供登录凭证。

(2) 提供联系信息。

(3) 提供支付信息的细节。

(4) 验证身份。

(5) 选择支持计划。

其具体操作如下：

(1) 注册页面为用户提供了两个选择，如图 10.1 所示，填写电子邮件地址，单击“继续”按钮，创建登录凭证。

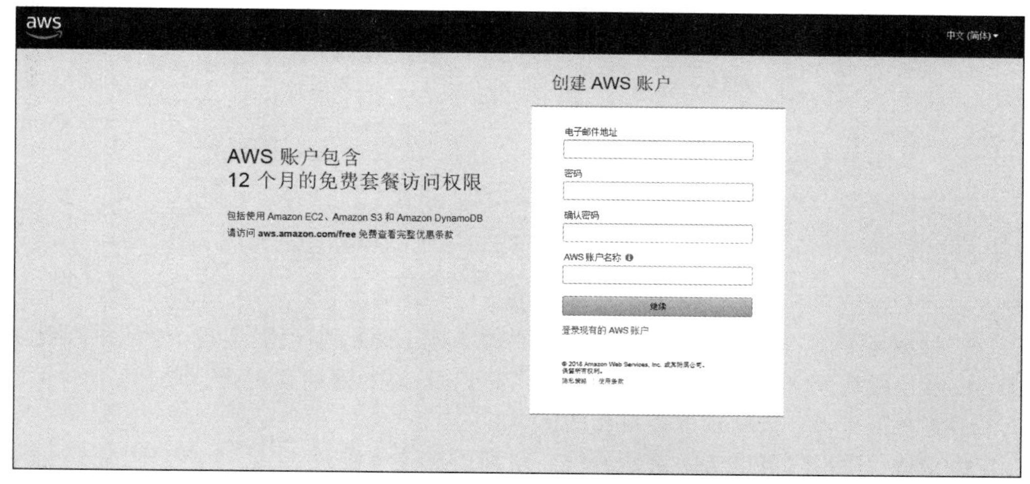

图 10.1 注册页面

(2) 填写表单中的信息项，请填写表单中要求的全部信息，然后单击“创建账户并继续”按钮。

(3) 在支付信息细节页面，请填写信用卡信息，AWS 支持 MasterCard 以及 Visa 信用卡。如果不想以美元支付自己的账单，可以稍后再设置首选付款货币。

(4) 接下来验证身份。当完成这部分以后，用户会接到一个来自 AWS 的电话呼叫，一个机器人的声音会询问用户的 PIN 码。身份被验证后，即可执行最后一个步骤。

(5) 如果以后为自己的业务创建一个 AWS 账户，这里建议用户选择 AWS 的“业务方案”。用户甚至可以在以后切换支持计划。

现在用户已经完成所有的步骤，可以使用 AWS 管理控制台登录到自己的账户了。

2. 创建一个 EC2 实例

用户现在已经有了 AWS 账户，可以登录 AWS 管理控制台。如前所述，管理控制台是一个基于 Web 的工具，可用于控制 AWS 资源。

管理控制台使用 AWS API 来实现用户需要的大部分功能。输入用户的登录凭据，然后单击“下一步”按钮，就可以看到如图 10.2 所示的管理控制台。

在这个页面中最重要的部分是顶部的导航栏，它由以下 6 个部分组成。

- AWS：提供一个账户中全部资源的快速浏览。
- 服务：提供访问全部的 AWS 服务。

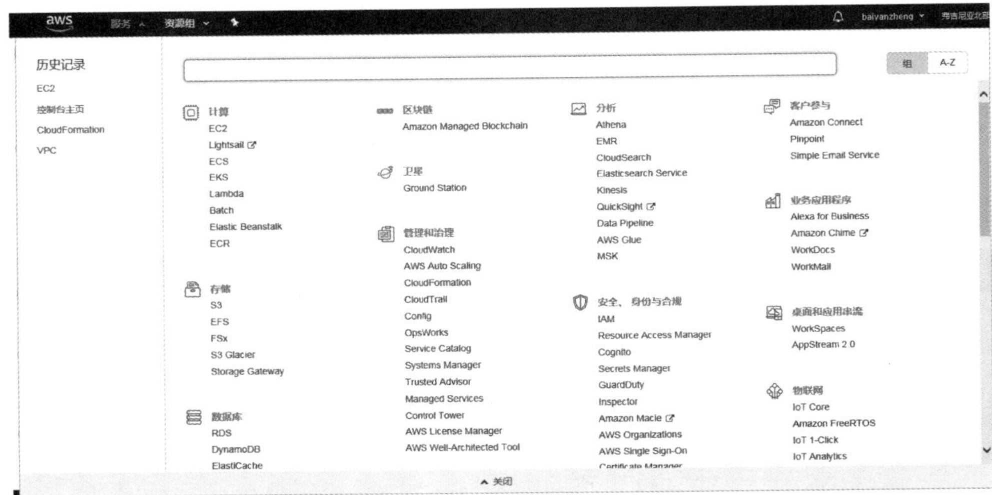

图 10.2　AWS 管理控制台

- 自定义部分：单击“编辑”并拖放重要的 AWS 服务到这里，实现个性化的导航栏。
- 客户的名字：让用户可以访问账单信息以及账户，还可以退出。
- 客户的区域：让用户选择自己的区域。
- 支持：让用户可以访问论坛、文档、培训以及其他资源。

为了创建 EC2 实例，需要展开“服务”，单击 EC2 进入 EC2 实例页面。在 EC2 Dashboard 中可以看到已经在运行使用的资源。在资源页面中单击“启动实例”按钮，如图 10.3 所示。

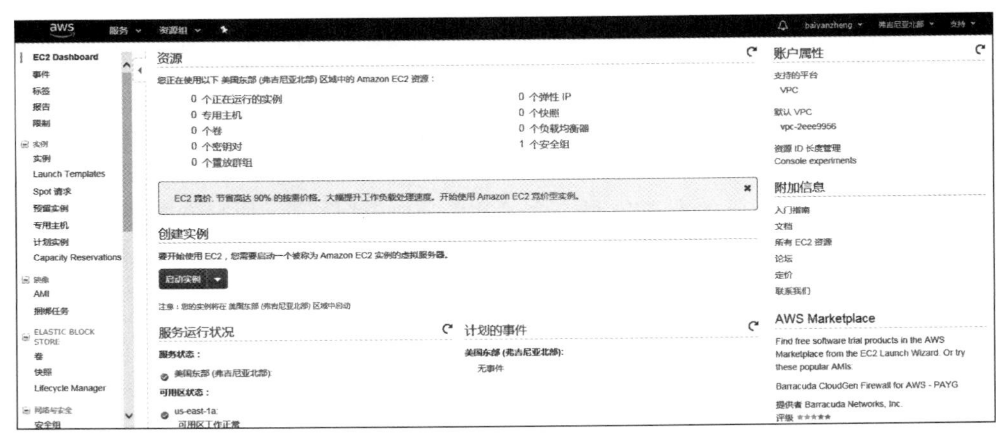

图 10.3　启动实例

EC2 实例的创建过程要经历 7 个步骤。

(1) 选择操作系统：第一步是为虚拟服务器选择操作系统和预安装软件的组合，称其为 Amazon 系统影像(Amazon Machine Image，AMI)。这里为虚拟服务器选择“Amazon Linux 2 AMI(HVM)，SSD Volume Type”，如图 10.4 所示。虚拟服务器是基于 AMI 启动的。AMI 由 AWS、第三方供应商及社区提供。AWS 提供 Amazon Linux

AMI，包含了为 EC2 优化过的从 Red HatEnterprise Linux 派生的版本。另外，AWS Marketplace 提供预装了第三方软件的 AMI。

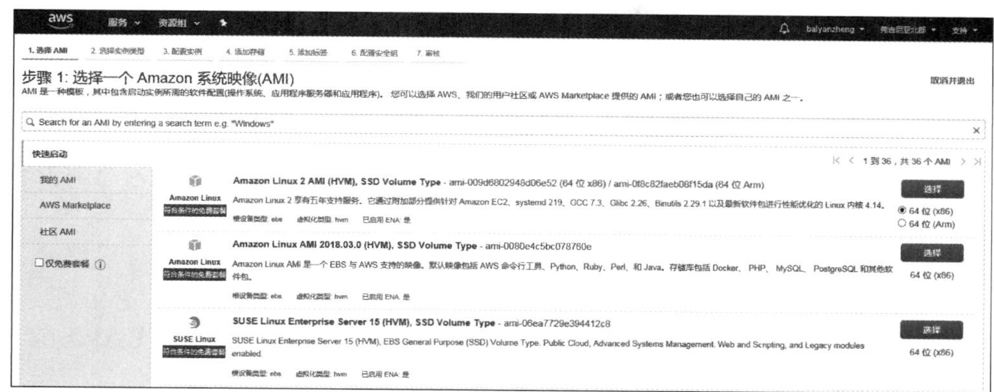

图 10.4　选择操作系统

（2）选择虚拟服务器的尺寸：现在是时候为虚拟服务器选择所需的计算能力了，图 10.5 展示了向导的下一步。在 AWS 上计算能力被归到实例类型中，一个实例类型主要描述了 CPU 的个数及内存数量等资源。由于计算机的运算速度越来越快，而且技术越来越专业化，AWS 持续不断地引入新的实例类型与家族。它们中有些是对已存在的实例家族的改进，有些则专注于特殊的工作负载。用户进行最初的实验时使用最小且便宜的虚拟服务器就足够了。在图 10.5 所示的向导界面上选择实例类型 t2. micro，然后单击“下一步：配置实例详细信息”按钮。

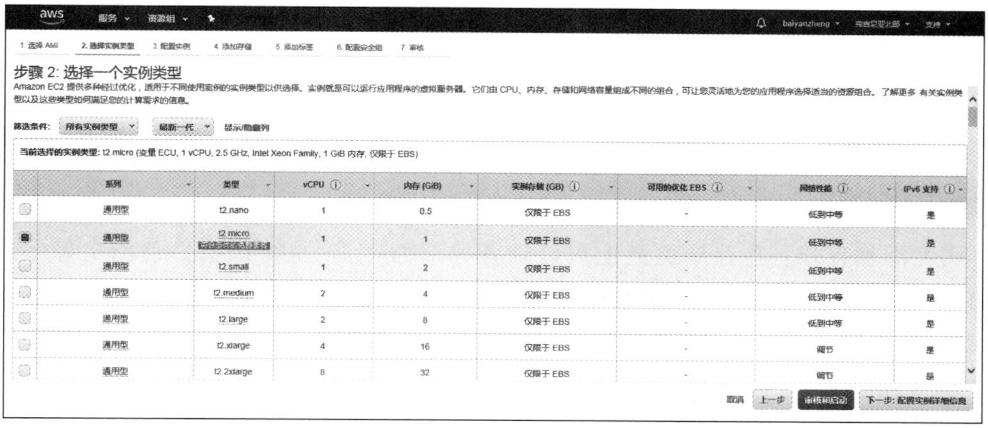

步骤 2: 选择一个实例类型

Amazon EC2 提供多种经过优化，适用于不同使用案例的实例类型以供选择。实例就是可以运行应用程序的虚拟服务器。它们由 CPU、内存、存储和网络容量组成不同的组合，可让您灵活地为您的应用程序选择适当的资源组合。了解更多 有关实例类型以及这些类型如何满足您的计算需求的信息。

筛选条件：所有实例类型　最新一代　显示/隐藏列

当前选择的实例类型：t2.micro (变量 ECU, 1 vCPU, 2.5 GHz, Intel Xeon Family, 1 GiB 内存, 仅限于 EBS)

系列	类型	vCPU	内存 (GiB)	实例存储 (GB)	可用的优化 EBS	网络性能	IPv6 支持
通用型	t2.nano	1	0.5	仅限于 EBS	-	低到中等	是
通用型	t2.micro	1	1	仅限于 EBS	-	低到中等	是
通用型	t2.small	1	2	仅限于 EBS	-	低到中等	是
通用型	t2.medium	2	4	仅限于 EBS	-	低到中等	是
通用型	t2.large	2	8	仅限于 EBS	-	低到中等	是
通用型	t2.xlarge	4	16	仅限于 EBS	-	调节	是
通用型	t2.2xlarge	8	32	仅限于 EBS	-	调节	是

取消　上一步　审核和启动　下一步：配置实例详细信息

图 10.5　选择虚拟服务器大小

（3）配置实例详细信息：向导接下来的 4 个步骤十分容易，因为不需要更改默认值。图 10.6 展示了向导的下一步，用户可以在此更改虚拟服务器的详细信息，例如网络配置以及需要启动的服务器的数量。

- 网络：可以获得对虚拟机联网的绝对控制权，可以在 VPC 里设置自己的 IP 范围、子网、配置路由表以及网络网关。

- 子网：用来隔离 EC2 资源，每个子网位于一个可用区。
- 自动分配公有 IP：可以从 Amazon 的公有 IP 地址中申请一个公有 IP 地址，从而能够通过 Internet 访问实例。在大多数情况下，公有 IP 地址和实例相关联，直到它停止或终止，此后将无法继续使用它。如果需要一个可以随意关联或取消关联的永久公有 IP 地址，则应该使用弹性 IP 地址(EIP)。另外，可以分配自己拥有的 EIP，并在启动后将其与实例相关联。
- 置放群组：在置放群组中启动实例，以从更大的冗余或更高的网络吞吐量中受益。
- 关闭操作：在执行操作系统级关闭时，请指示实例操作。实例可以终止或者停止。
- 启用终止保护：可以防止实例意外终止。启用后将无法通过 API 或 AWS 管理控制台终止此实例，直到禁用终止保护。

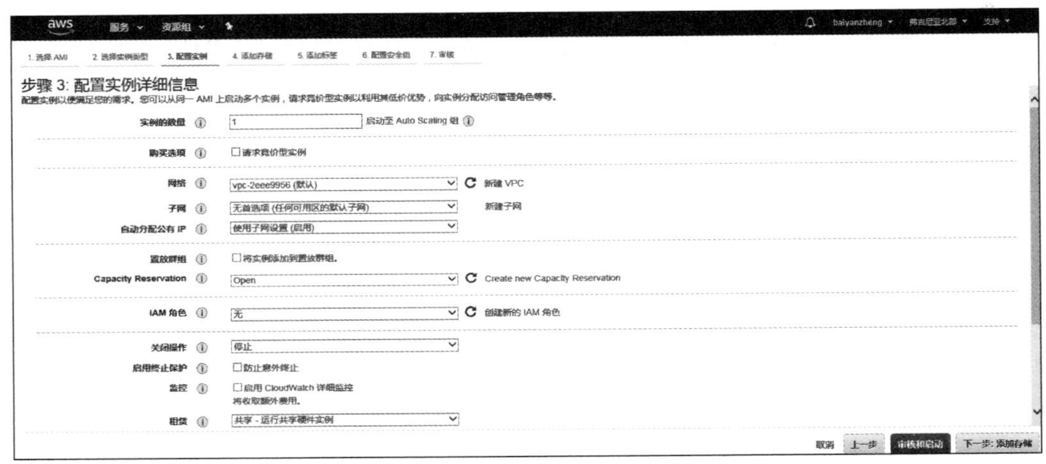

图 10.6　配置实例详细信息

这里可以保持默认值，单击“下一步：添加存储”按钮。

(4) 添加存储：在存储类型上可以选择标准的存储，也可以选择性能更好一些的 SSD 以及更高标准的 IOPS 的 SSD。加密选项仅对第二块磁盘生效，根磁盘是无法加密的。图 10.7 展示了向虚拟服务器添加网络附加存储的选项。这里可以保持默认值，单击“下一步：添加标签”按钮。

(5) 添加标签：清晰的组织分类是非常有必要的，在 AWS 平台上使用标签可以帮助用户很好地组织资源。标签是一个键值对。用户至少应该给自己的资源添加一个名称标签，以便今后方便地找到它。图 10.8 展示了向虚拟服务器添加标签。这里可以保持默认值，单击“下一步：配置安全组”按钮。

(6) 配置安全组：防火墙可帮助用户保护虚拟服务器的安全。图 10.9 展示了防火墙的设置，该设置可以让用户从任意位置使用 SSH 访问默认的 22 端口，可以保留默认值。这里将该防火墙命名为 bai-firewall，然后单击“审核和启动”按钮。

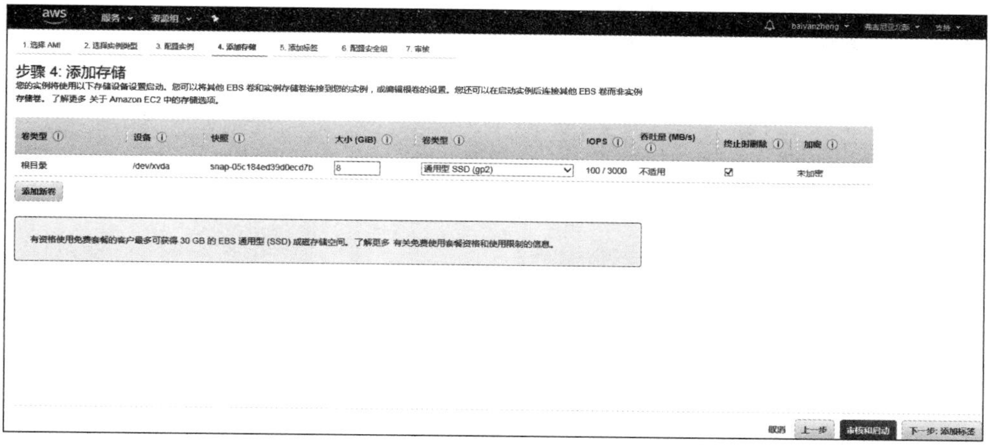

图 10.7 添加存储

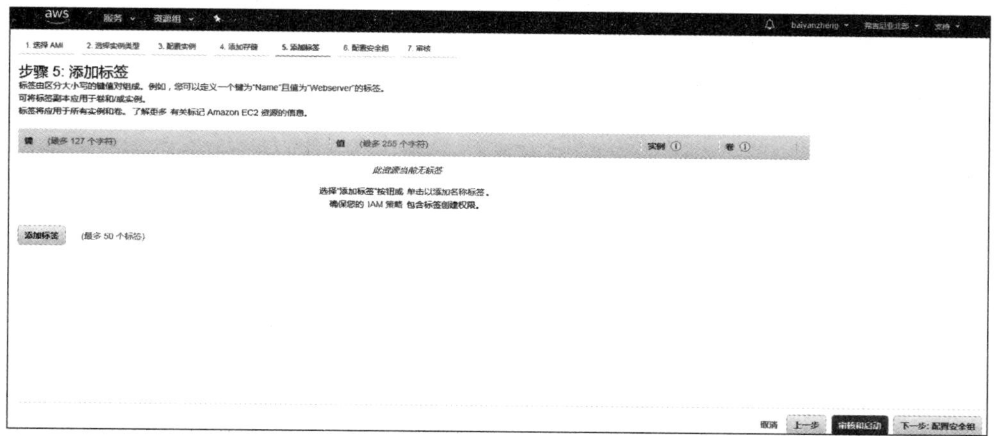

图 10.8 添加标签

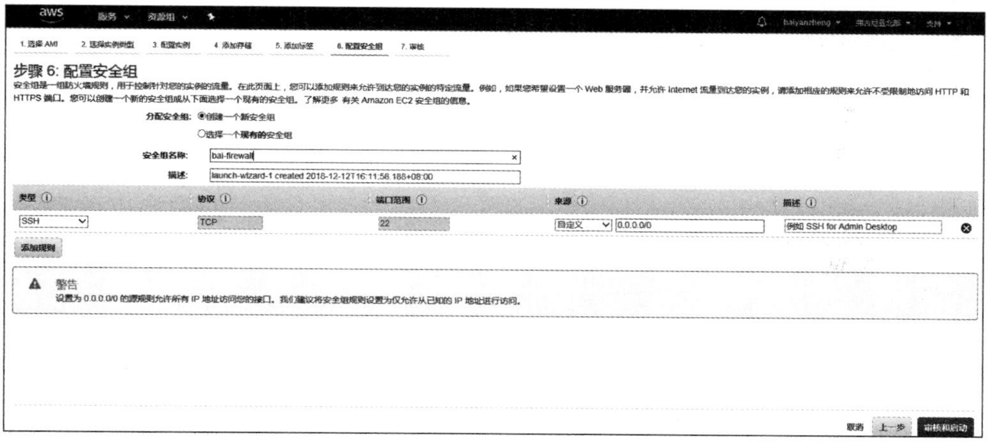

图 10.9 配置安全组

(7) 启动：最后一步，确认所有输入信息无误，单击“启动”按钮，会弹出密钥对选择框。因为事先并未保存密钥对，所以选择新建，单击下拉列表框，选择“创建新密钥对”，并命名为“JamesBai”。单击“下载密钥对”按钮，将该密钥的私钥文件下载到本地硬盘，这稍后会用到，如图 10.10 所示。注意，一定要记住 JamesBai. pem 的私钥的保存位置。之后单击“启动实例”按钮。

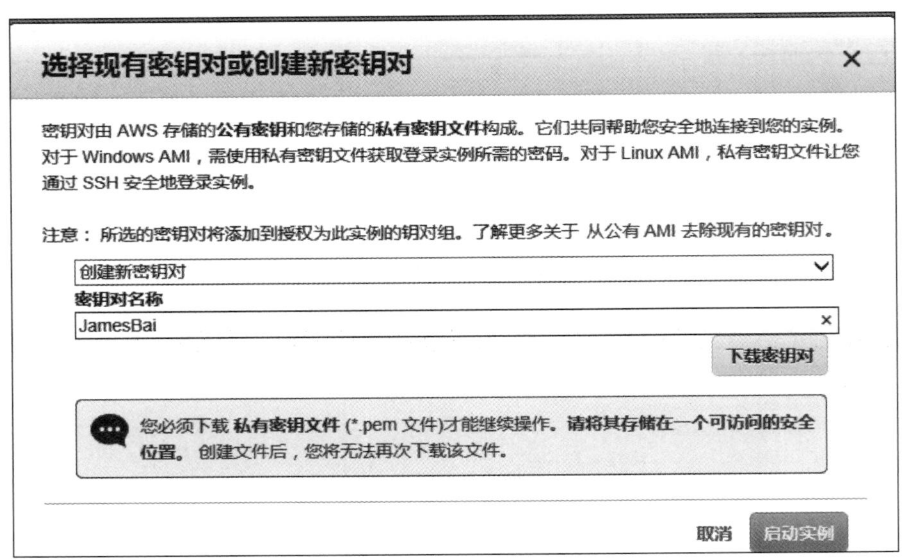

图 10.10 保存密钥

在启动状态页面可以查看实例的启动运行状态，同时也可以在该页面查看启动日志信息，并且为账单建立警告的相关设置。单击“查看实例”，可以看到已经创建的 EC2 实例。如图 10.11 所示，当看到实例状态为“running”时，表示该实例已经可以访问使用。

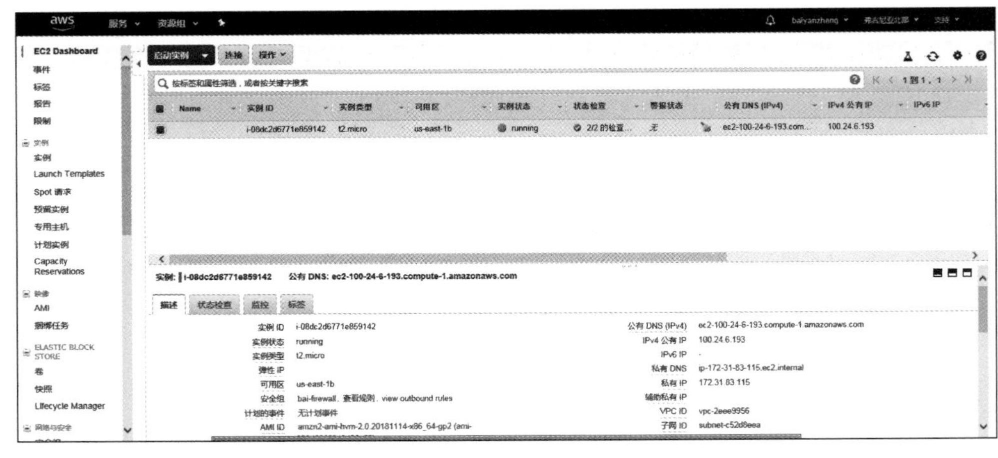

图 10.11 实例列表

3. 连接 EC2 实例

在 EC2 实例创建好之后，用户可以选择对 EC2 实例做连接访问、启动、停止、重启、终止、添加标签、更改用户权限、创建 AMI 等操作，这里不详细介绍，用户可以自己操作尝试每个功能，以便更深入地了解。在申请的实例数量变多后，也可以在搜索框中通过上面设置的标签进行搜索。

用户可以远程在虚拟服务器上安装额外的软件及运行命令，如果要登录到虚拟服务器，需要用户先找到公有 IP 地址。在刚才的 EC2 实例页面中单击“连接”按钮，打开连接到虚拟服务器的说明。图 10.12 展示了连接到虚拟服务器的对话框。

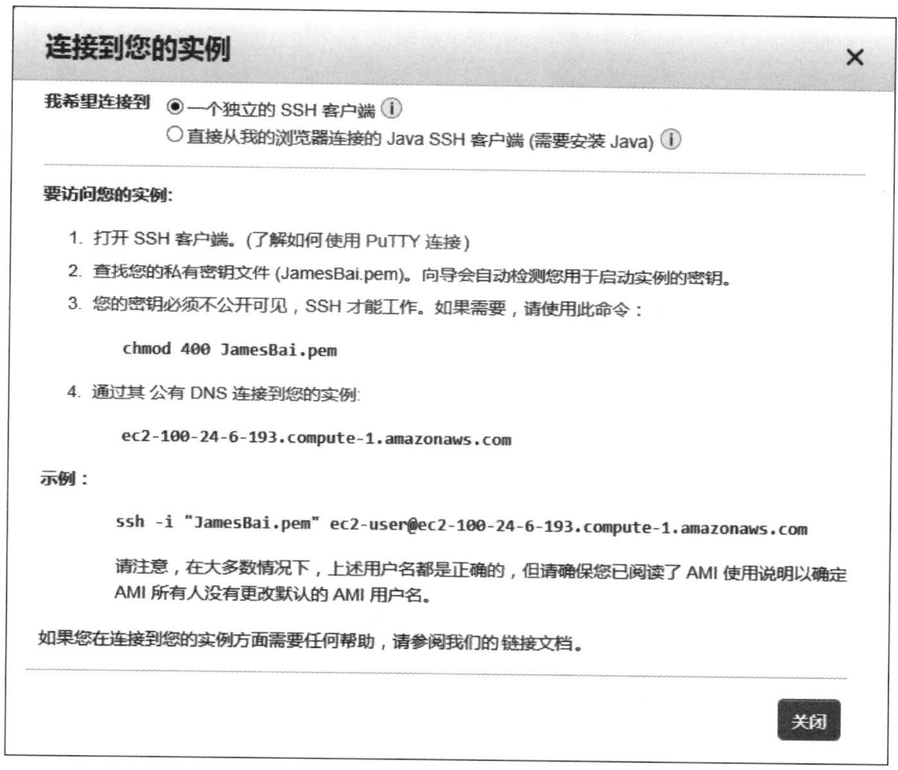

图 10.12 连接到虚拟服务器的对话框

有了公有 IP 地址以及用户的密钥，用户就能够登录虚拟服务器了。在 Linux 和 Mac OS 中打开终端，输入“ssh -i ＄PathToKey/JamesBai.pem ec2-user@＄PublicIp”，使用之前下载的密钥文件的路径替换＄PatchToKey 部分，使用在 AWS 管理控制台的连接对话框中显示的 DNS 信息替换 PublickIp 部分。

如果是通过 Windows 连接，则需要使用 Putty 来访问，在使用 Putty 访问之前，请先通过 PuttyGEN 导入 pem 密钥，然后保存为扩展名为.ppk 的私钥。接着再通过 Putty 以密钥的方式访问目标虚拟服务器。访问成功后，可以看到如图 10.13 所示的窗口。

通过以上操作，这里已经完成对一个虚拟服务器的创建，同时连接并成功访问了该虚

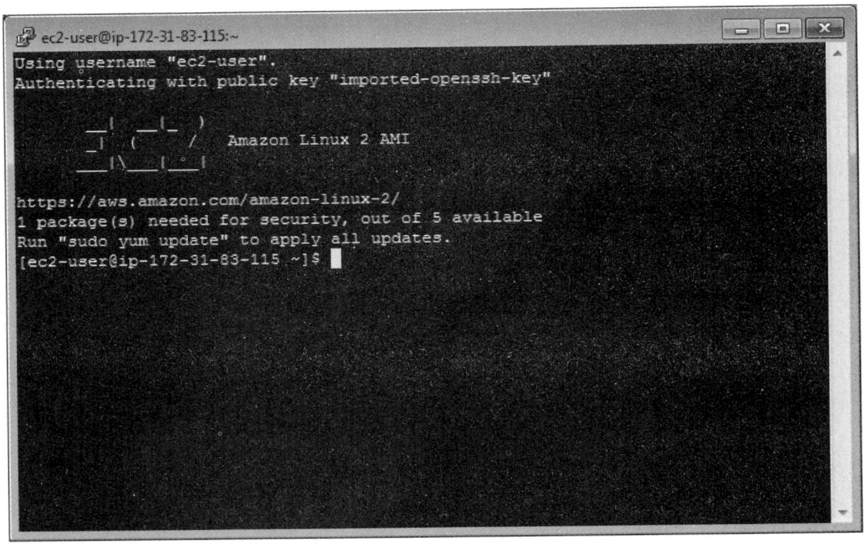

图 10.13　连接虚拟服务器成功

拟服务器。用户可以根据自己的业务场景安装软件或丰富虚拟服务器中的场景。

10.1.2　实验二：创建一个弹性高可用的博客

1. 通过蓝图快速创建一个博客站点

WordPress 是一个比较流行的博客站点应用，它基于 PHP 语言编写，使用 MySQL 数据库存储数据，由 Apache 作为 Web 服务器来展现页面。如果用户自己搭建一个 WordPress，无论是在私有数据中心还是在 AWS，都需要：

- 创建一个虚拟服务器；
- 创建一个应用 MySQL 数据库；
- 创建并设置安全组；
- 创建 Web 服务器；
- 安装 Apache 和 PHP；
- 下载并解压缩最新版本 WordPress；
- 使用已创建的 MySQL 数据库来配置 WordPress；
- 启动 Apache Web 服务器。

这一切通过 AWS 的蓝图可以迅速创建，且省略了烦琐的步骤，AWS 会在后台自动完成上述步骤，从而实现一键式应用部署。为了创建博客站点的基础设施，用户需要打开 AWS 管理控制台并登录。单击导航栏中的"服务"，然后单击 CloudFormation 服务，用户将看到如图 10.14 所示的界面。

单击"创建新堆栈"按钮启动开始向导，在"选择一个示例模板"中选择 WordPress blog，此时会在下拉列表框右边多出一个超链接——"在 Designer 中查看/编辑模板"。用户可以单击该链接查看蓝图，创建过程会依据这个蓝图进行应用创建。用户也可以自

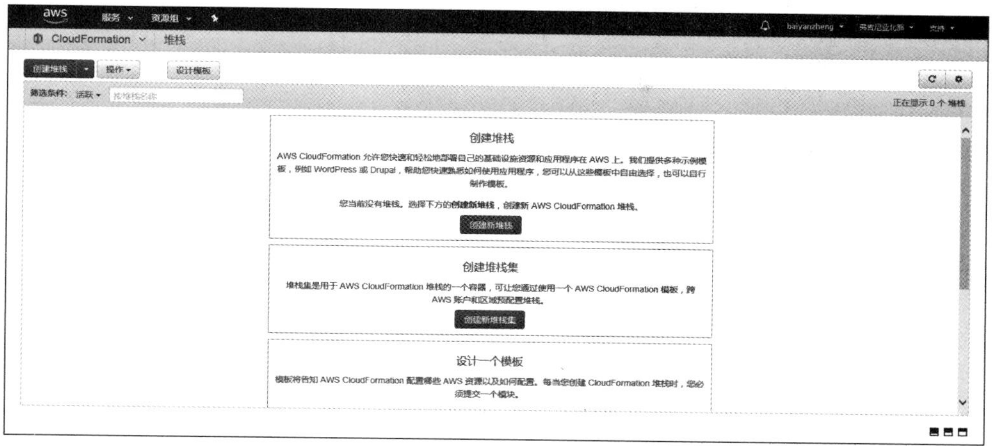

图 10.14 选择模板

己制作蓝图并上传，还可以引入 S3 存储中的蓝图样本。单击“下一步”按钮，在下一步界面中可以对要生成的博客站点进行安装中的变量设置，用户可以根据自己的需要设置相应信息，包含站点名称、数据库密码、用户信息，也可以指定实例类型等。值得注意的是，一定要设置 KeyName，该选项在创建 EC2 实例中用到过，我们曾经创建了一个密钥对，此处可以继续使用该密钥对，如图 10.15 所示。

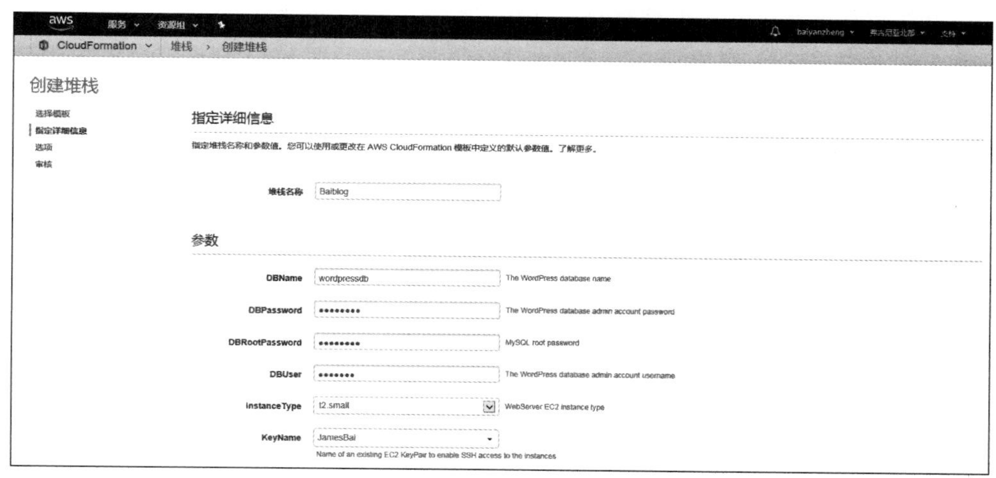

图 10.15 指定详细信息

单击“下一步”按钮，为基础设施打上标签。标签由一个键值对组成，并且可以添加到基础设施的所有组件上。通过使用标签，可以区分测试和生产资源，也可以添加部门名称以追踪各部门成本，还可以在一个 AWS 账号下运行多个应用时为应用标记所关联的资源。用户可以根据自己的需求设置该页信息，也可以保持默认，单击“下一步”按钮显示一个审核确认页，在该页中单击“创建”按钮。该创建过程需要数分钟，用户可以不断地单击“刷新”按钮观察创建状态，当状态栏中的值为 CREATE_COMPLETE 时代表创建完成。单击图 10.16 中的“输出”标签，可以访问创建好的 WordPress 站点。

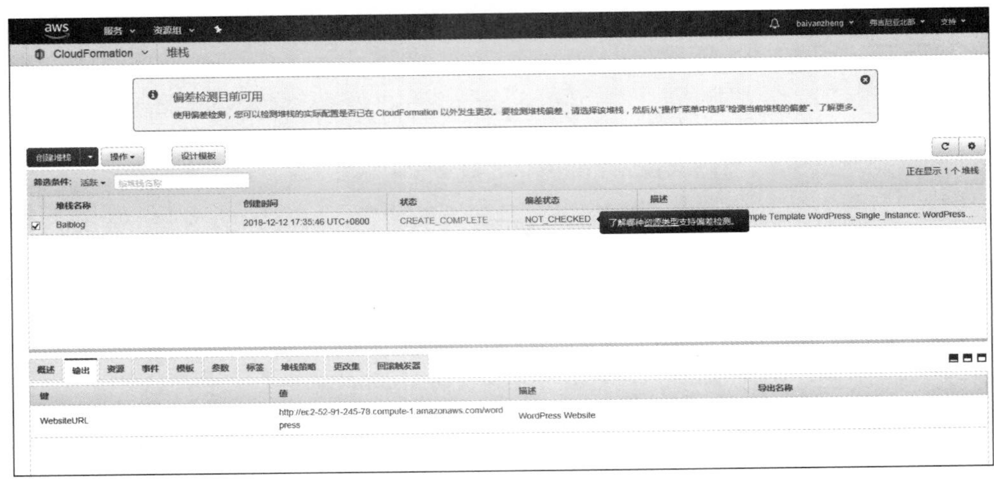

图 10.16　WordPress 访问输出

2. 高可用的应用站点

在前面通过蓝图迅速实现了一个博客站点的创建。一个博客站点往往要承受高并发的访问，此时一个站点如果出现了故障，自然会导致业务中断，因此用解耦的方式实现高可用设计对于业务系统是至关重要的。负载均衡器可以帮助解耦请求者即时响应这一类的系统。用户不需要将 Web 服务器暴露给外界，只需要将负载均衡器暴露给外界即可。然后，负载均衡器将请求重定向到其后面的 Web 服务器上。这里在之前的基础上通过负载均衡(ELB)实现跨数据中心的高可用性配置。

此处不会介绍负载均衡的概念以及功能，只对在 AWS 上如何创建和使用负载均衡器进行介绍。通过导航栏，单击"服务"，然后单击 EC2，进入 EC2 Dashboard 界面。在这里可以看到两个正在运行的实例，一个是单独创建的 EC2 实例，一个是通过蓝图创建的 WordPress 实例。现在需要再创建一个 WordPress 站点，以应对单点故障带来的影响。请重复之前的内容，通过蓝图再创建一个 WordPress 站点，这里不赘述过程。

在创建好之后，可以通过导航栏中的"服务"单击 EC2，然后在左边的导航栏中找到并单击"负载均衡器"，在主页面中单击"创建负载均衡器"，此时展示了 3 种负载均衡器类型(见图 10.17 所示)，这里选择 Classic 负载均衡器，单击"创建"按钮。

在创建的第一个向导页面填写负载均衡器的名称，其他选项可以保持默认。负载均衡器协议表示该负载均衡器监听什么协议的请求以及接受哪些端口访问的请求。单击"下一步：分配安全组"，在分配安全组页面中保持默认设置即可。单击"下一步：配置安全设置"，再单击"下一步：配置运行状态检查"。在此时的界面中，负载均衡器如何知道后台的服务已经启动好并可以提供服务呢？AWS 的 ELB 可以对连接的每个服务器定期进行运行状态检查，以确定服务器是否可以提供请求。在该界面中需要设置"Ping 路径"的值，将其改为"/wordpress/wp-admin/install.php"，如图 10.18 所示。单击"下一步：添加 EC2 实例"，选择两个通过蓝图创建的 EC2 实例，将这两个实例添加到负载均衡器的

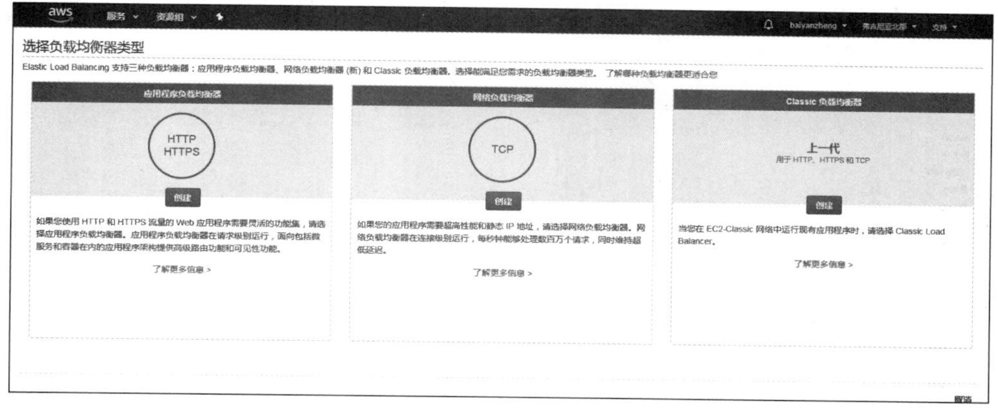

图 10.17 Classic 负载均衡器

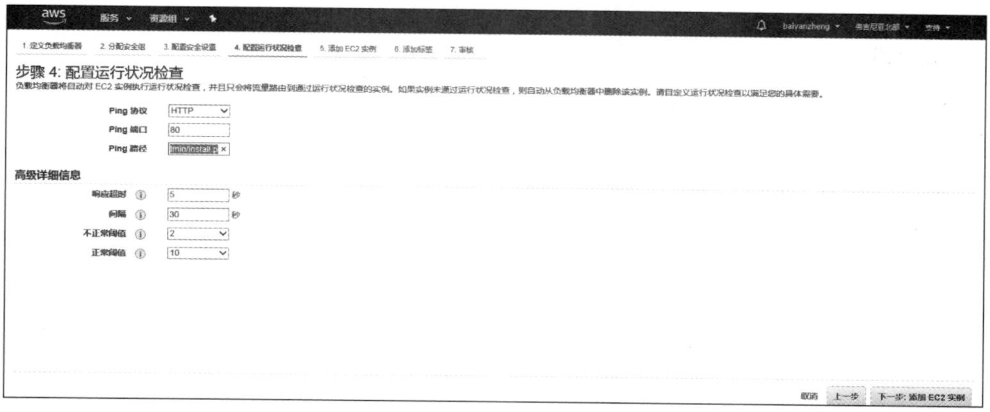

1. 定义负载均衡器 2. 分配安全组 3. 配置安全设置 4. 配置运行状况检查 5. 添加 EC2 实例 6. 添加标签 7. 审核

步骤 4: 配置运行状况检查

Ping 协议 HTTP

Ping 端口 80

Ping 路径

高级详细信息

响应超时 5 秒

间隔 30 秒

不正常阈值 2

正常阈值 10

取消 上一步 下一步: 添加 EC2 实例

图 10.18 运行状态检查设置

实例池中。单击“下一步：添加标签”，填写适当的标签键值，再单击“审核和创建”按钮，并单击“创建”按钮创建该负载均衡器。

在负载均衡器创建完成之后，可以看到负载均衡器列表，检查“描述”标签页下方内容中的状态字段，确保两个服务都已经注册成功，如图 10.19 所示。如果发现状态不是两个实例正在服务，则需要检查该实例是否启动，并检查“运行状况检查”标签页下方内容中的状态字段。

若要外面的请求能够成功访问负载均衡器，还需要用户修改一下安全组，保证所有流量都可以流入该网络。在“描述”标签页下找到并单击之前设置的安全组，在“入站”标签页下单击“编辑”按钮，添加一条入站规则，以允许所有流量流入该网络，如图 10.20 所示。

单击“保存”按钮，回到负载均衡器页面。选中刚才创建的负载均衡器，并找到“描述”标签页下的 DNS 名称，将该 DNS 名称复制，然后在浏览器的地址栏中粘贴，同时在后面加上后缀信息，例如“http://$DNS 名称/wordpress”。$DNS 名称用真实的 DNS 进行替换。这时就可以通过 ELB 访问 WordPress 了。在 EC2 界面中关掉负载均衡池中的任意一个实例，继续访问“http://$DNS 名称/wordpress”，发现依然可以访问，从而实现高

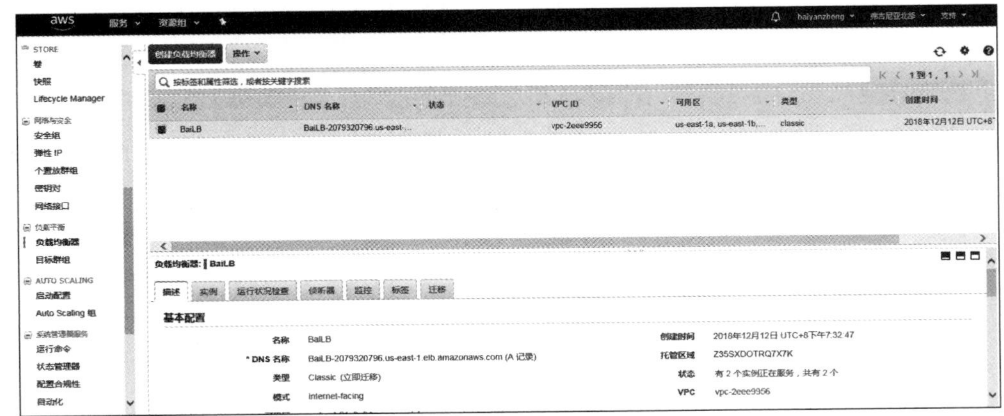

图 10.19　负载均衡器状态检查

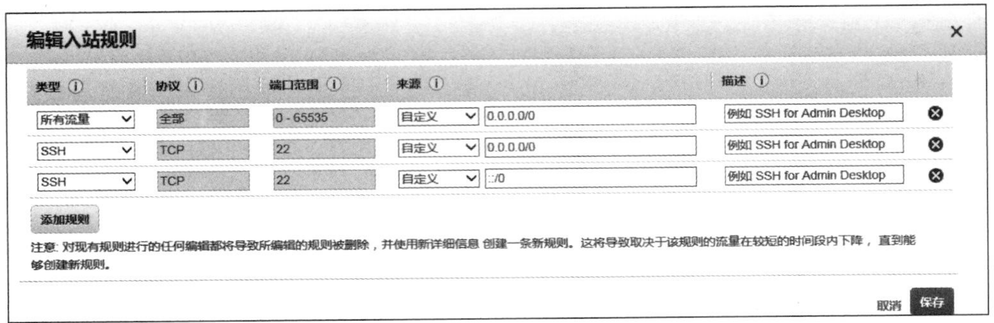

图 10.20　添加入站规则

可用。

3. 弹性伸缩的应用站点

自动扩展是 EC2 服务的一部分，可以帮助用户确保指定数量的虚拟服务器一直运行。用户可以使用自动扩展启动一个虚拟服务器，确保当原始虚拟服务器发生故障时可以启动新的虚拟服务器。通过自动扩展，用户可以在多个子网中启动 EC2 实例。在整个可用区出现故障的情况下，新的虚拟服务器可以在另一个可用区的子网中启动。

在导航栏的"服务"下单击 EC2，进入 EC2 Dashboard 界面。然后单击进入正在运行的实例，选择启动一个 WordPress 站点的实例，单击"操作"，在下拉列表框中选择"实例设置"→"附加到 Auto Scaling 组"，新建一个 Auto Scaling 组并命名，单击"确认"按钮，添加一个新的 Auto Scaling 组，接下来在左边的导航栏中找到 Auto Scaling 组，单击"进入"。

在 Auto Scaling 组界面中可以看到刚创建的 Auto Scaling 组，选中该组，并单击"操作"→"编辑"，在所需容量处设置默认的情况下需要在该组内启动几个实例，这里可以保留 1，也可以设置为 2，则保存后便在子网内多启动一个实例。这里修改的最大值为 3，表示该组最大可以扩展到 3 个实例。为了保证高可用性，当实例所在可用区出现故障(例如火灾等)时需要考虑异地可用区进行冗灾。因此将子网设置为不同的可用区，如图 10.21

所示，并且选择之前创建的负载均衡器，这样当新的实例启动时会自动注册到该负载均衡器中。其他设置可以保持默认选项，单击"保存"按钮退出。

图 10.21 编辑 Auto Scaling 组

这里可以回到 EC2 实例界面检查一下，发现一个新的 EC2 实例已经被创建出来，并且是放置在 us-east-1a 的可用区中。接着尝试选中该新建的实例，并复制其 DNS，在浏览器中访问"http://$DNS 名称/wordpress"，发现是可以访问的。

单击左边导航栏中的"负载均衡器"，找到"实例"标签，可以看到新创建的实例自动注册到负载均衡器中，如图 10.22 所示。在负载均衡器中可以实现异地服务冗灾，当 us-east-1b 的两个服务都不可以访问的时候，还可以有另一个可用区 us-east-1a 的服务进行访问。

10.1.3 实验三：使用 S3 来实现静态网站

Amazon S3 是 Amazon Simple Storage Service 的简称。它是一个典型的 Web 服务，让用户可以通过 HTTPS 和 API 来存储和访问数据。这个服务提供了无限的存储空间，并且让用户的数据高可用和高度持久化的保存。用户可以保存任何类型的数据，例如图片、文档和二进制文件，只要单个对象的容量不超过 5TB 即可。用户需要为保存在 S3 上的每吉字节的容量付费，同时还有少量的成本花费在每个数据请求和数据传输流量上。

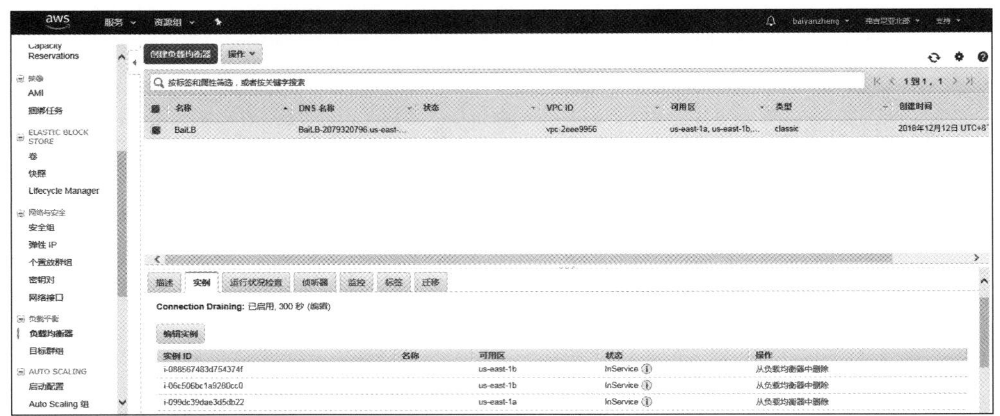

图 10.22 自动注册到负载均衡器

S3 使用存储桶组织对象，存储桶是对象的容器。每个存储桶都有全球唯一的名字，用户必须选择一个没有被其他 AWS 用户在任何其他区域使用过的存储桶的名字，所以建议选择域名或者公司名称作为存储桶名的前缀。

1. 新建存储桶

首先，这里创建一个 S3 存储桶。像之前说的那样，存储桶的名字必须避免和其他存储桶冲突。登录 AWS 控制台，并且在导航栏中选择“服务”，单击存储区域下方的 S3 链接，然后单击“创建存储桶”。在创建存储桶向导中将分 4 个步骤来完成。在第一个页面中输入存储桶的名称，注意一定要保证名称唯一。在区域中，用户可根据需要选择不同区域来放置该存储桶，这里选择一个靠近用户的区域，即亚太区域的东京，然后单击“下一步”按钮，出现配置选项页面。

在配置选项页面中，如果启用了版本控制，则上传所有文件到存储桶中，在上传后如果发生变更，历史文件将会保留，这样可以追溯文件的历史，但是同时也会占用更多的空间。服务器访问日志详细地记录了对存储桶提出的各种请求。对于许多应用程序而言，服务器访问日志很有用。例如，访问日志信息可能在安全和访问权限审核方面很有用。它还可以帮助用户了解自己的用户群，并了解用户的 Amazon S3 账单。而对象级别的日志记录，在用户创建 AWS 账户时将针对该账户启用 CloudTrail。当 Amazon S3 中发生受支持的事件活动时，该活动将记录在 CloudTrail 事件中，并与其他 AWS 服务事件一起保存在 Event history (事件历史记录)中。用户可以在 AWS 账户中查看、搜索和下载最新事件。数据保护只在数据传输(发往和离开 Amazon S3 时)和处于静态(存储在 Amazon S3 数据中心的磁盘上时)期间保护数据，可以使用 SSL 或使用客户端加密保护传输中的数据。用户可以通过图 10.23 中的选项在 Amazon S3 中保护静态数据，设置好之后单击“下一步”按钮。

第三步设置访问该 S3 存储桶的权限，使用默认设置即可。单击“下一步”按钮，对之前的设置进行确认，然后单击“创建存储桶”按钮，发现存储桶已经创建好。用户可以用它来上传数据作备份。

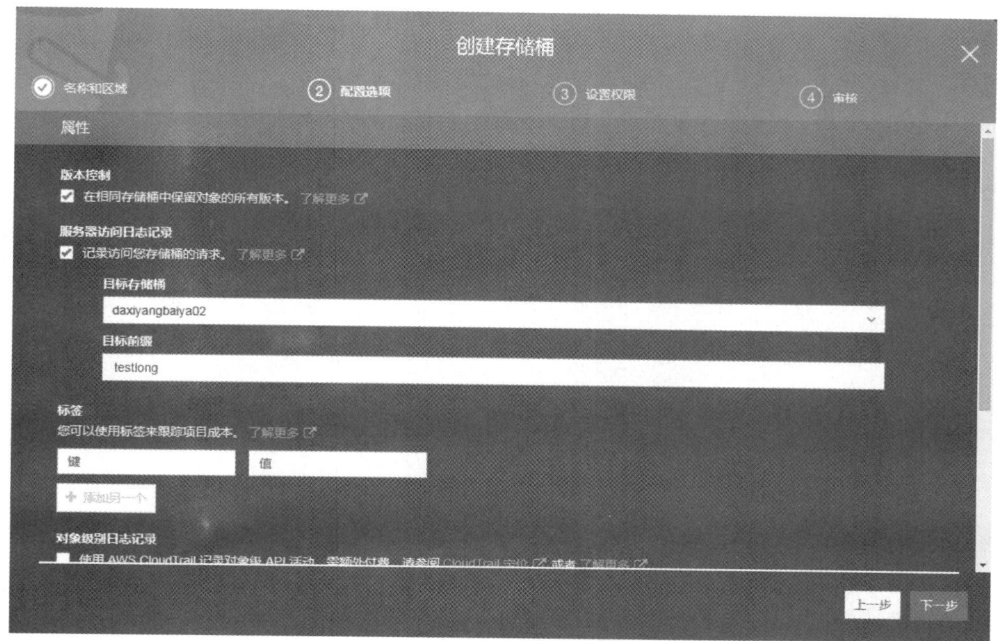

图 10.23 配置 S3 选项

2. 归档对象

在前面使用 S3 来创建存储桶，如果希望降低备份存储的成本，应该考虑使用另一个 AWS 服务——Amazon Glacier。在 Glacier 中存储数据的成本大概是 S3 的 1/3，但 Glacier 和 S3 相比还是有些区别的。S3 上传文件后是立即可以访问的，而 Glacier 是在提交请求 3～5 个小时后才可以访问。这里可以为刚创建的存储桶添加一条或者多条生命周期规则，以管理对象的生命周期。生命周期规则可以用来在给定的日期之后归档或者删除对象，它还可以帮助把 S3 的对象归档到 Glacier。

添加一条生命周期规则来移动对象到 Glacier，打开管理控制台，从主菜单中转移到 S3 服务页面，单击“进入创建的存储桶”，并选择“管理”。在“管理”标签栏下方单击“添加生命周期规则”按钮，将弹出一个向导，帮助用户为存储桶创建新的生命周期规则。第一步是选择生命周期规则的目标，输入规则名称为 Move2Glacier，在筛选条件文本框中保持空白，以将生命周期运用到这个存储桶。下一步是配置生命周期规则，选择“当前版本”为配置转换的目标，并单击“添加转换”，接着选择“转换到 Glacier 前经过……”。为了尽快触发生命周期规则让对象一旦创建就归档，选择在对象创建 0 天后进行转换，连续单击“下一步”按钮，如图 10.24 所示，在向导的最后一步确认输入内容无误，单击“保存”按钮。

这里已经成功地创建了生命周期规则，它将自动把对象从 S3 存储桶移动到 Glacier。打开存储桶，在管理控制台上单击“上传”按钮上传文件到存储桶。在图 10.25 中已经上传了一个文件到 S3 中，在默认情况下，所有文件都保存为“标准”存储类别，这意味着它们目前保存在 S3 中。

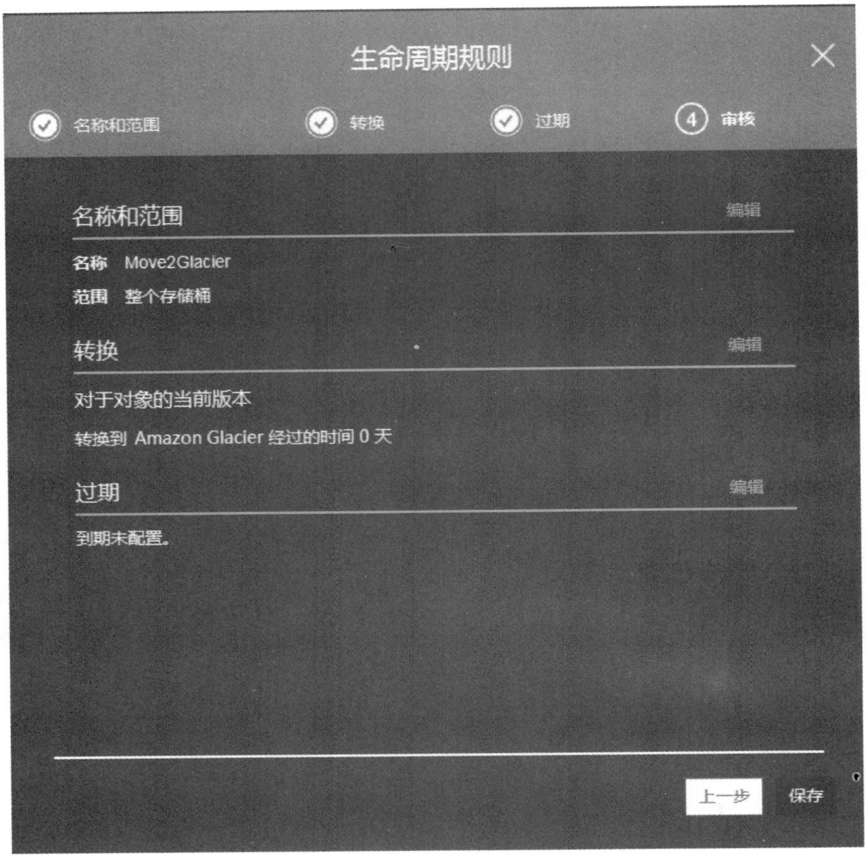

生命周期规则

名称和范围　转换　过期　4 审核

名称和范围　编辑

名称　Move2Glacier

范围　整个存储桶

转换　编辑

对于对象的当前版本

转换到 Amazon Glacier 经过的时间 0 天

过期　编辑

到期未配置。

上一步　保存

图 10.24　建立生命周期规则

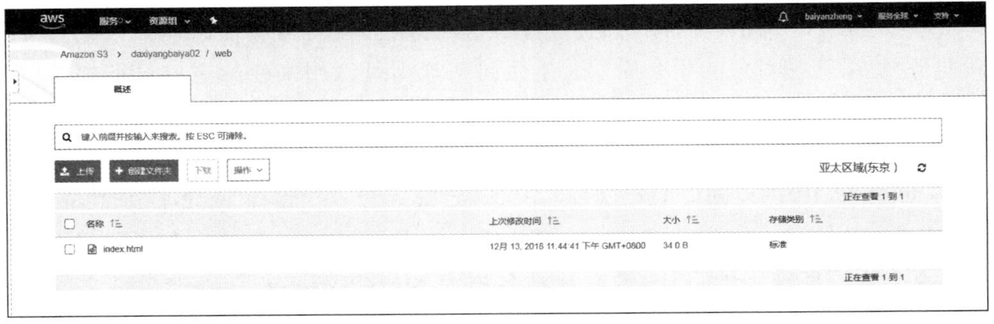

图 10.25　上传文件为标准类型

生命周期规则将移动对象到 Glacier。但是,即使把时间设置为 0 天,移动过程仍然会需要 24 小时左右。在对象移动到 Glacier 之后,存储类别会切换为 Glacier。用户无法直接下载存储在 Glacier 中的文件,但是可以触发一个恢复过程从 Glacier 恢复对象到 S3。

3. 创建静态网站

根据前面的内容,这里可以为静态网站创建一个新的存储桶,存储桶的设置可以用默认设置。注意刚创建好的存储桶的访问权限都是“存储桶和对象不是公有的”，网站需要匿名用户访问，因此这里需要先打开公有访问权限。

选中刚建好的存储桶，单击“编辑公有访问设置”按钮，在弹出的页面中保持所有选项都是未勾选状态，单击“保存”按钮。在确认框中输入“确认”并单击“确认”按钮。接下来单击进入该存储桶，进入“属性”标签页。单击“静态网站托管”图标，并单击选择“使用此存储桶托管网站”，在索引文件处输入“index. html”，然后单击“保存”按钮。

这里虽然已经设置了该存储桶的权限为公有，但是存储桶内的对象依然需要设置权限。在 AWS 中，默认情况下只有文件的拥有者可以访问 S3 存储桶中的文件。如果使用 S3 来提供静态网站服务，就需要允许所有人查看或者下载该存储桶里的文档。存储桶策略可以用来全局控制存储桶里对象的访问权限。IAM 的策略使用 JSON 定义权限，它包含了一个或者多个声明，并且一个声明里允许或者拒绝特定操作对某个资源的访问。单击“权限”标签，然后单击“存储桶策略”，在存储桶策略的空白区域输入以下 JSON 内容。其中，将 $ BUCKET_NAME 替换为用户刚创建的存储桶的名称。

```
{
    "Version":"2012 - 10 - 17",
        "Statement":[
            {
                "Sid":"PublicReadGetObject",
                "Effect":"Allow",
                "Principal":" * ",
                "Action":[
                    "s3:GetObject"
                ],
                "Resource":[
                    "arn:aws:s3:::BUCKET_NAME/ * "
                ]
            }
    ]
}
```

保存后，可以看到在权限下方出现了“公有”标记。单击“概述”，上传 index. html。index. html 可以由用户自定义，这里提供一个简单的 HTML 页面代码，如下(上传过程可以用默认设置上传)：

```
<html><h1>hello cloud!</h1></html>
```

上传后，可以通过浏览器访问静态网站，其中，$ BucketName 和 $ RegionName 分别用自己创建的名称和区域进行替换。

```
http:// $ BucketName.s3 - website - $ RegionName.amazonaws.com
```

本实验所创建的存储桶名称及区域分别是 byz-website 和美国东部(弗吉尼亚北部)，如下：

```
http://byz - website.s3 - website - us - east - 1.amazonaws.com
```

10.1.4 实验四：AWS关系型数据库入门

本实验依托AWS关系型数据库服务(RDS)完成，实验内容包括关系型数据库的创建、配置、访问和管理操作。

视频

文档

10.1.5 实验五：AWS大数据系列平台

本实验依托亚马逊AWS服务完成，实验内容包括Cloud9和VPC环境的搭建、EMR集群的部署、在EMR上体验Spark、在EMR上体验Hive、在EMR上体验Pig。

视频

文档

10.1.6 实验六：AWS计算存储网络基础入门

本实验依托亚马逊AWS服务完成。实验内容包括创建虚拟私有云网络(VPC)、使用Amazon S3云存储、体验集群自动扩展伸缩策略(Auto Scaling)。

视频

文档

10.1.7 实验七：AWS负载均衡

本实验主要探讨负载均衡对Java Web应用在处理并发请求方面的影响。本实验采用最常用的使用框架nginx进行统一接口和负载均衡实现。

视频

文档

10.2 阿里云

视频讲解

阿里云可以提供安全、可靠的计算和数据处理能力。

10.2.1 实验一：创建阿里云服务器

1. 服务的申请

阿里云提供的服务如图 10.26 所示。

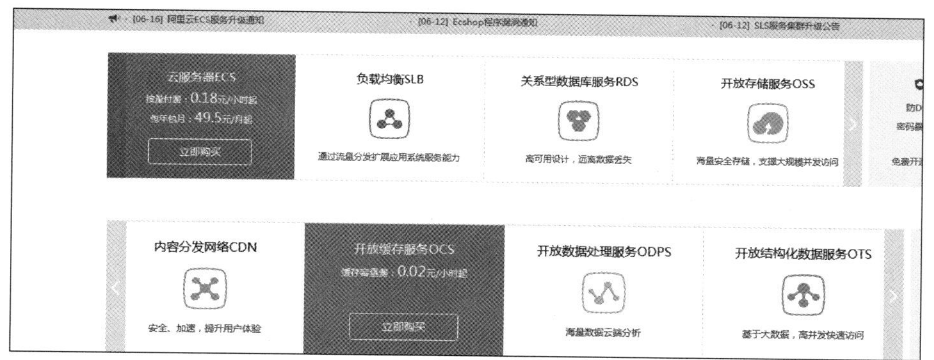

图 10.26 阿里云提供的服务概览

阿里云囊括了服务器、关系数据库、海量存储服务、CDN、缓存服务。

选择云服务器 ECS，即可进入云服务器的配置界面。

首先选择硬件配置，包括 CPU、内存、公网带宽、地域，如图 10.27 所示。

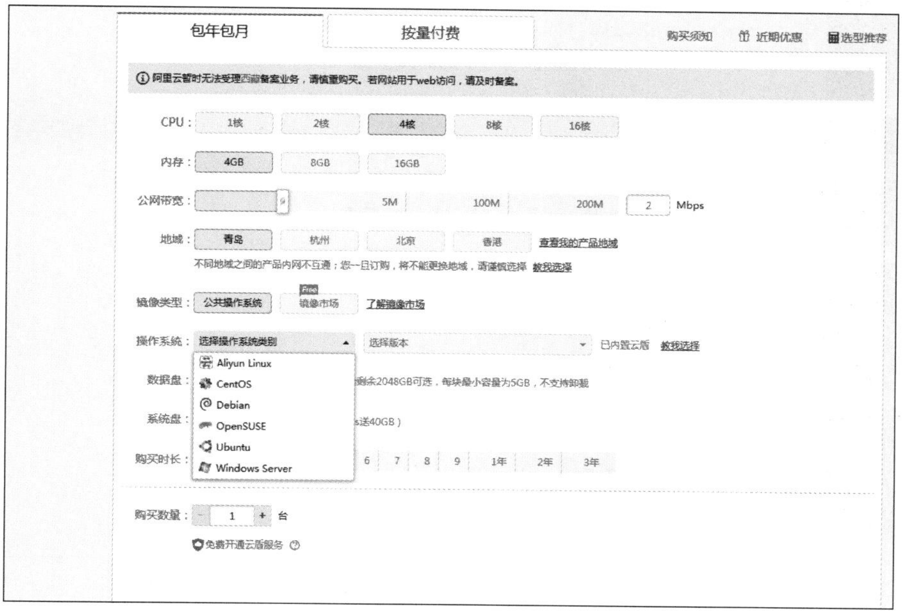

图 10.27 选择硬件配置

然后选择操作系统，阿里云提供的系统有 Windows Server 和 Linux(Linux 包括 Aliyun Linux、CentOS、Debian、OpenSUSE 和 Ubuntu 5 个发行版)，如图 10.28 所示。

图 10.28　选择操作系统

选择操作系统之后，还需选择数据盘(可不选)。

选择完成之后，付款以后即可开通云服务器。

2. 云服务器的使用

阿里云提供了"管理控制台"工具，用于管理云服务器，如图 10.29 所示。

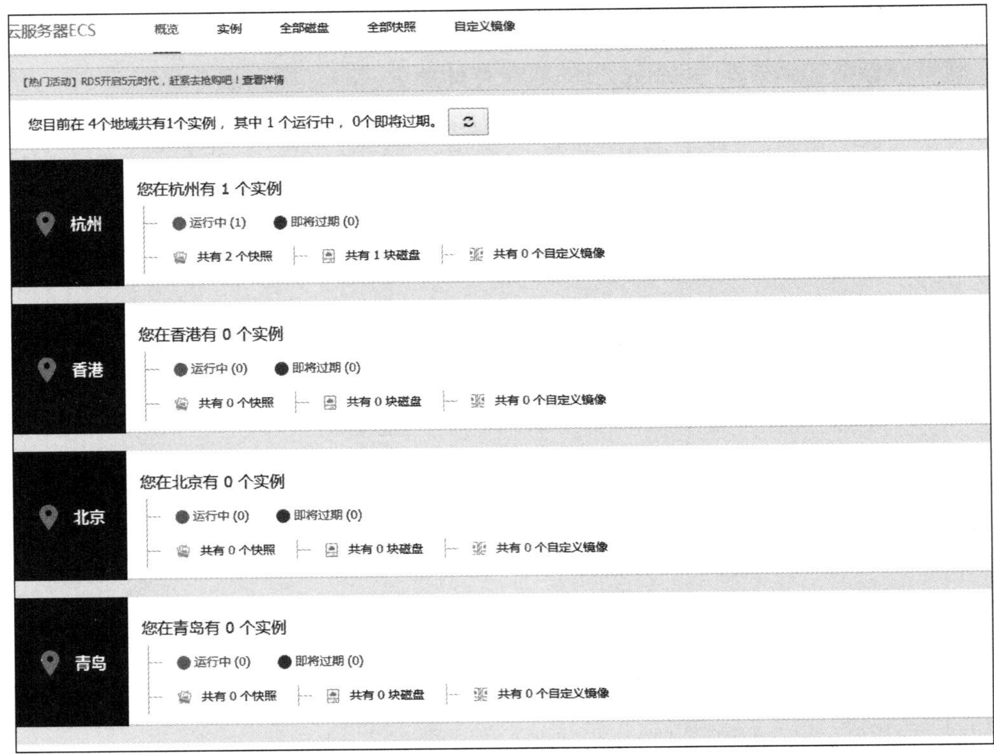

图 10.29　选择地域

地域选择完成后进入控制台管理界面，如图 10.30 所示。

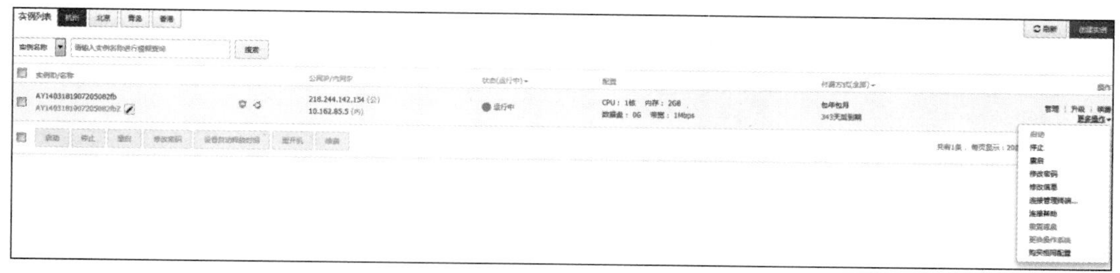

图 10.30 控制台管理界面

通过控制台只能对服务器做重启、停止、修改密码、升级、续费、建立快照等操作，如果需要在服务器上安装软件或者管理更多的服务器状态，则需要用 SSH 客户端连接阿里云服务器，通过命令行的方式对服务器进行配置和管理。

通过实例列表，单击“管理”，可以进入服务器监控界面，查看服务器的网络吞吐和磁盘读/写情况，如图 10.31 所示。

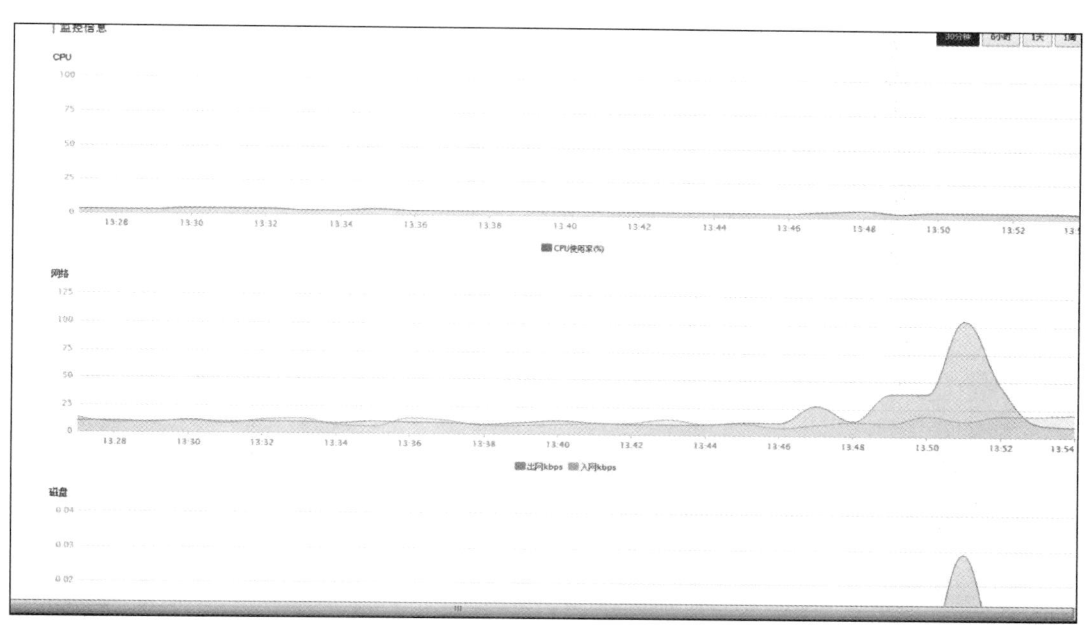

图 10.31 服务器监控界面

安装软件和更加详细的配置需要通过 SSH 连接服务器，使用 SSH Secure Shell 连接服务器，如图 10.32 所示。

通过 iptables 建立防火墙过滤策略，增加服务器的安全性，如图 10.33 所示。

配置安装软件(数据库、应用服务器、HTTP 服务器)，如图 10.34 所示。

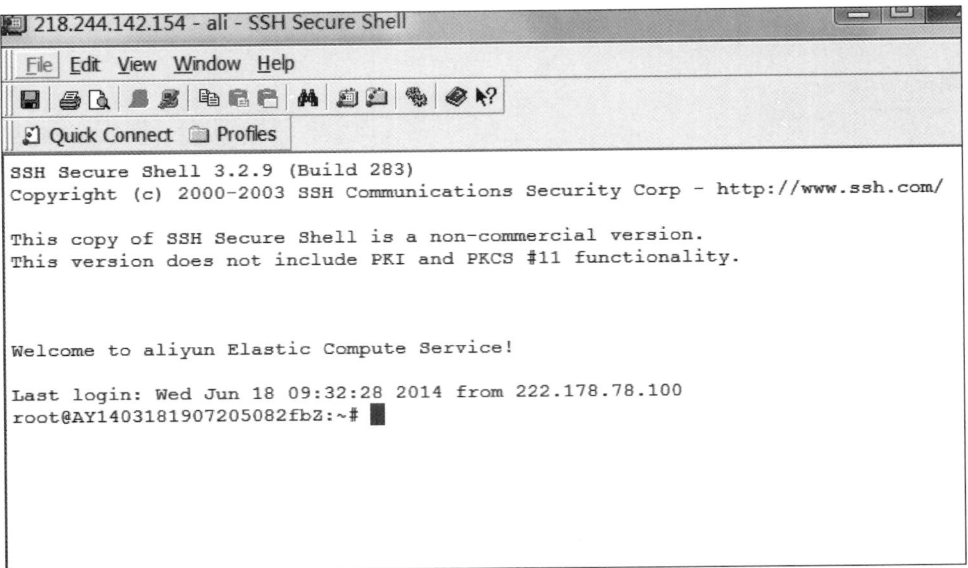

图 10.32 使用 SSH Secure Shell 连接服务器

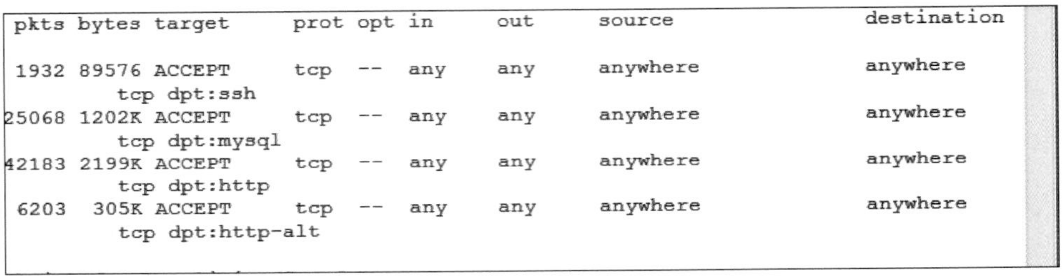

```
 pkts bytes target     prot opt in     out     source               destination

 1932 89576 ACCEPT     tcp  --  any    any     anywhere             anywhere
          tcp dpt:ssh
25068 1202K ACCEPT     tcp  --  any    any     anywhere             anywhere
          tcp dpt:mysql
42183 2199K ACCEPT     tcp  --  any    any     anywhere             anywhere
          tcp dpt:http
 6203  305K ACCEPT     tcp  --  any    any     anywhere             anywhere
          tcp dpt:http-alt
```

图 10.33 建立防火墙过滤策略

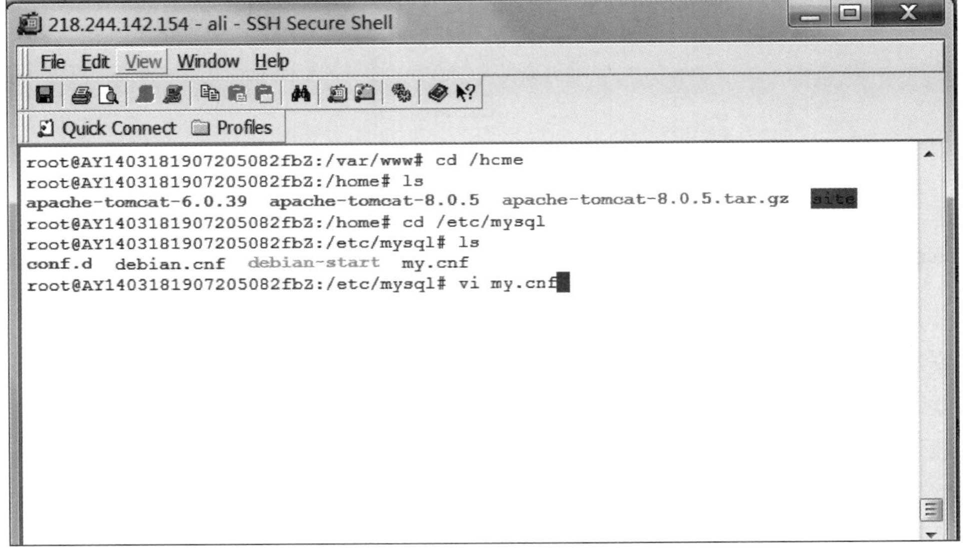

图 10.34 配置安装软件

3. 阿里云的防护机制

阿里云免费提供了“云盾”防护，如图 10.35 所示。

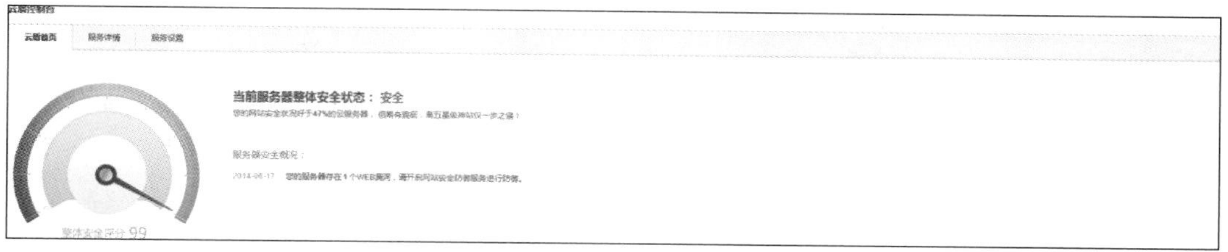

图 10.35　“云盾”防护

用户可以通过云盾查看系统漏洞，如图 10.36 所示。

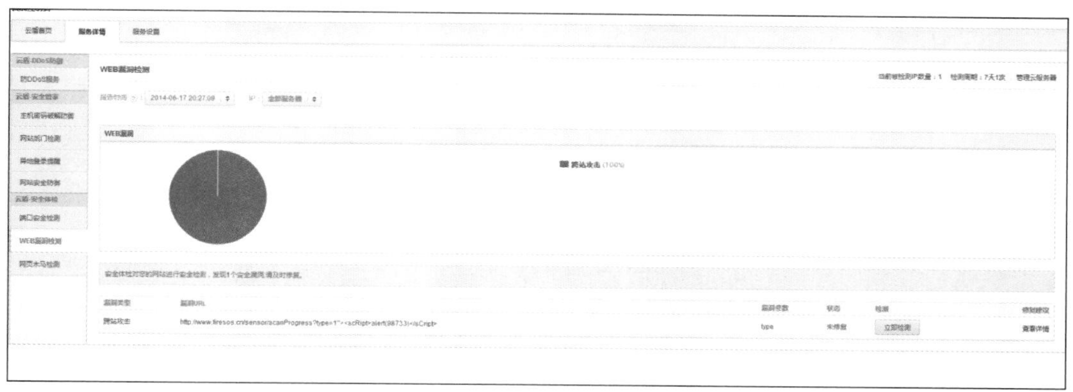

图 10.36　云盾查看系统漏洞界面

云盾还提供主动防御功能，如图 10.37 和图 10.38 所示。

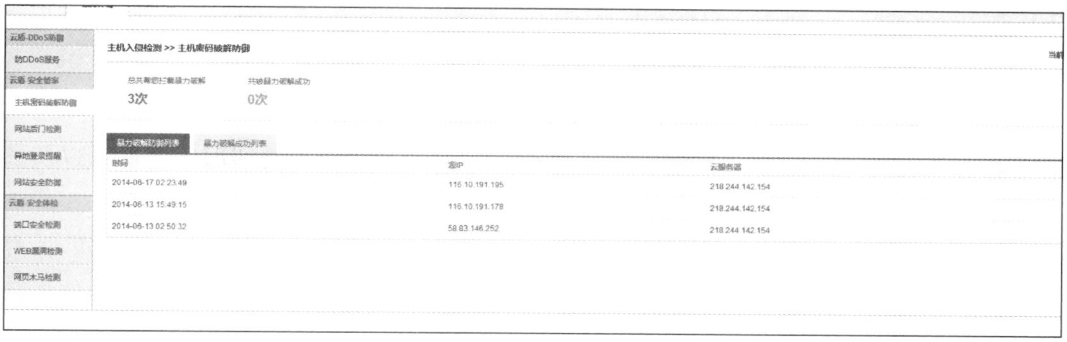

图 10.37　网页防篡改

4. 阿里云的售后服务

在阿里云售后服务界面，用户可以通过提交工单的方式向阿里云咨询问题或者请求一些技术支持，如图 10.39 所示。

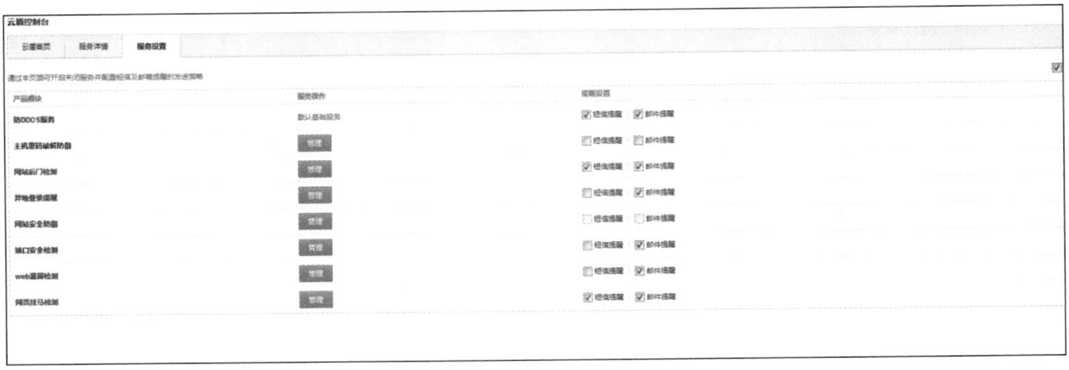

图 10.38 应用白名单

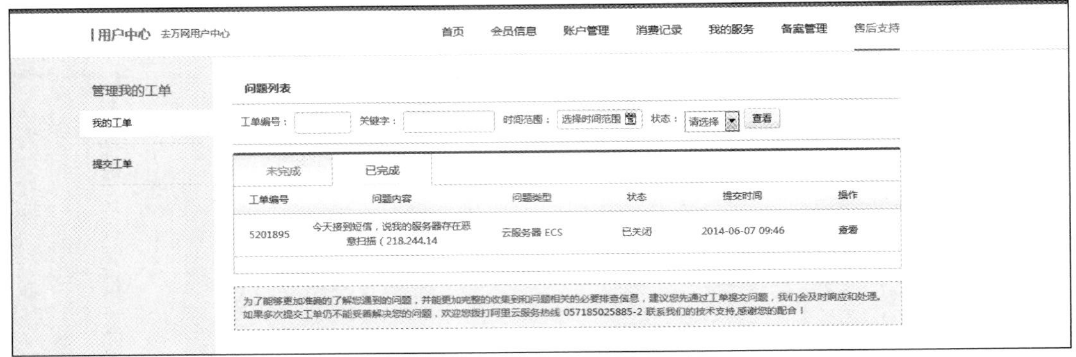

图 10.39 阿里云售后服务界面

阿里云售后服务通常会在 10 分钟以内对工单作出回应。

10.2.2 实验二：配置 SSH 远程连接

1. 基本原理

SSH(Secure Shell)是一套协议标准，可以用来实现两台机器之间的安全登录以及数据的安全传送，其保证数据安全的原理是非对称加密。

传统的对称加密使用的是一套密钥，数据的加密以及解密用的都是这一套密钥，所有的客户端以及服务器端都需要保存这套密钥，密钥泄露的风险很高，而一旦被泄露便无法保证数据安全。

非对称加密解决的就是这个问题，它包含两套密钥，即公钥和私钥。其中公钥用来加密，私钥用来解密，并且无法通过公钥计算得到私钥，因此将私钥谨慎保存在服务器端，而公钥可以随便传递，即使公钥泄露也无数据安全风险。

保证 SSH 安全性的方法，简单来说就是客户端和服务器端各自生成一套私钥和公钥，并且互相交换公钥，这样每一条发出的数据都可以用对方的公钥来加密，对方收到后再用自己的私钥来解密。

SSH 工作原理如图 10.40 所示。

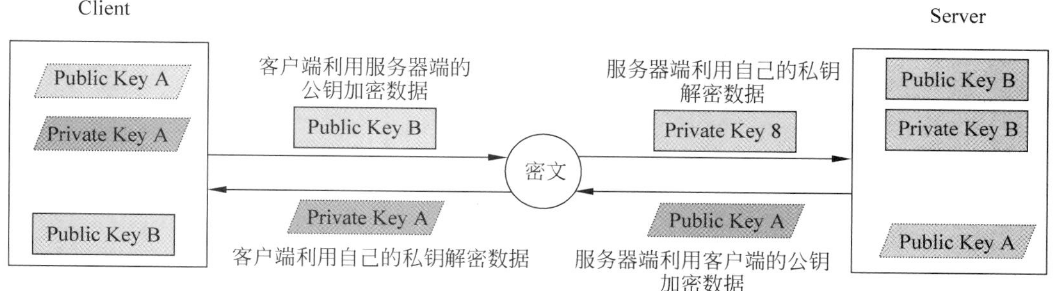

图 10.40 SSH 工作原理

由图 10.40 可以看出，两台机器除了各自拥有一套公、私钥之外，还保存了对方的公钥，因此必然存在一个交换各自公钥的步骤。

(1) 服务器端收到登录请求后首先互换密钥，详细步骤如上所述。

(2) 客户端用服务器端的公钥加密账号密码并发送。

(3) 服务器端用自己的密钥解密后得到账号密码，然后进行验证。

(4) 服务器端用客户端的公钥加密验证结果并返回。

(5) 服务器端用自己的密钥解密后得到验证结果。

2. 在阿里云上配置 SSH 连接的步骤

(1) 初始化/修改 SSH 远程连接的密码。进入阿里云服务器的实例列表控制页面，初始化/修改 SSH 远程连接的密码，此处的密码将在后续的 SSH 远程登录中使用，如图 10.41 所示。

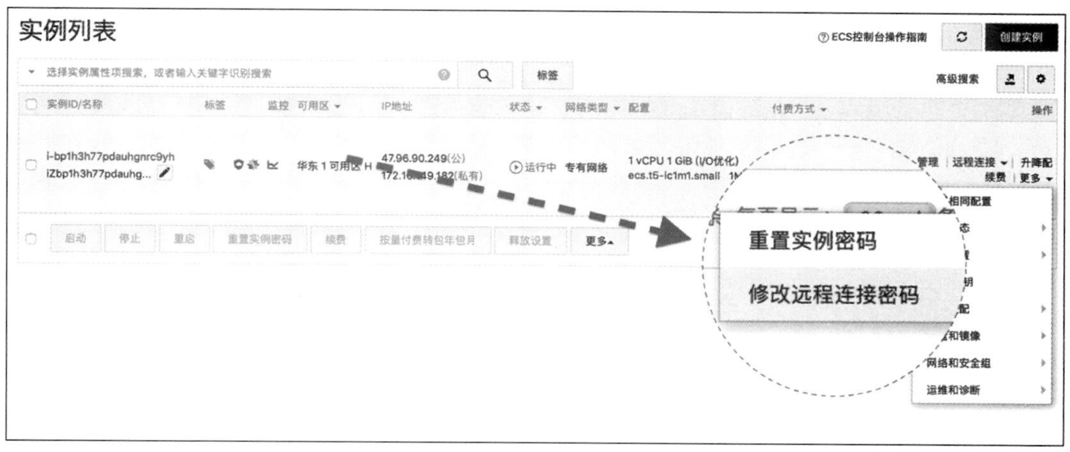

图 10.41 修改远程连接密码

(2) 重启阿里云服务器。在每次修改 SSH 远程连接的密码时都需要进行重启,以使 SSH 远程连接密码生效,如图 10.42 所示。

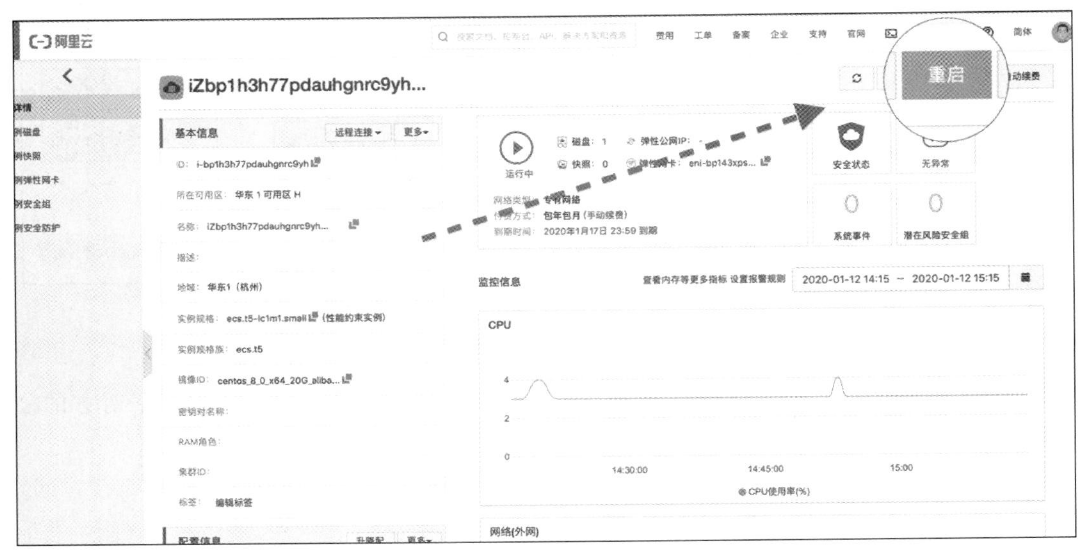

图 10.42 重启阿里云服务器

(3) 单击"远程连接"以使用 SSH 连接服务。在阿里云的云服务器实例管理平台上单击"远程连接",如图 10.43 所示。

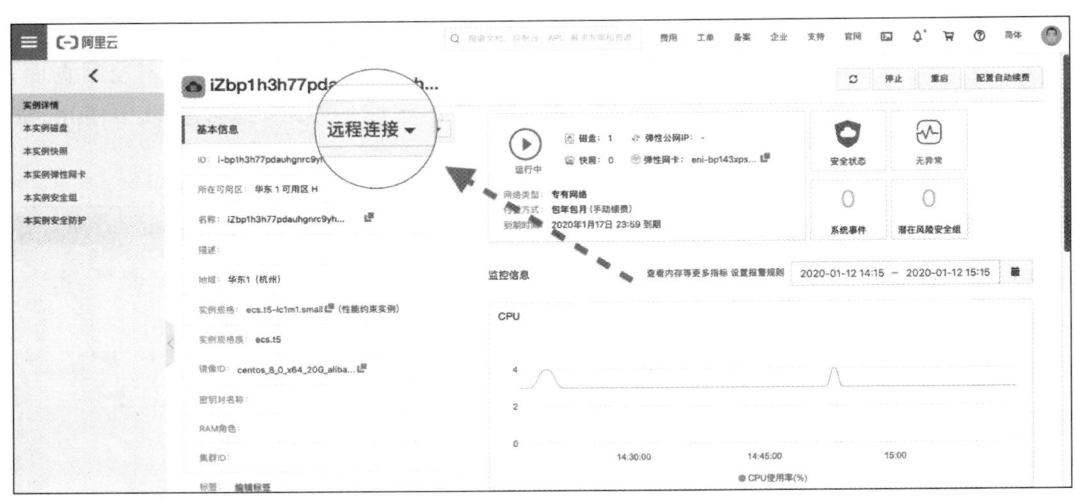

图 10.43 单击"远程连接"

(4) 选择 SSH 连接协议并输入账号与密码。注意此处选择的应该是 SSH 连接协议,然后输入在步骤 1 初始化/修改后的密码,用户名输入 root,如图 10.44 所示。

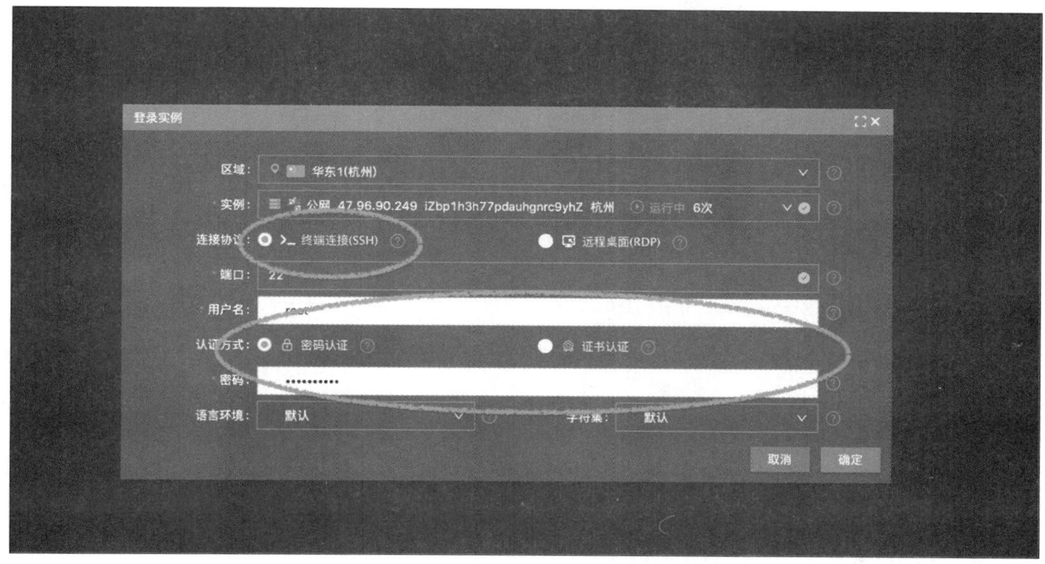

图 10.44 选择 SSH 终端连接协议

10.2.3 实验三：安装 Python 环境

Python 环境的安装步骤如下：

(1) 下载资源。执行命令"wget https://www.python.org/ftp/python/3.6.5/Python-3.6.5.tgz"，从 Python 官网下载 Python 3.6 版本，如图 10.45 所示。

```
[root@iZbp1h3h77pdauhgnrc9yhZ pythonLab]# wget https://www.python.org/ftp/python/3.6.5/Python-3.6.5.tgz
--2020-01-11 17:07:18--  https://www.python.org/ftp/python/3.6.5/Python-3.6.5.tgz
Resolving www.python.org (www.python.org)... 151.101.108.223, 2a04:4e42:36::223
Connecting to www.python.org (www.python.org)|151.101.108.223|:443... connected.
HTTP request sent, awaiting response... 200 OK
Length: 22994617 (22M) [application/octet-stream]
Saving to: 'Python-3.6.5.tgz'

Python-3.6.5.tgz        100%[=====================================>]  21.93M  90.0KB/s    in 3m 51s

2020-01-11 17:11:11 (97.0 KB/s) - 'Python-3.6.5.tgz' saved [22994617/22994617]
```

图 10.45 使用 wget 命令从官网下载 Python

(2) 安装 zlib-devel 包(后面安装 pip 需要用到，这里先下载，这样后面就不用重复编译)。执行命令"yum install zlib-devel"，使用 yum 命令安装 zlib-devel 包，如图 10.46 所示。

```
[root@iZbp1h3h77pdauhgnrc9yhZ pythonLab]# yum install zlib-devel
CentOS-8 - AppStream
CentOS-8 - Base
CentOS-8 - Extras
MySQL Connectors Community
MySQL Tools Community
MySQL 5.7 Community Server
Package zlib-devel-1.2.11-10.el8.x86_64 is already installed.
Dependencies resolved.
Nothing to do.
Complete!
```

图 10.46 使用 yum 命令安装 zlib-devel 包

(3) 解压安装包。输入命令"tar-xvf Python-3.6.5.tgz"，将下载好的 Python 3.6 安装包解压，如图 10.47 所示。

```
[root@iZbp1h3h77pdauhgnrc9yhZ pythonLab]# tar -xvf Python-3.6.5.tgz
Python-3.6.5/
Python-3.6.5/Doc/
Python-3.6.5/Doc/c-api/
Python-3.6.5/Doc/c-api/sys.rst
Python-3.6.5/Doc/c-api/conversion.rst
Python-3.6.5/Doc/c-api/marshal.rst
Python-3.6.5/Doc/c-api/coro.rst
Python-3.6.5/Doc/c-api/method.rst
Python-3.6.5/Doc/c-api/index.rst
Python-3.6.5/Doc/c-api/bytearray.rst
Python-3.6.5/Doc/c-api/bytes.rst
Python-3.6.5/Doc/c-api/none.rst
Python-3.6.5/Doc/c-api/long.rst
Python-3.6.5/Doc/c-api/number.rst
Python-3.6.5/Doc/c-api/code.rst
Python-3.6.5/Doc/c-api/allocation.rst
Python-3.6.5/Doc/c-api/list.rst
Python-3.6.5/Doc/c-api/datetime.rst
Python-3.6.5/Doc/c-api/set.rst
Python-3.6.5/Doc/c-api/stable.rst
Python-3.6.5/Doc/c-api/buffer.rst
Python-3.6.5/Doc/c-api/gen.rst
Python-3.6.5/Doc/c-api/function.rst
Python-3.6.5/Doc/c-api/apiabiversion.rst
Python-3.6.5/Doc/c-api/object.rst
Python-3.6.5/Doc/c-api/slice.rst
Python-3.6.5/Doc/c-api/weakref.rst
Python-3.6.5/Doc/c-api/sequence.rst
Python-3.6.5/Doc/c-api/mapping.rst
Python-3.6.5/Doc/c-api/iter.rst
Python-3.6.5/Doc/c-api/reflection.rst
Python-3.6.5/Doc/c-api/structures.rst
Python-3.6.5/Doc/c-api/import.rst
Python-3.6.5/Doc/c-api/file.rst
Python-3.6.5/Doc/c-api/tuple.rst
Python-3.6.5/Doc/c-api/descriptor.rst
Python-3.6.5/Doc/c-api/utilities.rst
```

图 10.47 解压 Python 3.6 安装包

(4) 移动解压文件。输入命令"mv Python-3.6.5/usr/local",将解压文件移动到usr/local目录下,如图10.48所示。

```
[root@iZbp1h3h77pdauhgnrc9yhZ pythonLab]# mv Python-3.6.5 /usr/local
```

图 10.48 将解压文件移动到指定目录下

(5) 转到解压文件夹下。输入命令"cd/usr/local/Python-3.6.5",进入解压的安装文件目录下。

(6) 配置安装目录。输入命令"mkdir/usr/local/python3",创建文件夹python3作为安装目录,如图10.49所示。

```
mv: overwrite '/usr/local/Python-3.6.5'?
[root@iZbp1h3h77pdauhgnrc9yhZ pythonLab]# mkdir /usr/local/python3
```

图 10.49 创建 python3 文件夹

输入命令“./configure --prefix=/usr/local/python3”，将安装路径设置在刚才创建的 python3 目录下，如图 10.50 所示。

```
[root@iZbp1h3h77pdauhgnrc9yhZ pythonLab]#  cd /usr/local/Python-3.6.5
[root@iZbp1h3h77pdauhgnrc9yhZ Python-3.6.5]# ./configure --prefix=/usr/local/python3
checking build system type... x86_64-pc-linux-gnu
checking host system type... x86_64-pc-linux-gnu
checking for python3.6... python3.6
checking for --enable-universalsdk... no
checking for --with-universal-archs... no
checking MACHDEP... linux
checking for --without-gcc... no
checking for --with-icc... no
checking for gcc... gcc
checking whether the C compiler works... yes
checking for C compiler default output file name... a.out
checking for suffix of executables...
checking whether we are cross compiling... no
checking for suffix of object files... o
checking whether we are using the GNU C compiler... yes
checking whether gcc accepts -g... yes
checking for gcc option to accept ISO C89... none needed
checking how to run the C preprocessor... gcc -E
checking for grep that handles long lines and -e... /usr/bin/grep
checking for a sed that does not truncate output... /usr/bin/sed
checking for --with-cxx-main=<compiler>... no
checking for g++... no
configure:

  By default, distutils will build C++ extension modules with "g++".
  If this is not intended, then set CXX on the configure command line.

checking for the platform triplet based on compiler characteristics... x86_64-linux-gnu
checking for -Wl,--no-as-needed... yes
checking for egrep... /usr/bin/grep -E
checking for ANSI C header files... yes
checking for sys/types.h... yes
checking for sys/stat.h... yes
checking for stdlib.h... yes
checking for string.h... yes
checking for memory.h... yes
checking for strings.h... yes
checking for inttypes.h... yes
checking for stdint.h... yes
checking for unistd.h... yes
checking minix/config.h usability... no
checking minix/config.h presence... no
checking for minix/config.h... no
checking whether it is safe to define __EXTENSIONS__... yes
checking for the Android API level... not Android
>_ 命令终端  已连接  华东1(杭州)  i-bp1h3h77pdauhgnrc9yh  47.96.90.249:22  mjtwu6znyg
```

图 10.50　设置安装路径

(7) 编译源代码及安装。输入命令“make”，编译安装文件，如图 10.51 所示。

```
[root@iZbp1h3h77pdauhgnrc9yhZ Python-3.6.5]# make
gcc -pthread -c -Wno-unused-result -Wsign-compare -DNDEBUG -g -fwrapv -O3 -Wall -Wstrict-prototypes
rs    -I. -I./Include    -DPy_BUILD_CORE \
        -DABIFLAGS='"m"' \
        -DMULTIARCH=\"x86_64-linux-gnu\" \
        -o Python/sysmodule.o ./Python/sysmodule.c
```

图 10.51　编译安装文件

输入命令“make install”，开始安装 Python 3.6，如图 10.52 所示。

执行到这里，Python 3.6 的安装就已经完成了，用户可以输入命令查看 Python 的安装信息。

(8) 测试。输入“python3 -version”，查看所安装的 Python 版本，安装成功如图 10.53 所示。

在安装目录下输入“python3”，可以看到安装的信息，如图 10.54 所示。

```
[root@iZbp1h3h77pdauhgnrc9yhZ Python-3.6.5]# pwd
/usr/local/Python-3.6.5
[root@iZbp1h3h77pdauhgnrc9yhZ Python-3.6.5]# make install
if test "no-framework" = "no-framework" ; then \
        /usr/bin/install -c python /usr/local/python3/bin/python3.6m; \
else \
        /usr/bin/install -c -s Mac/pythonw /usr/local/python3/bin/python3.6m; \
fi
if test "3.6" != "3.6m"; then \
        if test -f /usr/local/python3/bin/python3.6 -o -h /usr/local/python3/bin/python3.6; \
        then rm -f /usr/local/python3/bin/python3.6; \
        fi; \
        (cd /usr/local/python3/bin; ln python3.6m python3.6); \
fi
if test -f libpython3.6m.a && test "no-framework" = "no-framework" ; then \
        if test -n "" ; then \
                /usr/bin/install -c -m 555  /usr/local/python3/bin; \
        else \
                /usr/bin/install -c -m 555 libpython3.6m.a /usr/local/python3/lib/libpython3.6m.a; \
                if test libpython3.6m.a != libpython3.6m.a; then \
                        (cd /usr/local/python3/lib; ln -sf libpython3.6m.a libpython3.6m.a) \
                fi \
        fi; \
        if test -n ""; then \
                /usr/bin/install -c -m 555  /usr/local/python3/lib/; \
        fi; \
else    true; \
fi
if test "x" != "x" ; then \
        rm -f /usr/local/python3/binpython3.6-32; \
        lipo  \
                -output /usr/local/python3/bin/python3.6-32 \
                /usr/local/python3/bin/python3.6; \
fi
running build
running build_ext
INFO: Can't locate Tcl/Tk libs and/or headers

Python build finished successfully!
The necessary bits to build these optional modules were not found:
_bz2                  _curses               _curses_panel
_dbm                  _gdbm                 _lzma
_sqlite3              _tkinter              nis
readline
```

图 10.52 安装 Python 3.6

```
Requirement already up-to-date: pip in /usr/local/python3/lib/python3.6/site-packages
[root@iZbp1h3h77pdauhgnrc9yhZ Python-3.6.5]# python3 --version
Python 3.6.8
```

图 10.53 查看安装的 Python 版本

```
[root@iZbp1h3h77pdauhgnrc9yhZ Python-3.6.5]# python3
Python 3.6.8 (default, Oct  7 2019, 17:58:22)
[GCC 8.2.1 20180905 (Red Hat 8.2.1-3)] on linux
Type "help", "copyright", "credits" or "license" for more information.
>>> 
```

图 10.54 Python 3.6 的相关信息

10.2.4 实验四：部署并启动 Django 服务

Django 的安装与部署如下：

(1) 使用 pip 安装 Django 等。输入“pip3 install Django==1.11.7”，安装 Django，如图 10.55 所示。

输入“pip3 install virtualenv”，安装 virtualenv，为应用创建一个“隔离”的 Python 环境，如图 10.56 所示。

```
[root@iZbp1h3h77pdauhgnrc9yhZ Python-3.6.5]# pip3 install Django==1.11.7
WARNING: Running pip install with root privileges is generally not a good idea. Try `pip3 install --user` instead.
Collecting Django==1.11.7
  Downloading http://mirrors.cloud.aliyuncs.com/pypi/packages/15/d8/b17afdcd527026d2f1acd30ac33406e6b22c0f573a3c14b2d9e0bd7df945/Django-1.11.7-py2.py3-none-any.whl (6.9MB)
    100% |████████████████████████████████| 7.0MB 70.7MB/s
Requirement already satisfied: pytz in /usr/local/lib/python3.6/site-packages (from Django==1.11.7)
Installing collected packages: Django
  Found existing installation: Django 3.0.2
    Uninstalling Django-3.0.2:
      Successfully uninstalled Django-3.0.2
Successfully installed Django-1.11.7
```

图 10.55 使用 pip 安装 Django

```
(try to add '--allowerasing' to command line to replace conflicting packages or '--skip-broken' to skip uninstallab
[root@iZbp1h3h77pdauhgnrc9yhZ Python-3.6.5]# pip3 install virtualenv
WARNING: Running pip install with root privileges is generally not a good idea. Try `pip3 install --user` instead.
Requirement already satisfied: virtualenv in /usr/local/lib/python3.6/site-packages
```

图 10.56 安装 virtualenv

输入“pip3 install uwsgi”，安装 uwsgi，如图 10.57 所示。

```
[root@iZbp1h3h77pdauhgnrc9yhZ Python-3.6.5]# pip3 install uwsgi
WARNING: Running pip install with root privileges is generally not a good idea. Try `pip3 install --user` instead.
Requirement already satisfied: uwsgi in /usr/local/lib/python3.6/site-packages
```

图 10.57 安装 uwsgi

（2）给 uwsgi 建立软链接。执行命令“ln -s /usr/local/python3/bin/uwsgi /usr/bin/uwsgi”，给 uwsgi 建立软链接，以方便进行之后的操作，如图 10.58 所示。

```
Requirement already satisfied: uwsgi in /usr/local/lib/python3.6/site-packages
[root@iZbp1h3h77pdauhgnrc9yhZ Python-3.6.5]#  ln -s /usr/local/python3/bin/uwsgi /usr/bin/uwsgi
```

图 10.58 给 uwsgi 建立软链接

【查看 Django 的命令】

使用 Django，肯定需要使用 Django 的命令，这里先预览一下 Django 的一些命令。输入“django-admin”，查看 Django 支持的命令以及我们可能用到的命令，如图 10.59 所示。

```
[root@iZbp1h3h77pdauhgnrc9yhZ Python-3.6.5]#  ln -s /usr/local/python3/bin/uwsgi /usr/bin/uwsgi
[root@iZbp1h3h77pdauhgnrc9yhZ Python-3.6.5]# django-admin

Type 'django-admin help <subcommand>' for help on a specific subcommand.

Available subcommands:

[django]
    check
    compilemessages
    createcachetable
    dbshell
    diffsettings
    dumpdata
    flush
    inspectdb
    loaddata
    makemessages
    makemigrations
    migrate
    runserver
    sendtestemail
    shell
    showmigrations
    sqlflush
    sqlmigrate
    sqlsequencereset
    squashmigrations
    startapp
    startproject
    test
    testserver
Note that only Django core commands are listed as settings are not properly configured (error: Requested setting INSTALLED_APPS, but settings are not configured. You must either define the e
nvironment variable DJANGO_SETTINGS_MODULE or call settings.configure() before accessing settings.).
[root@iZbp1h3h77pdauhgnrc9yhZ Python-3.6.5]#
```

图 10.59 查看 Django 的命令

（3）安装 Nginx。这是在部署 Django 时所需要的另一个工具。

输入命令“yum install nginx -y”，通过 yum 安装 Nginx，如图 10.60 所示。

输入命令“systemctl start nginx”，启动 Nginx 服务，如图 10.61 所示。

启动成功后进入 Nginx 界面，如图 10.62 所示。

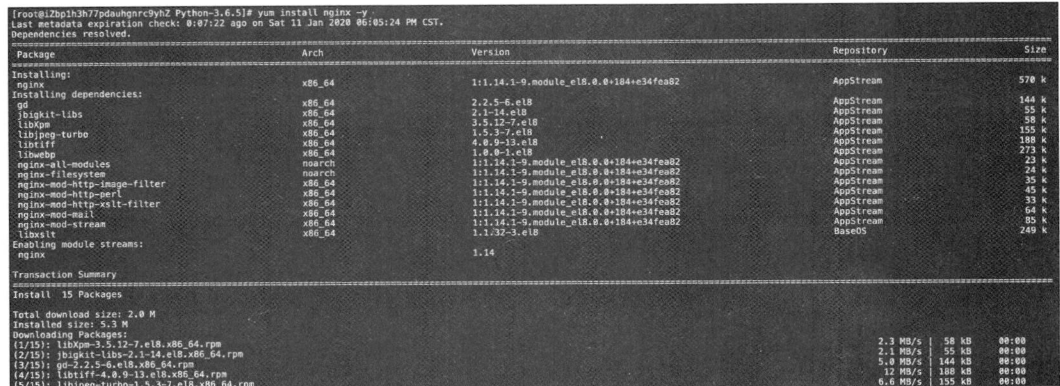

图 10.60 通过 yum 安装 Nginx

```
[root@iZbp1h3h77pdauhgnrc9yhZ Python-3.6.5]# systemctl start nginx
```

图 10.61 启动 Nginx 服务

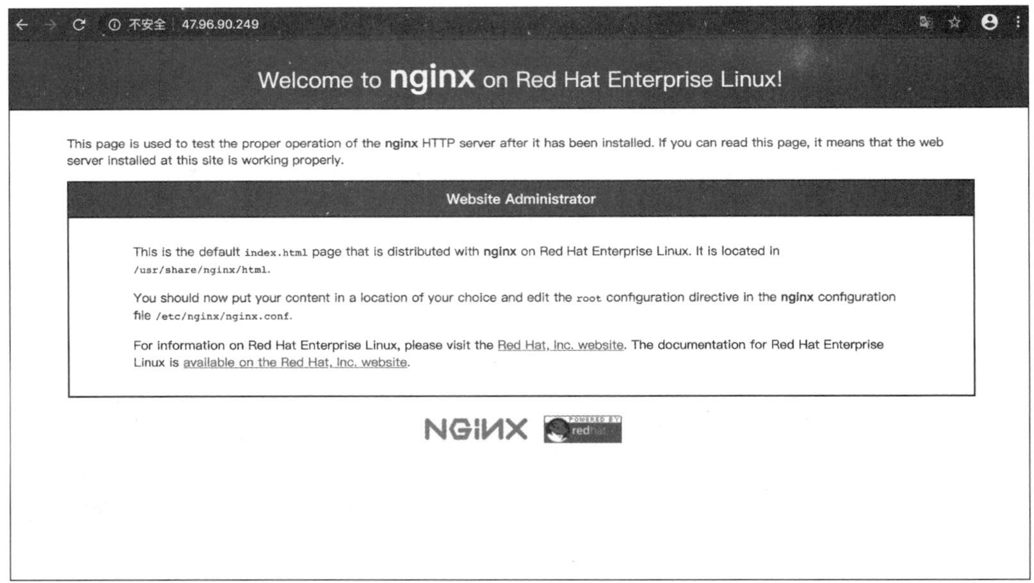

图 10.62 Nginx 界面

在成功安装好这些以后就可以开始部署 Django 项目了。

(4) 部署 Django 项目。输入命令"django-admin startproject HelloWorld",创建需要部署的项目 HelloWorld,如图 10.63 所示。

```
[root@iZbp1h3h77pdauhgnrc9yhZ Python-3.6.5]# django-admin startproject HelloWorld
```

图 10.63 创建部署项目

输入命令"cd HelloWorld/",进入项目中,如图 10.64 所示。

```
[root@iZbp1h3h77pdauhgnrc9yhZ Python-3.6.5]# django-admin startproj
[root@iZbp1h3h77pdauhgnrc9yhZ Python-3.6.5]# cd HelloWorld/
[root@iZbp1h3h77pdauhgnrc9yhZ HelloWorld]#
```

图 10.64　进入部署的项目当中

输入命令"tree",可以查看目录结构,如图 10.65 所示。

```
[root@iZbp1h3h77pdauhgnrc9yhZ HelloWorld]# tree

├── HelloWorld
│   ├── __init__.py
│   ├── settings.py
│   ├── urls.py
│   └── wsgi.py
└── manage.py
```

图 10.65　HelloWorld 项目的目录结构

这就是所部署的项目的一个架构,接下来启动 Python 3 服务。

输入命令"python3 manage.py migrate",该命令的主要作用就是把这些改动作用到数据库里面新改动的迁移文件更新数据库,例如创建数据表、增加字段属性,如图 10.66 所示。

```
Quit the server with CONTROL-C.
^C[root@iZbp1h3h77pdauhgnrc9yhZ HelloWorld]# python3  manage.py migrate
Operations to perform:
  Apply all migrations: admin, auth, contenttypes, sessions
Running migrations:
  Applying contenttypes.0001_initial... OK
  Applying auth.0001_initial... OK
  Applying admin.0001_initial... OK
  Applying admin.0002_logentry_remove_auto_add... OK
  Applying contenttypes.0002_remove_content_type_name... OK
  Applying auth.0002_alter_permission_name_max_length... OK
  Applying auth.0003_alter_user_email_max_length... OK
  Applying auth.0004_alter_user_username_opts... OK
  Applying auth.0005_alter_user_last_login_null... OK
  Applying auth.0006_require_contenttypes_0002... OK
  Applying auth.0007_alter_validators_add_error_messages... OK
  Applying auth.0008_alter_user_username_max_length... OK
  Applying sessions.0001_initial... OK
```

图 10.66　执行 migrate 命令

在成功执行后,输入命令"python3 manage.py runserver 0.0.0.0:8000",启动 Django 项目,如图 10.67 所示。

```
[root@iZbp1h3h77pdauhgnrc9yhZ HelloWorld]# python3 manage.py runserver 0.0.0.0:8000
Performing system checks...

System check identified no issues (0 silenced).
January 11, 2020 - 10:23:01
Django version 1.11.7, using settings 'HelloWorld.settings'
Starting development server at http://0.0.0.0:8000/
Quit the server with CONTROL-C.
```

图 10.67　启动 Django 项目

然后进入项目中查看 Django 项目的信息,如图 10.68 所示。

通过访问端口访问页面,可以看到项目部署成功,如图 10.69 所示。

```
>_ 1. root@iZbp1h3h77pdauhgnrc9yhZ:/usr/local/Python-3.6.5/HelloWorld/HelloWorld
"""
Django settings for HelloWorld project.

Generated by 'django-admin startproject' using Django 1.11.7.

For more information on this file, see
https://docs.djangoproject.com/en/1.11/topics/settings/

For the full list of settings and their values, see
https://docs.djangoproject.com/en/1.11/ref/settings/
"""

import os

# Build paths inside the project like this: os.path.join(BASE_DIR, ...)
BASE_DIR = os.path.dirname(os.path.dirname(os.path.abspath(__file__)))


# Quick-start development settings - unsuitable for production
# See https://docs.djangoproject.com/en/1.11/howto/deployment/checklist/

# SECURITY WARNING: keep the secret key used in production secret!
SECRET_KEY = 'kde%z@1i6$*cw+b6cjk*k5z+8u5_36r-9z9t!w*wr#mig$2898'

# SECURITY WARNING: don't run with debug turned on in production!
DEBUG = True

ALLOWED_HOSTS = ['*']


# Application definition

INSTALLED_APPS = [
    'django.contrib.admin',
    'django.contrib.auth',
    'django.contrib.contenttypes',
    'django.contrib.sessions',
    'django.contrib.messages',
    'django.contrib.staticfiles',
]

MIDDLEWARE = [
    'django.middleware.security.SecurityMiddleware',
    'django.contrib.sessions.middleware.SessionMiddleware',
    'django.middleware.common.CommonMiddleware',
    'django.middleware.csrf.CsrfViewMiddleware',
    'django.contrib.auth.middleware.AuthenticationMiddleware',
    'django.contrib.messages.middleware.MessageMiddleware',
    'django.middleware.clickjacking.XFrameOptionsMiddleware',
]

ROOT_URLCONF = 'HelloWorld.urls'
```

图 10.68 Django 项目的信息

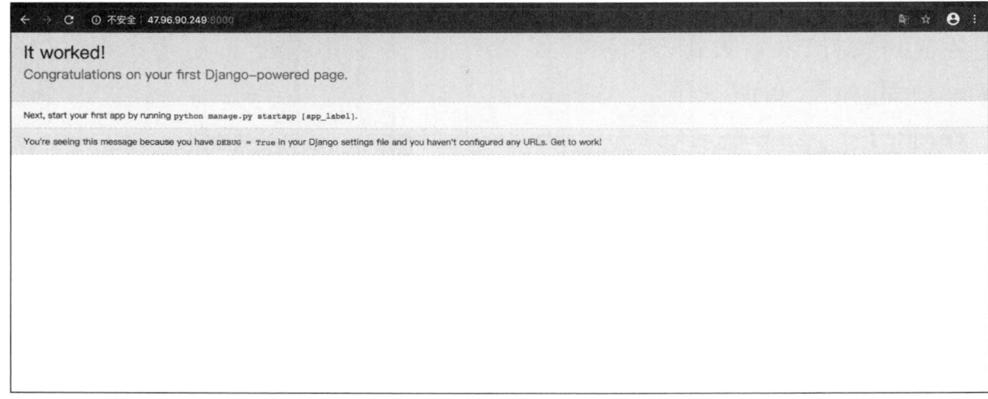

图 10.69 部署成功页面

10.3 腾讯云

视频讲解

腾讯云有着深厚的基础架构，并且有着多年对海量互联网服务的经验，不管是社交、游戏还是其他领域，都有多年的成熟产品来提供服务。腾讯在云端完成重要部署，为开发者及企业提供云服务、云数据、云运营等一站式服务方案。

腾讯云产品具体包括云服务器、云存储、云数据库和弹性 Web 引擎等基础云服务。

由于篇幅有限，本节主要讲述腾讯云云服务器的选购和 WordPress 搭建工作。

WordPress 是一款常用的搭建个人博客网站的软件，该软件使用 PHP 语言和 MySQL 数据库开发。用户可借助腾讯云云服务器 CVM 通过简单的操作运行 WordPress，发布个人博客。

本节将带领读者一步步完成，首先选购腾讯云云服务器；然后搭建 LAMP 环境；最后完成 WordPress 的安装和配置。具体步骤如图 10.70 所示。

图 10.70 搭建步骤

本节主要以 Linux 系统下的 Ubuntu 16.04 LTS 为例，后面将会大量使用 Linux 命令，这里只简单介绍，读者可以通过搜索了解相关命令的作用。

术语解释：

(1) 云服务器 CVM：本节使用腾讯云云服务器 CVM（以下简称 CVM）创建云服务器实例来完成 WordPress 搭建工作。

(2) Ubuntu：Ubuntu 是著名的 Linux 发行版之一，也是目前最多用户使用的 Linux 版本，16.04 LTS(Long Term Support，LTS)作为长期支持版本更加稳定。

(3) LAMP：

- Linux：Linux 系统。
- Apache：最流行的 Web 服务器端软件之一，用来解析 Web 程序。
- MySQL：一种数据库管理系统。
- PHP：Web 服务器生成网页的程序。

(4) PuTTY：PuTTY 是免费且出色的远程登录工具之一，本节使用这款简单、易操作的软件来完成相关搭建工作。

10.3.1 实验一：创建一个云服务器

1. 注册腾讯云账号

(1) 新用户需要在腾讯云官网进行注册，如图 10.71 所示。完成注册后即可登录。

(2) 可以通过 QQ 邮箱或者微信登录，完善账号资料。

图 10.71 腾讯云账号注册页面

2. 腾讯云+校园

(1) 腾讯云+校园面向腾讯云官网通过个人认证的在校大学生。

(2) 腾讯云+校园为学生提供1核2GB、1MB带宽、50GB系统盘的基本配置,套餐费用为10元/月,十分便宜。每个套餐可选择1~12个月的购买时长。

(3) 获得体验套餐步骤:注册腾讯云账号→完成个人认证→购买套餐→填写学生信息。

(4) 云+校园网站的网址为"https://cloud.tencent.com/act/campus",如图10.72所示。

图 10.72 云+校园页面

3. 选购云服务器

以下带领用户完成一个云服务器的选购，快速了解腾讯云云服务器的创建和配置。

1）单击“立即选购”

用户可以通过腾讯云主页单击“产品”→“云服务器”→“立即选购”，如图 10.73 所示。

图 10.73　云服务器产品页

2）配置云服务器方式

腾讯云提供了两种主要的云服务器配置方式，本节使用自定义配置。

快速配置页面如图 10.74 所示。

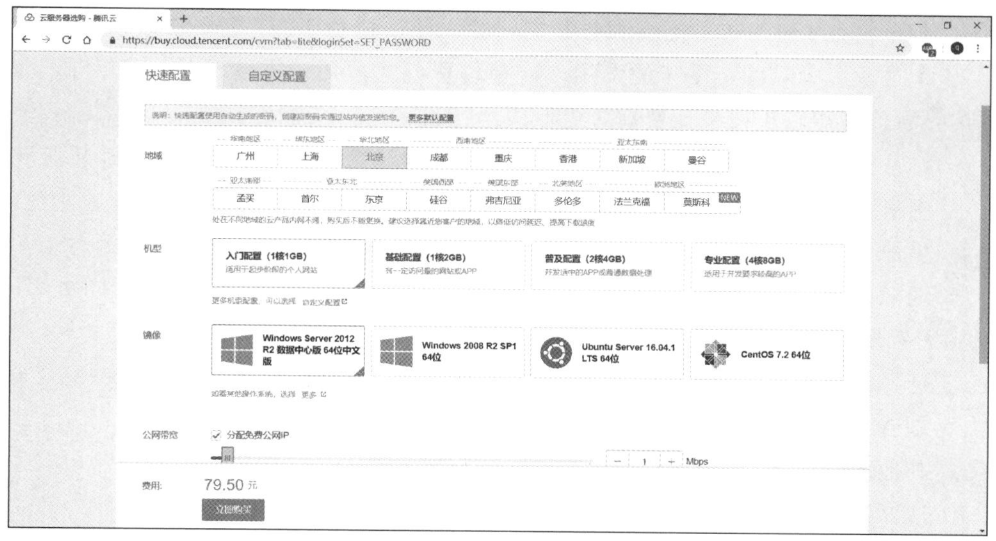

图 10.74　快速配置页面

快速配置的步骤如下：

(1) 确定云服务器所在地域及可用区。

地域选择原则：

① 靠近用户原则。根据用户所在的地理位置选择云服务器地域。云服务器越靠近访问客户，越能获得较小的访问时延和较高的访问速度。例如，若用户大部分位于长江三角洲附近，则上海地域是较好的选择。

② 内网通信同地域原则。

- 同地域内，内网互通；不同地域，内网不通。另外，需要多个云服务器内网通信的用户必须选择相同云服务器地域。
- 相同地域下的云服务器可以通过内网互相通信(内网通信，免费)。
- 不同地域之间的云服务器不能通过内网互相通信(通信需经过公网，收费)。

(2) 确定云服务器配置方案。

- 入门型：适用于起步阶段的个人网站，例如个人博客等小型网站。
- 基础型：适合有一定访问量的网站或应用，例如较大型企业官网、小型电商网站等。
- 普及型：适合常使用云计算等有一定计算量的需求，例如门户网站、SaaS 软件、小型 App 等。
- 应用型：适用于对并发要求较高的应用，以及适合对云服务器网络和计算性能有一定要求的应用场景，例如大型门户、电商网站、游戏 App 等。

(3) 确定付费方式。腾讯云提供包年包月和按量付费两种付费模式。

自定义配置页面如图 10.75 所示。

① 计费方式分为两种。

- 包年包月：包年包月是云服务器实例的一种预付费模式，要求提前一次性支付一个月或多个月甚至多年的费用。这种付费模式适用于提前预估设备需求量的场景，价格相较于按量计费模式更低廉。
- 按量计费：按量计费是云服务器实例的弹性计费模式，用户可以随时开通/销毁主机，按主机的实际使用量付费。若使用量不大，考虑性价比，选择按量计费。这里由于网络流量不大，可以选择更加灵活的按量计费模式。

② 地域根据：选择地域和可用区。当用户需要多台云服务器时，选择不同可用区可实现容灾效果。这里仅考虑延迟，选择就近原则。

③ 选择机型和配置。根据底层硬件的不同，腾讯云目前提供标准型 S2、高 I/O 型 I2、内存型 M2、计算型 C2、GPU 型 G2、FPGA 型 FX2，这里选择默认即可。

④ 其他选择默认。

3) 选择镜像

这里选择 Ubuntu 64 位 16.04 LT，如图 10.76 所示。

(1) 腾讯云提供了公共镜像、自定义镜像、共享镜像、服务市场等功能。

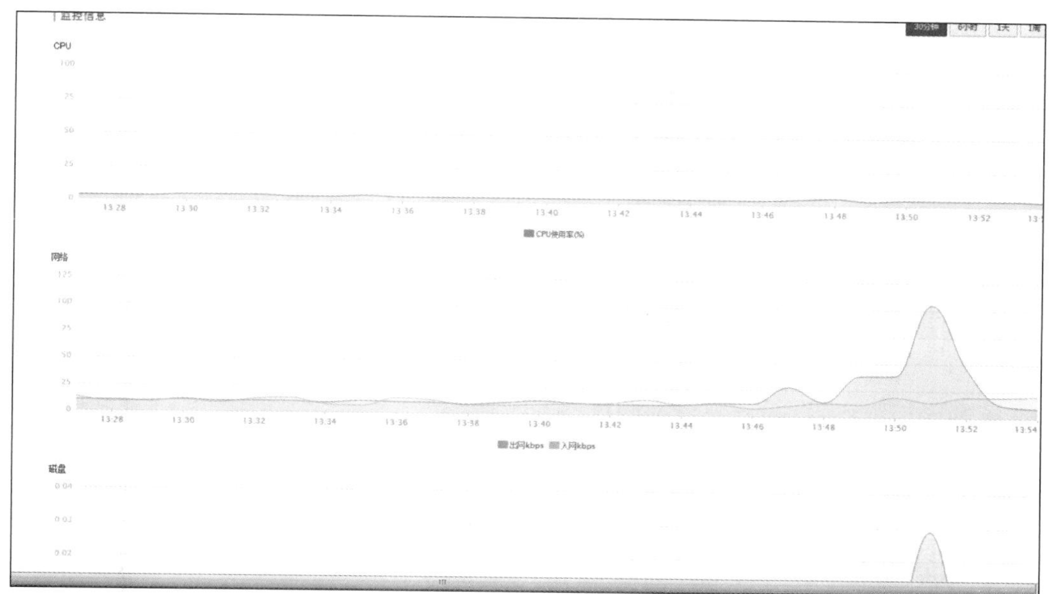

图 10.75　自定义配置页面

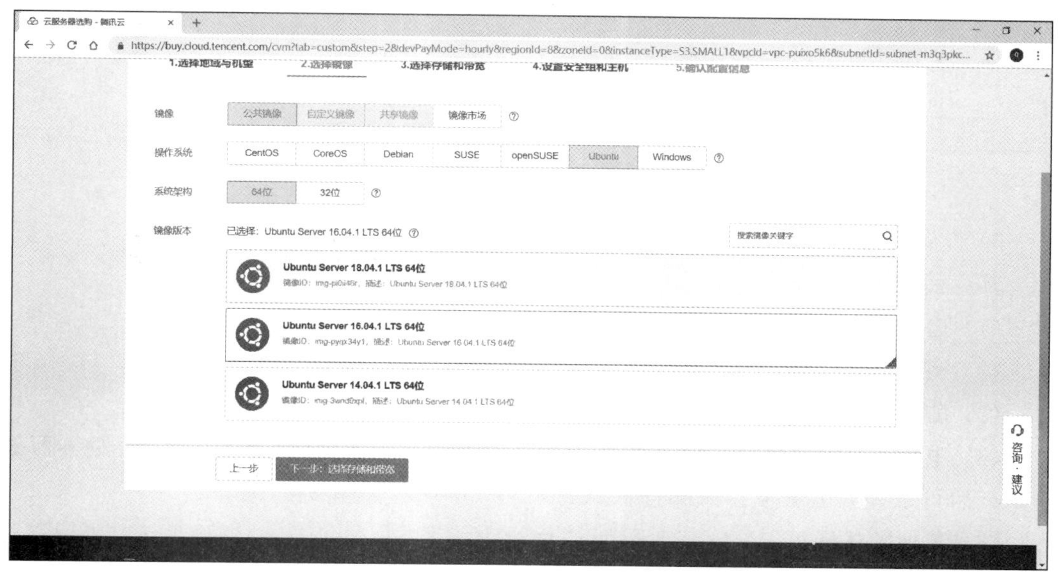

图 10.76　选择镜像页面

(2) 腾讯云提供了 CentOS、CoreOS、Debian、FreeBSD、openSUSE、SUSE、Ubuntu 等操作系统，用户可以根据熟悉程度选择不同的发行版。

(3) 用户还可以选择镜像市场，它集成了 PHP、Java、FTP、Nginx、Docker、WordPress、Discuz 等常用的热门软件环境。

(4) 后面可通过重装系统进行更改。

4）选择存储和带宽

其界面如图 10.77 所示。

(1) 腾讯云提供了云硬盘、本地硬盘和 SSD 云盘 3 种类型。

(2) 腾讯云提供了按带宽计费和按使用流量计费两种计费模式，这里选择按流量计费，因为使用量不大。

(3) 用户也可以根据需要进行调整，配置越高费用越贵。

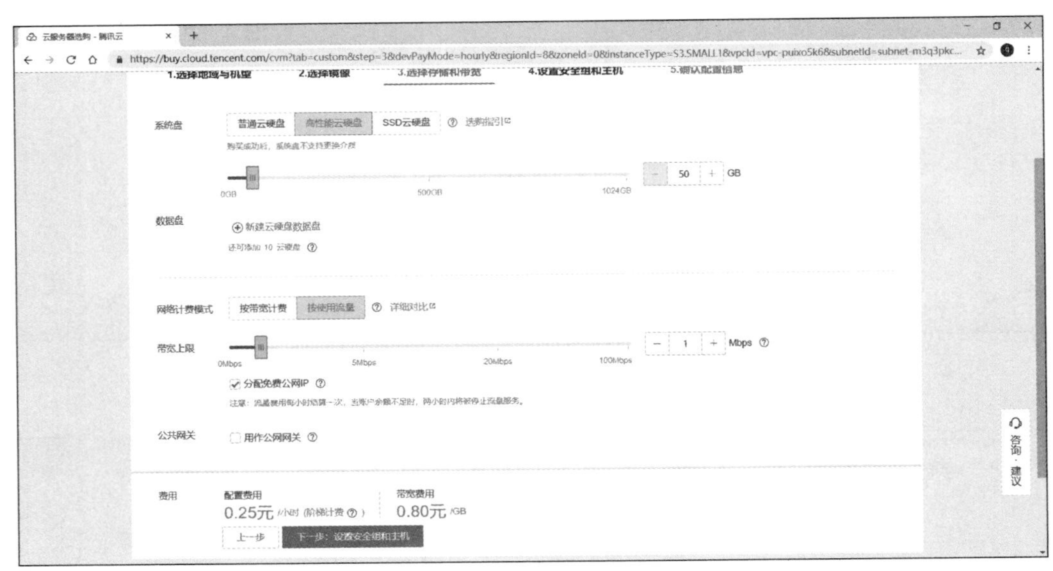

图 10.77 选择存储和带宽页面

5）设置安全组和主机

其界面如图 10.78 所示。

(1) 选择安全组：新建安全组，开通 22、80 端口。

(2) 实例名称：用户可选择在创建后命名，也可立即命名。

(3) 填写密码：这里需要记住用户名和密码，在后续远程连接时会使用到。

(4) 主机名：用户可以自定义设置云服务器操作系统内部的计算机名，云服务器成功生产后可以登录云服务器内部查看。

(5) 其他默认即可。

6）确认配置信息

信息无误后单击“开通”即可。

7）选购完成后来到控制台页面

页面如图 10.79 所示。

(1) 在这里需要记住公网 IP 地址。

(2) 单击“更多”，可进行重启、制作镜像、销毁等操作。

图 10.78 设置安全组和主机页面

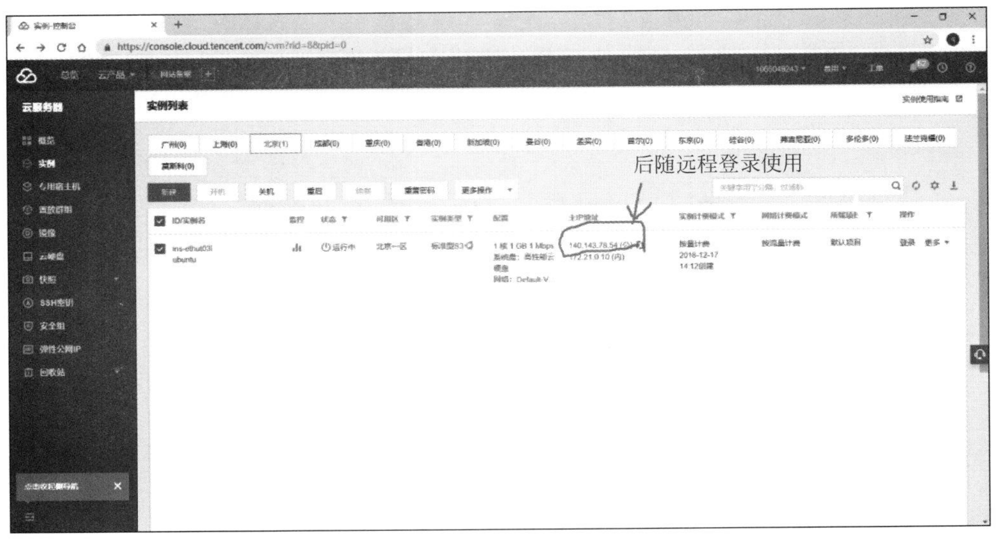

图 10.79 控制台页面

10.3.2 实验二:搭建一个 LAMP 环境

1. 安装运行 PuTTY 远程连接 Linux 云服务器

(1) 下载 PuTTY 到用户的计算机,双击 putty.exe,出现配置界面。

(2) 选择 Session,在"Host Name(or IP address)"输入框中输入要访问的主机名或IP,这里输入的是云服务器实例的公网 IP,其他配置保持默认,如图 10.80 所示。

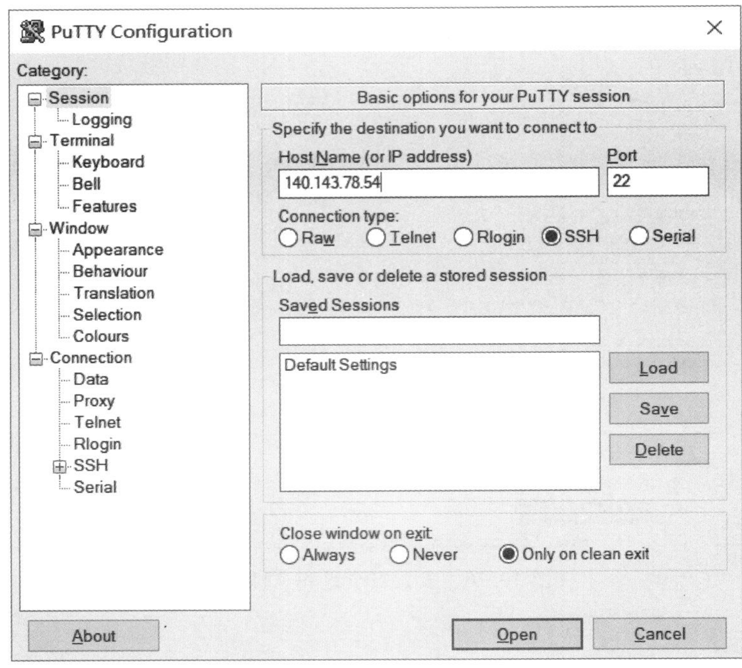

图 10.80 PuTTY 主页面

(3) 单击 Open 按钮,将会出现确认证书的提示框(如图 10.81 所示),单击“是”按钮。

(4) 此时出现登录界面,如图 10.82 所示,依次输入云服务器实例的用户名和密码,若出现 xxx@:-$ 表示远程连接成功。

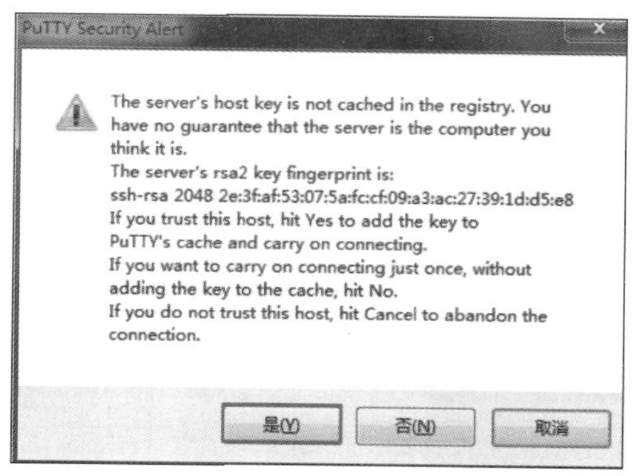

图 10.81　确认证书的提示框

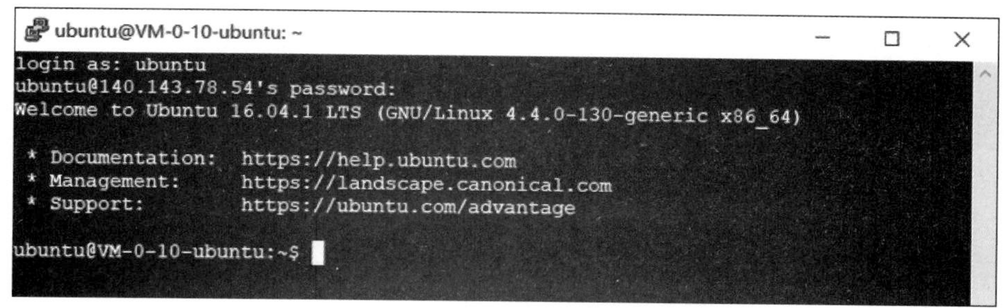

图 10.82　登录界面

2. 使用 sudo apt 命令安装 Apache2

Apache 是目前世界上使用排名第一的 Web 服务器软件。它可以运行在几乎所有计算机平台上,其由于跨平台和安全性被人们广泛使用,是目前最流行的 Web 服务器端软件之一。

本节的 WordPress 依赖这一软件,因此需要先安装它。

(1) 由于使用 Ubuntu 的终端页面,不能通过手动下载,这里要用到 apt 命令进行安装。apt-get 命令的使用如下:

```
apt - get install <软件包>
```

(2) 在终端输入以下命令(如图 10.83 所示):

```
sudo apt - get install apache2 - y
```

(3) Apache 安装好之后,用户可以通过浏览器访问其 IP 地址,当网页显示 It works 界面时说明 Apache2 安装成功,如图 10.84 所示。

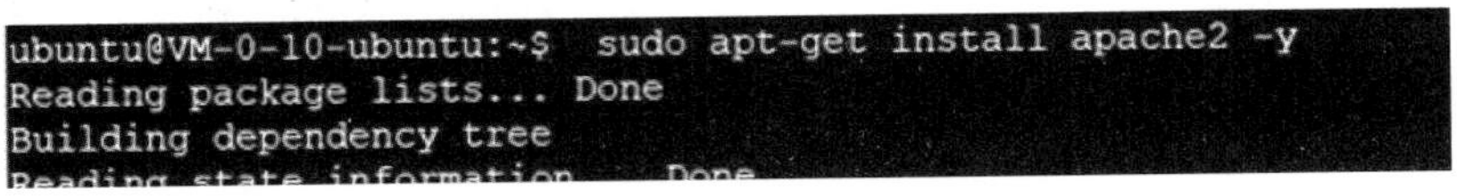

```
ubuntu@VM-0-10-ubuntu:~$ sudo apt-get install apache2 -y
Reading package lists... Done
Building dependency tree
```

图 10.83 Apache 的安装

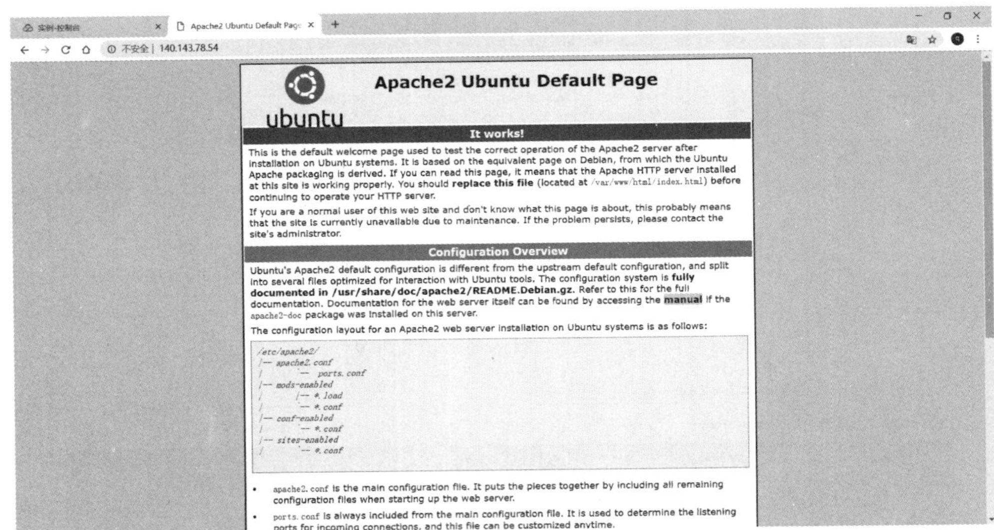

图 10.84 Apache 安装成功后的网页显示

3. 使用 sudo apt 命令安装 PHP 7.0 及其相关组件

PHP("PHP: Hypertext Preprocessor",超文本预处理器的字母缩写)是一种被广泛应用的开放源代码的多用途脚本语言,它可以嵌入 HTML 中,尤其适合 Web 开发。

WordPress 的源代码依赖于 PHP,所以需要先安装它。

(1) 由于使用 Ubuntu 的终端页面,不能通过手动下载,这里用 apt 命令进行安装。apt-get 命令的使用如下:

```
apt - get install <软件包>
```

(2) 在终端输入以下命令(如图 10.85 所示):

```
sudo apt - get install php7.0 - y
```

```
ubuntu@VM-0-10-ubuntu:~$ sudo apt-get install php7.0 -y
Reading package lists... Done
```

图 10.85 PHP 安装命令

(3) 在终端输入以下命令(如图 10.86 所示)安装 PHP 相关组件:

```
sudo apt - get install libapache2 - mod - php7.0
```

```
ubuntu@VM-0-10-ubuntu:~$ sudo apt-get install libapache2-mod-php7.0
Reading package lists... Done
Building dependency tree
```

图 10.86　PHP 相关组件的安装

4. 使用 sudo apt 命令安装 MySQL 数据库

MySQL 是一种开放源代码的关系型数据库管理系统(RDBMS),使用最常用的数据库管理语言——结构化查询语言(SQL)进行数据库管理。MySQL 因为速度、可靠性和适应性而备受人们关注。

本节中 WordPress 的数据库用 MySQL。

(1) 由于使用 Ubuntu 的终端页面,不能通过手动下载,这里用 apt 命令进行安装。apt-get 命令的使用如下:

```
apt - get install <软件包>
```

(2) 在终端输入以下命令(如图 10.87 所示)安装 MySQL:

```
sudo apt - get install mysql - server  - y
```

```
ubuntu@VM-0-10-ubuntu:~$ sudo apt-get install mysql-server -y
Reading package lists... Done
Building dependency tree
Reading state information... Done
```

图 10.87　安装 MySQL

(3) 在安装过程中控制台会提示输入 MySQL 的密码,需要输入两次密码,如图 10.88 和图 10.89 所示。这里需要记住所输入的密码,因为在后续步骤中会用到。

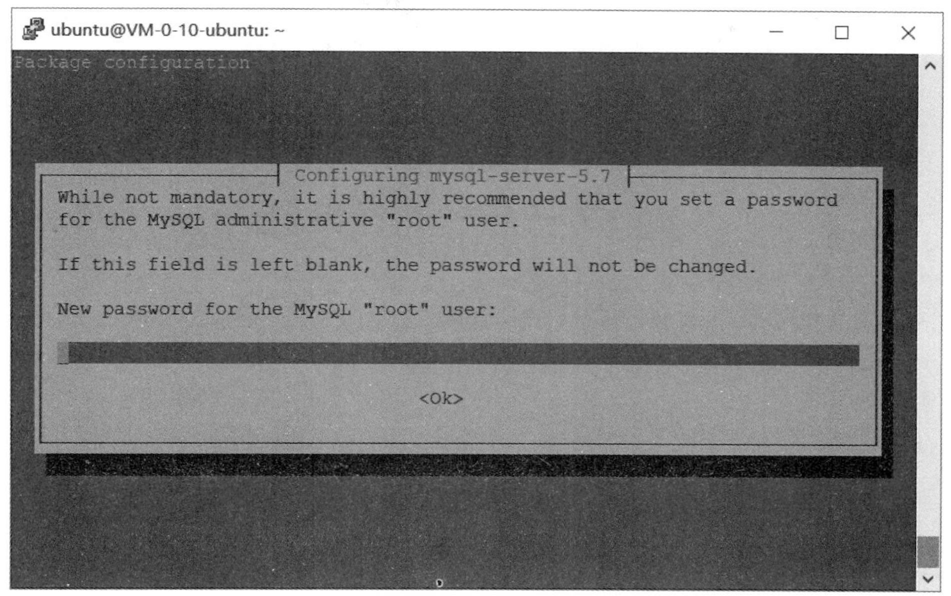

图 10.88　安装 MySQL 时提示输入密码

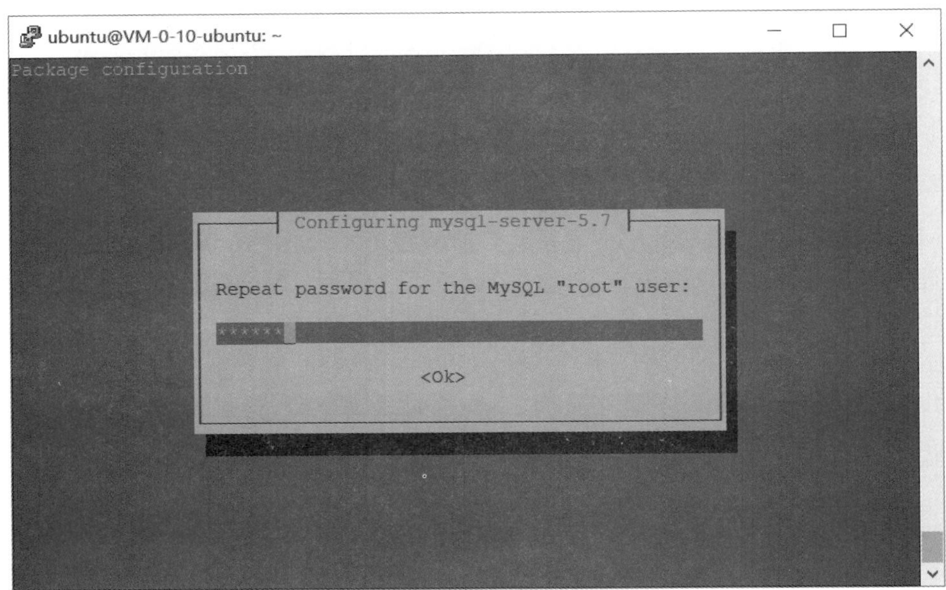

图 10.89　安装 MySQL 时再次输入密码

(4) 在终端输入以下命令(如图 10.90 所示)安装 PHP、MySQL 相关组件，这样 PHP 才能操控 MySQL：

```
sudo apt - get install php7.0 - mysql
```

```
ubuntu@VM-0-10-ubuntu:~$ sudo apt-get install php7.0-mysql
Reading package lists... Done
Building dependency tree
Reading state information... Done
The following NEW packages will be installed:
  php7.0-mysql
0 upgraded, 1 newly installed, 0 to remove and 228 not upgraded.
Need to get 124 kB of archives.
```

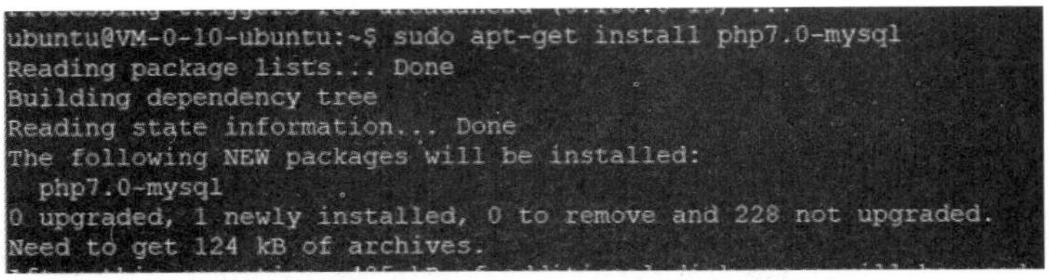

图 10.90　PHP、MySQL 组件的安装

5. 使用 sudo apt 命令安装 phpMyAdmin(图形化操作数据库)

phpMyAdmin 是一个以 PHP 为基础，基于 Web 方式架构在网站主机上的 MySQL 的数据库管理工具，让管理者可以用 Web 接口管理 MySQL 数据库，因此 Web 接口可以成为一个用简易方式输入繁杂 SQL 语法的较佳途径，尤其是处理大量数据的导入及导出更方便。

(1) 在终端输入以下命令(如图 10.91 所示)安装 phpMyAdmin：

```
sudo apt - get install phpmyadmin  - y
```

(2) 利用 ln-s 命令建立软链接(如图 10.92 所示)：

```
sudo ln  - s /usr/share/phpmyadmin /var/www/html/phpmyadmin
```

软链接(类似于 Windows 的快捷方式)的功能是为某一个文件在另外一个位置建立一个同步的链接。这个命令最常用的参数是-s,例如“ln -s 源文件 目标文件”。

```
ubuntu@VM-0-10-ubuntu:~$ sudo apt-get install phpmyadmin -y
Reading package lists... Done
Building dependency tree
Reading state information... Done
```

图 10.91　phpMyAdmin 的安装

```
ubuntu@VM-0-10-ubuntu:~$ sudo ln -s /usr/share/phpmyadmin /var/www/html/phpmyadm
in
ubuntu@VM-0-10-ubuntu:~$
```

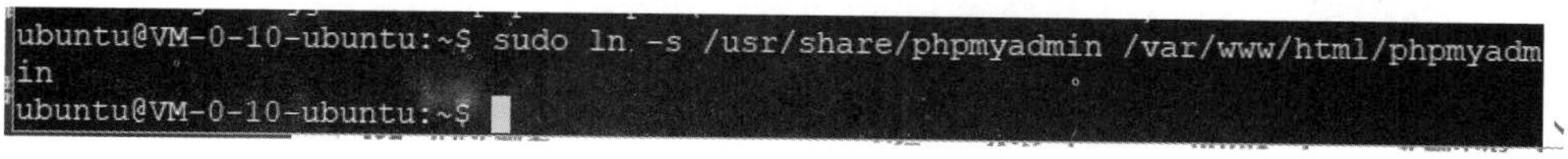

图 10.92　建立和/var/www/html 的软链接

6. 重启 MySQL、Apache 服务(如图 10.93 所示)

(1) 在终端输入以下命令重启 MySQL:

```
sudo service mysql restart
```

(2) 在终端输入以下命令重启 Apache:

```
sudo systemctl restart apache2.service
```

```
ubuntu@VM-0-10-ubuntu:~$ sudo service mysql restart
ubuntu@VM-0-10-ubuntu:~$ sudo systemctl restart apache2.service
ubuntu@VM-0-10-ubuntu:~$
```

图 10.93　重启 MySQL、Apache

10.3.3　实验三:WordPress 的安装及配置

1. 下载 WordPress

WordPress 是一个以 PHP 和 MySQL 为平台的自由开源的博客软件和内容管理器。WordPress 具有插件架构和模板系统,官网地址为“https://wordpress.org”。

wget 命令用来从指定的 URL 下载文件,其语法为“wget(选项)(参数)”。

在终端输入以下命令下载 WordPress(如图 10.94 所示):

```
wget https://cn.wordpress.org/wordpress-4.7.4-zh_CN.zip
```

当然也可以到 WordPress 的官网“https://wordpress.org/download/”找到安装包,通过右键复制链接地址,通过 wget 命令进行下载。

下载完成后解压这个压缩包(如图 10.95 所示):

```
sudo unzip wordpress-4.7.4-zh_CN.zip
```

Linux 没有 WinRAR 等压缩软件,用 unzip 命令解压缩由 zip 命令压缩的.zip 压缩包。

```
ubuntu@VM-0-10-ubuntu:~$ wget https://cn.wordpress.org/wordpress-4.7.4-zh_CN.zip
--2018-12-17 14:29:11--  https://cn.wordpress.org/wordpress-4.7.4-zh_CN.zip
Resolving cn.wordpress.org (cn.wordpress.org)... 198.143.164.252
Connecting to cn.wordpress.org (cn.wordpress.org)|198.143.164.252|:443... connec
ted.
```

图 10.94　用 wget 命令下载 WordPress

```
ubuntu@VM-0-10-ubuntu:~$ sudo unzip wordpress-4.7.4-zh_CN.zip
Archive:  wordpress-4.7.4-zh_CN.zip
   creating: wordpress/
   creating: wordpress/wp-includes/
  inflating: wordpress/wp-includes/media.php
```

图 10.95　解压下载的压缩包

2. 为 WordPress 配置 MySQL 数据库信息

WordPress 需要一个数据库来存储数据，这里为它创建一个。

我们通过 MySQL 命令进行操作，这里用 root 用户，使用安装 MySQL 时设置的密码进行登录。

在终端输入以下命令进入 MySQL(如图 10.96 所示)：

```
mysql -u root -p
```

```
ubuntu@VM-0-10-ubuntu:~$ mysql -u root -p
Enter password:
```

图 10.96　登录 MySQL

按提示输入 MySQL 密码即可。

通过以下命令为 WordPress 创建一个叫 WordPress 的数据库(如图 10.97 所示)，后面 WordPress 的安装要用到(注意，在 MySQL 的提示符下运行命令需要以分号结束)：

```
CREATE DATABASE wordpress;
```

```
mysql> CREATE DATABASE wordpress;
Query OK, 1 row affected (0.00 sec)

mysql>
```

图 10.97　创建数据库

建库用“CREATE DATABASE 库名;”，删库用“DROP DATABASE 库名;”。

然后在 MySQL 命令行下输入以下命令退出 MySQL(如图 10.98 所示)：

```
exit;
```

图 10.98　用 exit 命令退出

3. 通过命令移动 WordPress 到 Web 服务目录(如图 10.99 所示)

由于 PHP 默认访问 Web 服务目录在/var/www/html/,所以需要把 wordpress 文件夹里的文件都复制到/var/www/html/下。

在终端输入以下命令进行移动:

```
sudo mv wordpress/ * /var/www/html/
```

修改一下/var/www/html/目录权限:

```
sudo chmod -R 777 /var/www/html/
```

将 Apache 指定到 index. html:

```
sudo mv /var/www/html/index. html /var/www/html/index~. html
```

重启 Apache 服务:

```
sudo systemctl restart apache2. service
```

```
ubuntu@VM-0-10-ubuntu:~$ sudo mv wordpress/* /var/www/html/
ubuntu@VM-0-10-ubuntu:~$ sudo chmod -R 777 /var/www/html/
ubuntu@VM-0-10-ubuntu:~$ sudo mv /var/www/html/index.html /var/www/html/index~.h
tml
ubuntu@VM-0-10-ubuntu:~$ sudo systemctl restart apache2.service
ubuntu@VM-0-10-ubuntu:~$
```

图 10.99 通过命令移动 WordPress 到 Web 服务目录,更改权限

4. 测试访问 WordPress 安装页

打开浏览器输入"http://IP 地址",如图 10.100 所示,则成功下载 WordPress 并能进行安装。

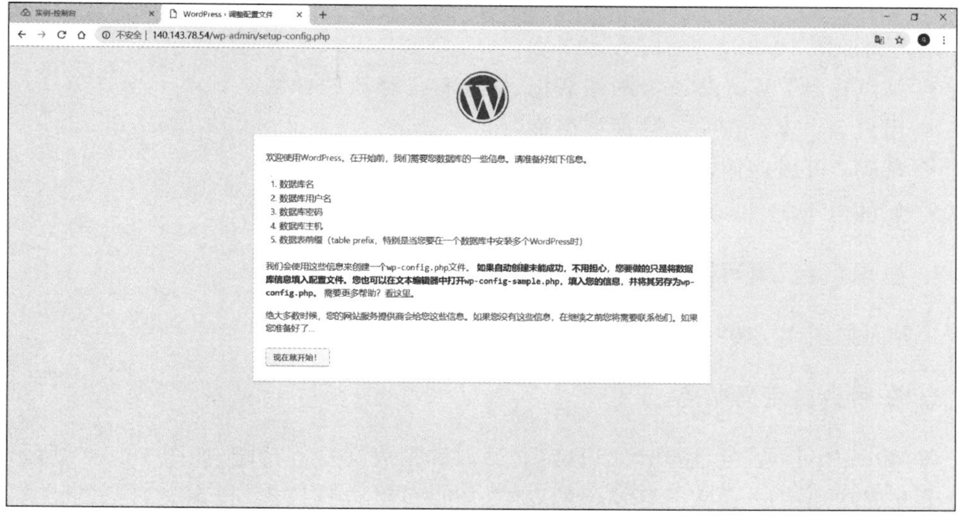

图 10.100 WordPress 安装页面

5. WordPress 配置信息的填写

其界面如图 10.101 所示。

- 数据库名称用于 WordPress 将要创建的数据表,在之前已经创建过 wordpress 数据库。
- 数据库用户名使用 MySQL 的数据库 root 和密码。
- 数据库主机地址一般默认是 localhost。
- 数据表前缀默认即可。

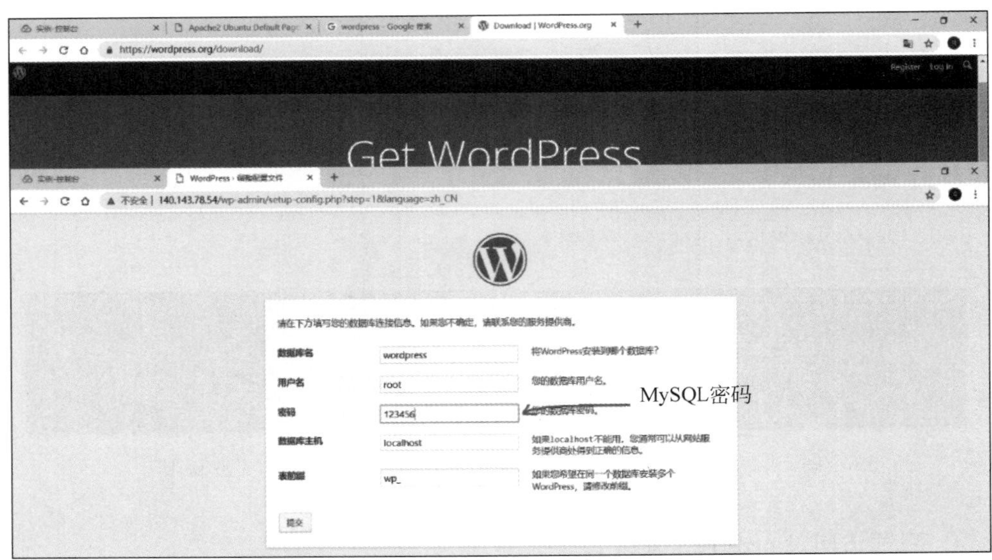

图 10.101 WordPress 配置信息

6. 填写网站信息

其界面如图 10.102 所示。

- 站点标题:WordPress 网站名称,输入自己喜欢的标题。
- 用户名:WordPress 管理员名称。
- 密码:可以使用默认强密码或者自定义密码。
- 您的电子邮件:用于接收通知的电子邮件地址。

7. 登录后台,填写账号和密码

其界面如图 10.103 所示,若忘记密码可通过邮箱找回。

8. 在后台自定义站点

在 WordPress 后台,用户可以自定义站点和发表文章等功能,如图 10.104 所示。

至此成功地完成了 WordPress 的安装,用户可以自行探索,自定义自己的博客,然后

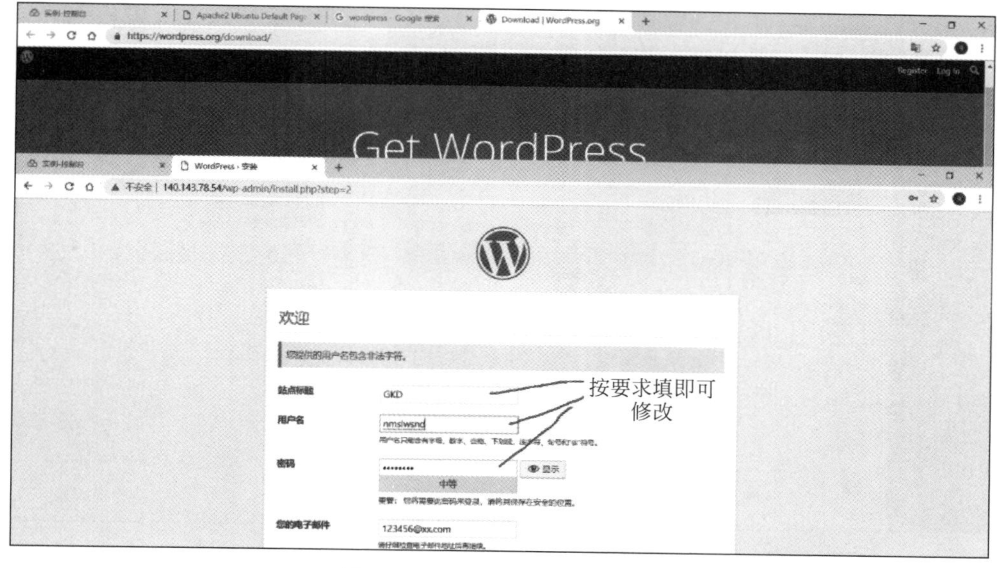

图 10.102　网站信息填写页面

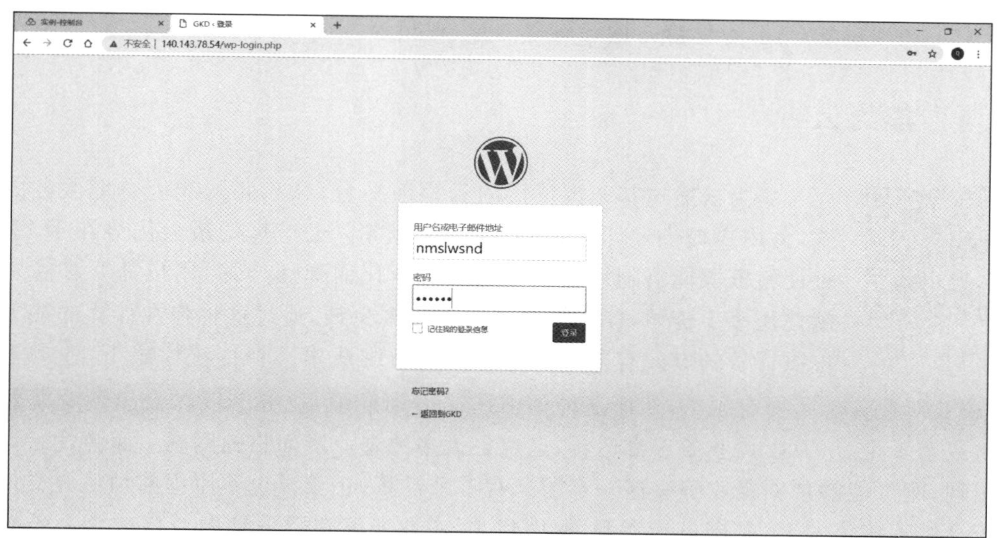

图 10.103　登录后台

发表文章。

由于本书篇幅有限，后续步骤未能涉及，有兴趣的读者可以自行查找资料学习。

（1）域名的购买。

- 购买域名；
- 备案；
- 解析。

（2）扩展单个 CVM 实例的 CPU 和内存规格，增强服务器的处理能力。

（3）增加多台 CVM 实例，并利用负载均衡在多个实例中进行负载的均衡分配。

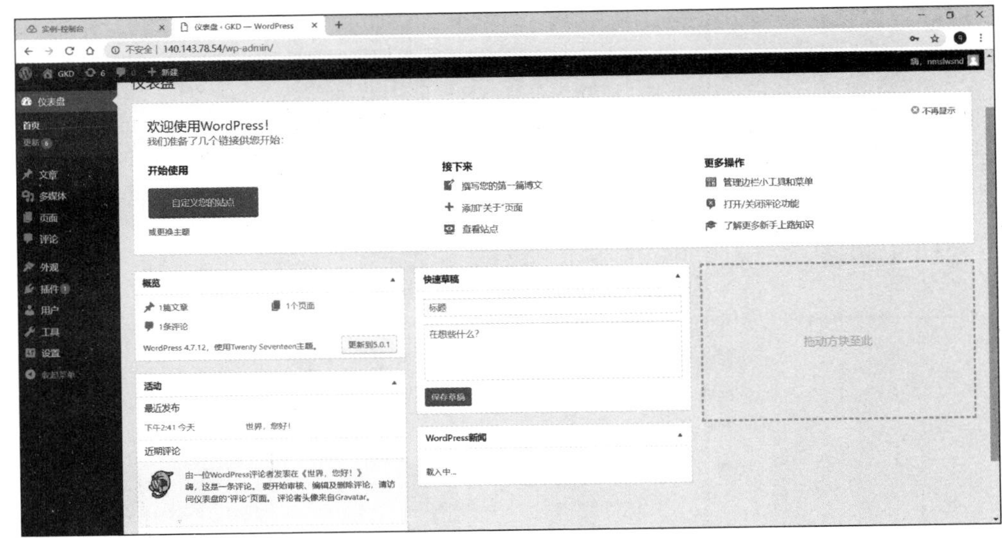

图 10.104　WordPress 后台

(4) 利用弹性伸缩,根据业务量自动增加或减少 CVM 实例的数量。

(5) 利用对象存储,存储静态网和海量图片、视频等。

10.4　华为云

视频讲解

华为云通过基于浏览器的云管理平台,以互联网线上自助服务的方式,为用户提供云计算 IT 基础设施服务。云计算的最大优势在于 IT 基础设施资源能够随用户业务的实际变化而弹性伸缩,用户需要多少资源就使用多少资源,使用多少资源就付多少钱,通过这种弹性计算的能力和按需计费的方式有效帮助用户降低运维成本。在传统模式下,业务上线前,企业对业务量需要有预估,然而这种预估往往很难准确,业务上线时会出现资源预估过量或者不足,从而影响业务正常运转,这也是大多数企业所面临的困惑。而弹性云计算的出现,刚好能够帮助企业解决这一难题。有了云计算,企业再也不用提前预估并支付大量资金给不确定的 IT 基础设施资源,取而代之,企业能够在数分钟内开启成百上千高速便捷的云计算资源,也能随时快速地缩减资源,实现资源的高效灵活配置。

本节主要介绍华为云服务器的创建和在华为云上编译和部署项目。

华为软件开发云(简称华为云,DevCloud)是基于华为研发云的成功实践经验,通过云服务的方式提供一站式云端 DevOps 平台。开发团队基于云服务的模式按需使用,在云端进行项目管理、配置管理、代码检查、编译、构建、测试、部署、发布等。

华为云是华为企业云解决方案的重要组成部分。对于各个企业来说,可以利用软件开发云的互联网连接能力进行协同开发,实现 DevOps 研发模式的落地应用。

本节将带领读者一步步地完成华为云账号创建、华为云服务器创建以及项目编译和部署。

10.4.1　实验一：创建华为云账号

华为云的注册用户可享受华为云旗下所有的云产品，包括计算服务器、存储服务器和数据库等基础服务。

新用户需在华为云的官网进行注册，华为云账号注册页面如图 10.105 所示。

用户可以通过手机号完成注册和登录，完善居民身份证等基本身份信息后，即可享受华为云旗下的产品。

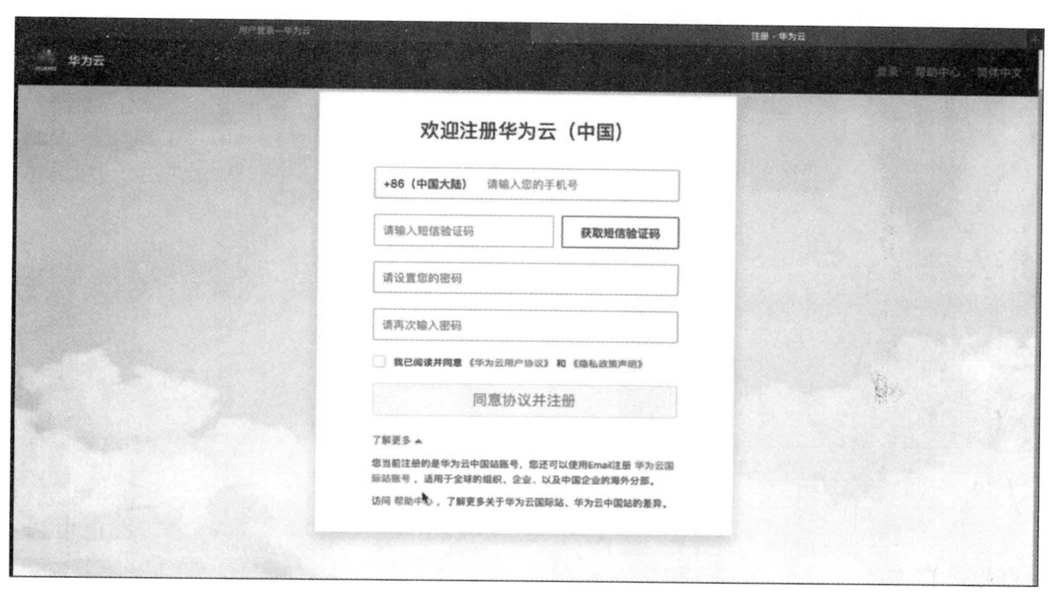

图 10.105　华为云账号注册页面

10.4.2　实验二：新建项目

华为云的项目管理为敏捷开发团队提供简单、高效的团队协作服务，包含多项目管理、敏捷迭代、看板协作、需求管理、缺陷跟踪、文档管理、Wiki 在线协作、仪表盘自定制报表等功能。我们将使用到的是其中的 Scrum 项目和敏捷开发模型。

先介绍敏捷开发模式。敏捷开发模式是一种新型软件开发方法，是一种应对快速变化需求的软件开发能力。它们的具体名称、理念、过程、术语都不尽相同，相对于“非敏捷”，更强调程序员团队与业务专家之间的紧密协作、面对面的沟通(认为比书面的文档更有效)、频繁交付新的软件版本、紧凑而自我组织型的团队、能够很好地适应需求变化的代码编写和团队组织方法，也更注重软件开发中人的作用。敏捷过程强调短期交付、客户的紧密参与，强调适应性而不是可预见性，强调为当前的需要而不考虑将来的简化设计，只将最必要的内容文档化，因此也被称为“轻量级过程”。

Scrum 作为敏捷的落地方法之一，用不断迭代的框架方法来管理复杂产品的开发，成为当前最火的敏捷管理方法。项目成员会以 1～2 周的迭代周期(我们称之为 sprint)不断产出新版本软件，而在每次迭代完成后，项目成员和利益方再次碰头确认下次迭代的方向和目标。Scrum 有一套独特且固定的管理方式，从角色、工件和不同形式的会议 3 个维度出发来保证执行过程更高效。例如在每次 sprint 开始前会确立整个过程：迭代规划、每日站会、迭代演示和回顾，并在 sprint 期间用可视化工件确认进度和收集客户反馈。

新建项目的具体操作如下：

(1) 访问 https://devcloud.huaweicloud.com。

(2) 在登录页面输入华为云账号和密码完成登录，如图 10.106 所示。

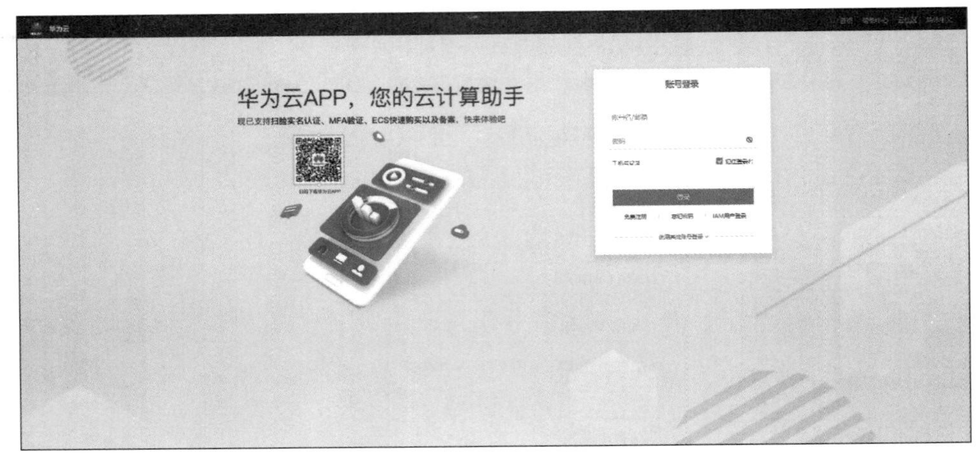

图 10.106 登录页面

(3) 登录完成后，在主页单击“新建项目”按钮，如图 10.107 所示。在这里也可以对账户中已存在的项目进行编辑和删除。

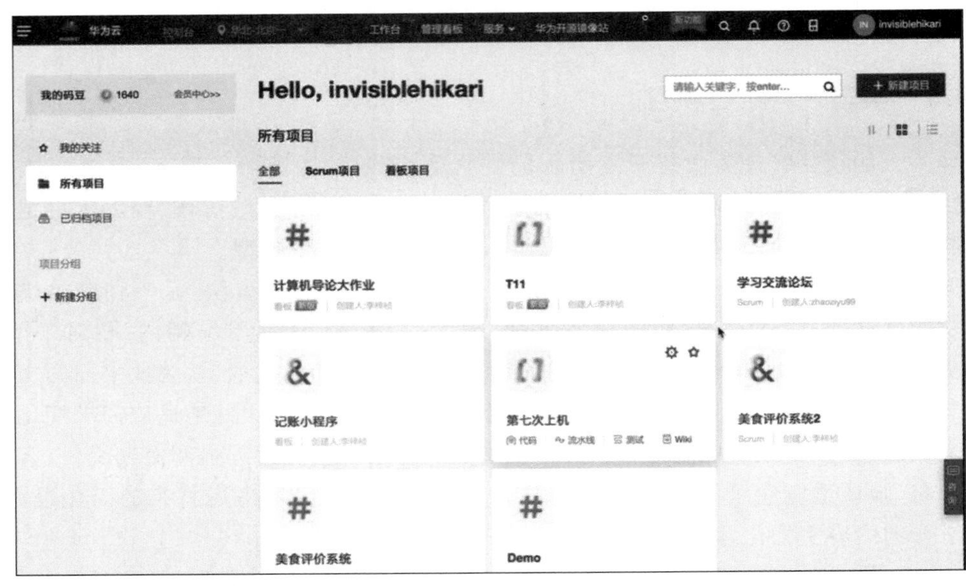

图 10.107 主页单击“新建项目”按钮

(4) 在新建项目页面选择 Scrum 模型，创建一个空白项目，如图 10.108 所示。

图 10.108 新建项目页面

(5) 在新建看板项目页面输入基本信息，完成创建，如图 10.109 所示。

图 10.109 新建看板项目

10.4.3 实验三：创建代码仓库

Git 是用于 Linux 内核开发的版本控制工具，与常用的版本控制工具 CVS、Subversion 等不同，它采用了分布式版本库的方式，不必使用服务器端软件支持，使源代码的发布和交流极其方便。分布式与集中式的最大区别在于开发者可以提交到本地，每个开发者通过复制，在本地机器上复制一个完整的 Git 仓库。使用 Git 工具，团队中的每个开发者都可以从云端的代码仓库中复制一份代码到本地，在本地分支完成开发后再提交到云端仓库，或者和已有的分支完成合并。

华为云上的代码是基于 Git 的远程在线仓库，可以托管各种库，并提供一个 Web 界面，通过分支管理和版本控制等功能，能轻易地帮助开发人员多人协作完成项目的开发。

创建代码仓库的具体操作如下：

(1) 在华为云主页选择“代码”→“代码托管”，新建代码仓库，如图 10.110 所示。

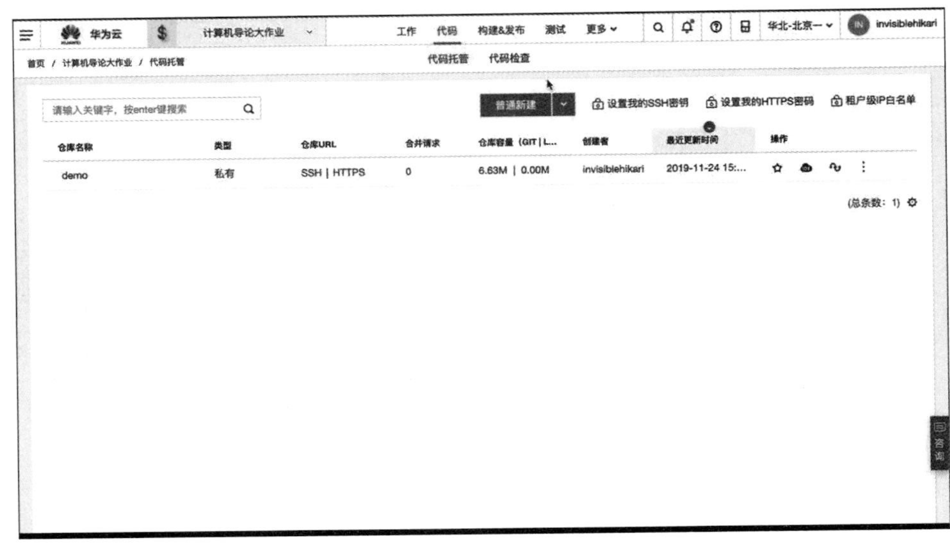

图 10.110 新建代码仓库

(2) 输入基本信息，单击“确定”按钮，完成新建仓库，如图 10.111 所示。此时代码仓库列表中已经有了一个新的代码仓库，可以将本地代码上传并托管。

图 10.111 新建仓库

(3) 创建完成后,使用 Git 命令上传代码至仓库,如图 10.112 所示。

```
create mode 100755 build/utils.js
create mode 100755 build/vue-loader.conf.js
create mode 100755 build/webpack.base.conf.js
create mode 100755 build/webpack.dev.conf.js
create mode 100755 build/webpack.prod.conf.js
create mode 100755 config/dev.env.js
create mode 100755 config/index.js
create mode 100755 config/prod.env.js
create mode 100755 index.html
create mode 100755 package-lock.json
create mode 100755 package.json
create mode 100755 src/.vs/ProjectSettings.json
create mode 100755 src/.vs/VSWorkspaceState.json
create mode 100755 src/.vs/slnx.sqlite
create mode 100755 src/.vs/src/v15/.suo
create mode 100755 src/App.vue
create mode 100755 src/assets/images/1.jpg
create mode 100755 src/assets/images/2.png
create mode 100755 src/assets/images/3.jpg
create mode 100755 src/assets/images/background.jpg
create mode 100755 src/assets/logo.png
create mode 100755 src/components/Blog-origin.vue
create mode 100755 src/components/Blog.vue
create mode 100755 src/components/Page.vue
create mode 100755 src/components/Person.vue
create mode 100755 src/components/backtotop.vue
create mode 100755 src/components/barAndBG.vue
create mode 100755 src/components/change_pass.vue
create mode 100755 src/components/detail.vue
create mode 100755 src/components/editor.vue
create mode 100755 src/components/editorBar.vue
create mode 100755 src/components/head_portrait.vue
create mode 100755 src/components/head_portrait_origin.vue
create mode 100755 src/components/login.vue
create mode 100755 src/components/mainPage.vue
create mode 100755 src/components/management.vue
create mode 100755 src/components/personal.vue
create mode 100755 src/components/personal_origin.vue
create mode 100755 src/components/register.vue
create mode 100755 src/components/rookie.vue
create mode 100755 src/components/sideBar.vue
create mode 100755 src/main.js
create mode 100755 src/router/index.js
create mode 100755 src/store/store.js
create mode 100755 static/.gitkeep
malunomofadaoju:test baka$ git push origin master
Enter passphrase for key '/Users/baka/.ssh/id_rsa':
Enumerating objects: 64, done.
Counting objects: 100% (64/64), done.
Delta compression using up to 4 threads
Compressing objects: 100% (56/56), done.
Writing objects: 100% (63/63), 6.04 MiB | 3.96 MiB/s, done.
Total 63 (delta 9), reused 0 (delta 0)
To codehub.devcloud.huaweicloud.com:jsjdldzy00001/test.git
   f6d93be..1a1bef9  master -> master
malunomofadaoju:test baka$
```

图 10.112　上传代码至仓库

此时代码仓库中已经能正常显示上传后的项目文件了。上传成功的代码仓库如图 10.113 所示。

图 10.113　上传成功的代码仓库

10.4.4 实验四：编译和构建项目

代码仓库创建完成后，开始编译和构建项目。

编译是把当前源代码编译成二进制目标文件，构建则是先把工程中所有的源代码编译成目标文件，再链接成可执行文件(或者 lib、dll，视具体工程而定)。在这其中，如果有源文件在此之前被单独编译过，这个文件就不参加编译，它之前编译时产生的目标文件参加链接过程。

华为云的编译和构建基于云端大规模并发加速，为客户提供高速、低成本、配置简单的混合语言构建能力，帮助客户缩短构建时间，提升构建效率。

在编译和构建之前要先确保自己的代码没有语法错误，且没有大的逻辑错误。

编译和构建项目的具体操作如下：

(1) 在华为云编译页面单击“新建任务”按钮，如图 10.114 所示。

图 10.114 华为云编译页面

(2) 在新建编译构建任务页面填写基础信息，如图 10.115 所示。

(3) 华为云的编译构建中的代码源可来自多种远程代码托管仓库，例如 GitHub 和码云。为了操作方便，一般在新建编译构建任务时选择发布源，这里选择使用华为云上自带的代码仓库 DevCloud，如图 10.116 所示。

(4) 在新建编译构建时要根据自己项目的实际情况(使用的编程语言和框架)来选择合适的包构建工具，来完成整个项目的架构，这里选择 Npm 模板，如图 10.117 所示。

图 10.115 填写基础信息

图 10.116 选择发布源

图 10.117 选择 Npm 模板

(5) 新建编译构建任务后,即可在新建编译构建任务的构建步骤保存执行页面,如图 10.118 所示。对构建步骤进行配置,华为云上的编译构建步骤是全自动的,配置完成后即可执行编译构建任务。

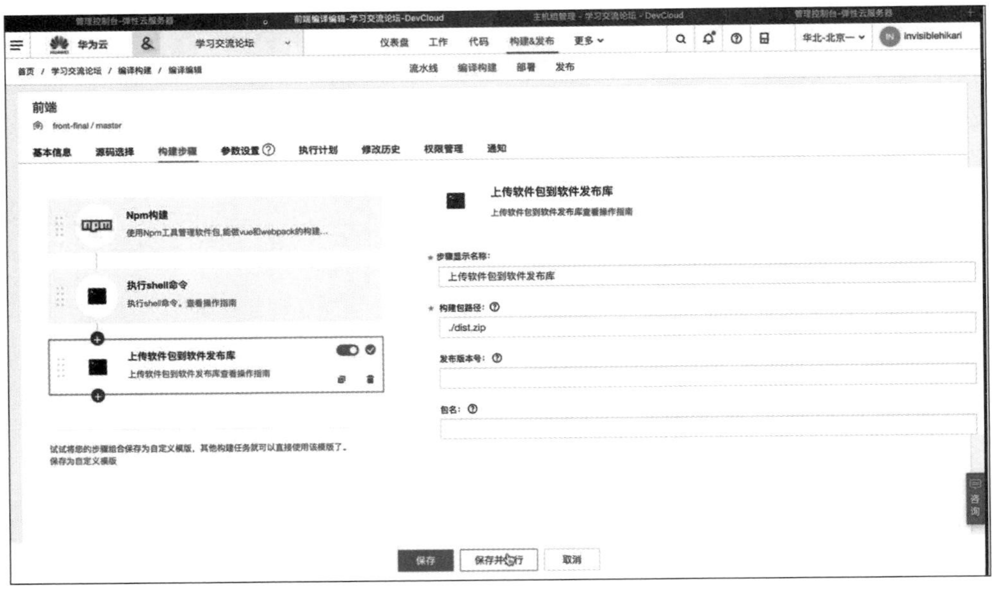

图 10.118 保存执行页面

编译构建成功页面如图 10.119 所示。

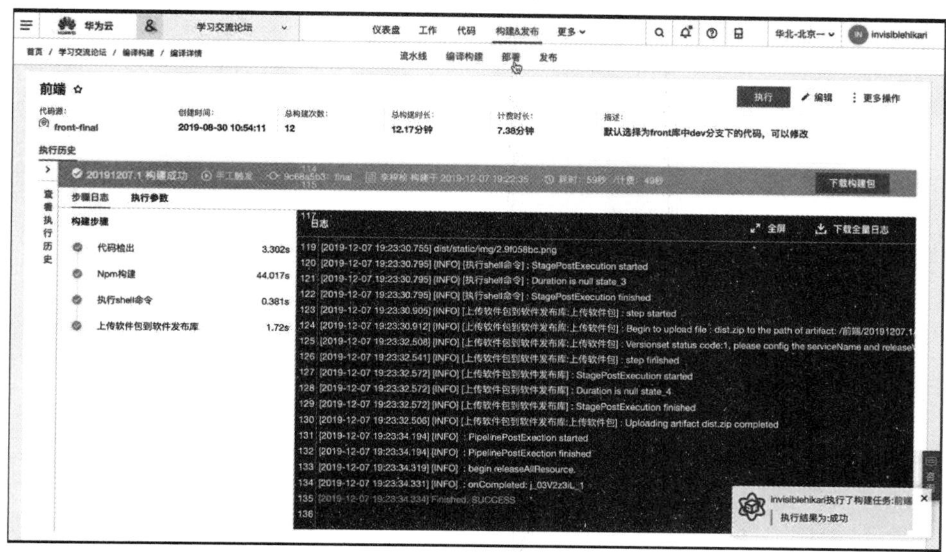

图 10.119　编译构建成功页面

10.4.5　实验五：项目部署

项目部署的任务是把我们的项目部署在华为云服务器上，这样就可以通过访问服务器的 IP 来直接访问我们写好的 Web 应用，服务器可在后端提供数据库等一系列支持。

华为云上的部署提供可视化、一键式部署服务，支持并行部署和流水线无缝集成，支持脚本部署、容器部署等部署类型，支持 Java、Node. js、Python 等多种技术栈，实现部署环境标准化和部署过程自动化。

项目部署的具体操作如下：

(1) 在华为云部署任务管理页面新建一个部署任务，如图 10.120 所示。

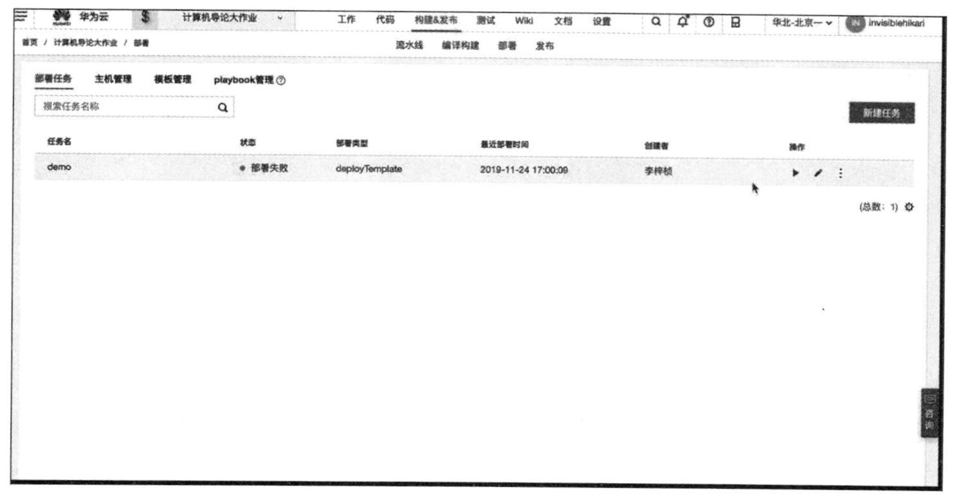

图 10.120　华为云部署任务管理页面

(2) 在新建部署任务的选择发布源页面填写任务的基本信息，如图 10.121 所示。

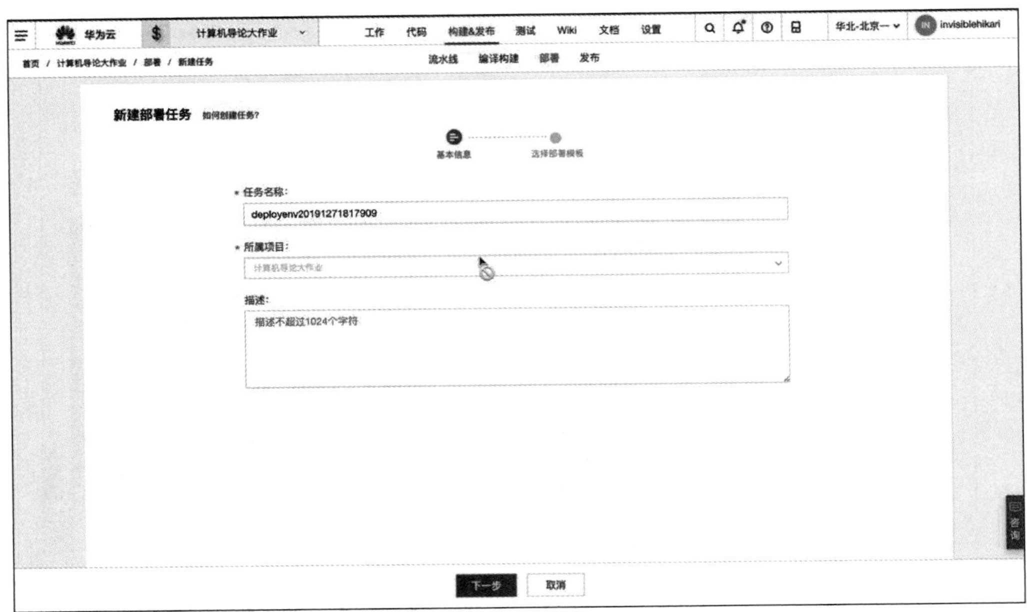

图 10.121　选择发布源

(3) 部署任务时可以选择华为云内置的模板和 container 进行部署，包括时下热门的 Web 框架 Tomcat 和 SpringBoot；新建部署任务选择模板，如图 10.122 所示，选择不使用模板直接部署。

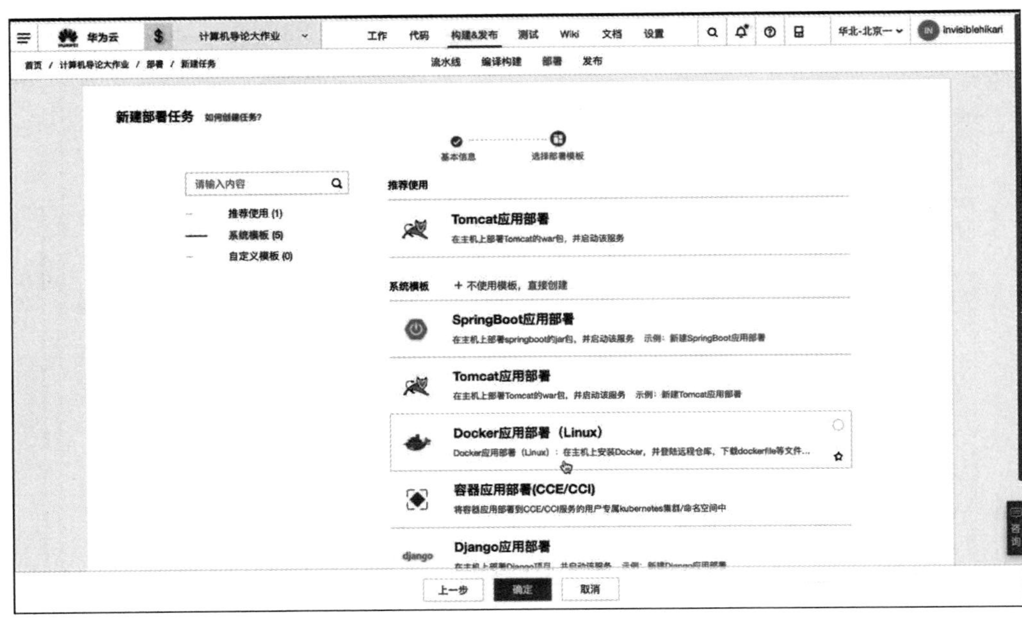

图 10.122　新建部署任务选择模板

(4) 和实验四项目的编译构建一样，这里也可以对部署步骤进行配置，华为云上的部署有自己默认的步骤，若有额外的需求，可在新建部署任务的部署步骤选择页面添加步骤，如图10.123所示。

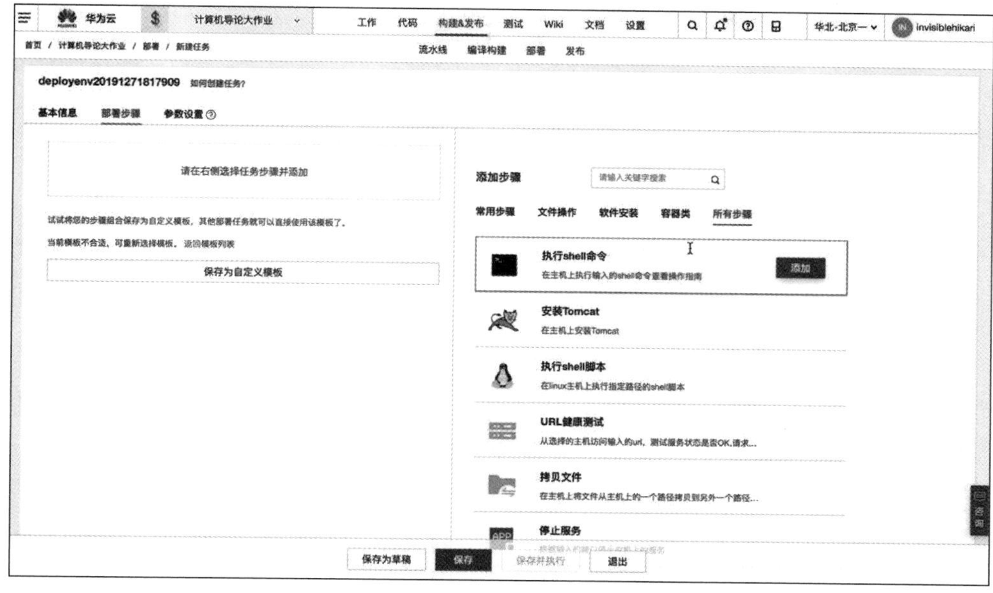

图10.123 在新建部署任务的部署步骤选择页面添加步骤

(5) 在执行shell命令页面需要用到云服务器主机(如图10.124所示)，先前往第6步创建华为云服务器。

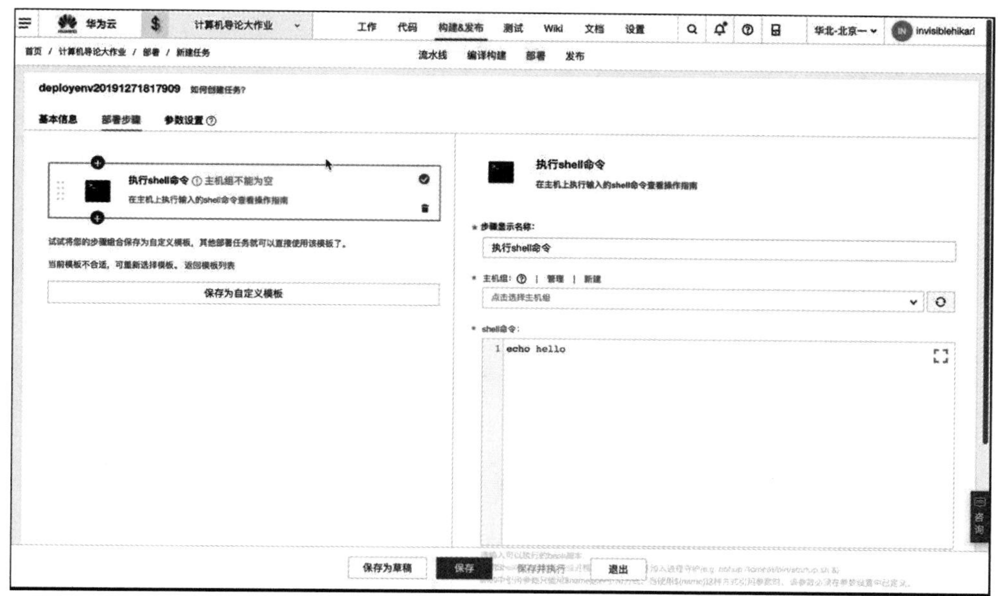

图10.124 执行shell命令页面

(6) 创建服务器后接着完成部署。添加服务器信息页面如图 10.125 所示,填写创建的服务器信息。

图 10.125　添加服务器信息页面

(7) 完成对其他部署步骤的配置,如无特殊需求,在部署步骤配置页面(如图 10.126 所示)选择部署来源,如图 10.127 所示。

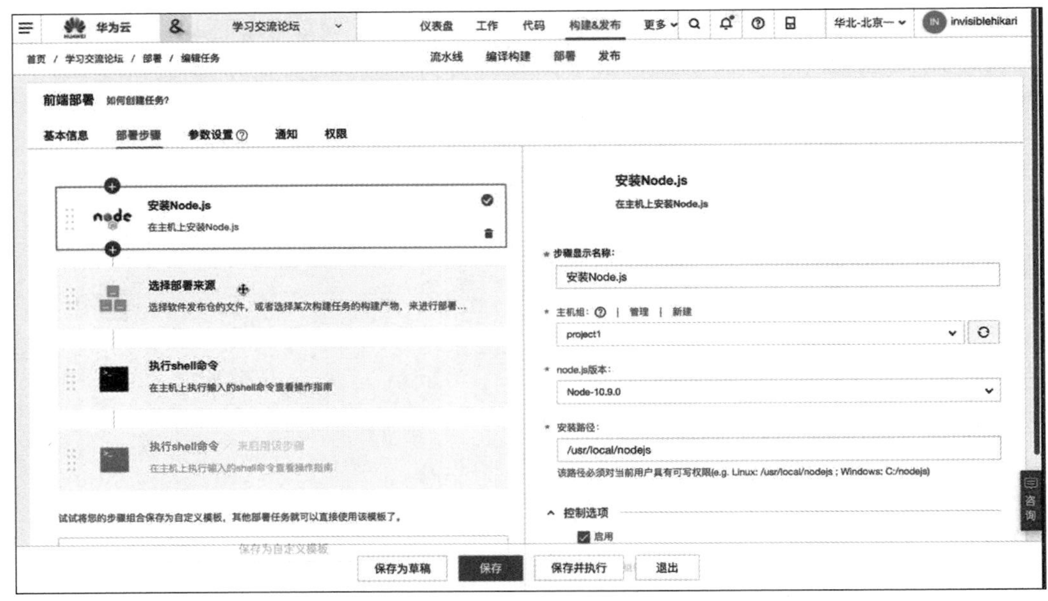

图 10.126　部署步骤配置页面

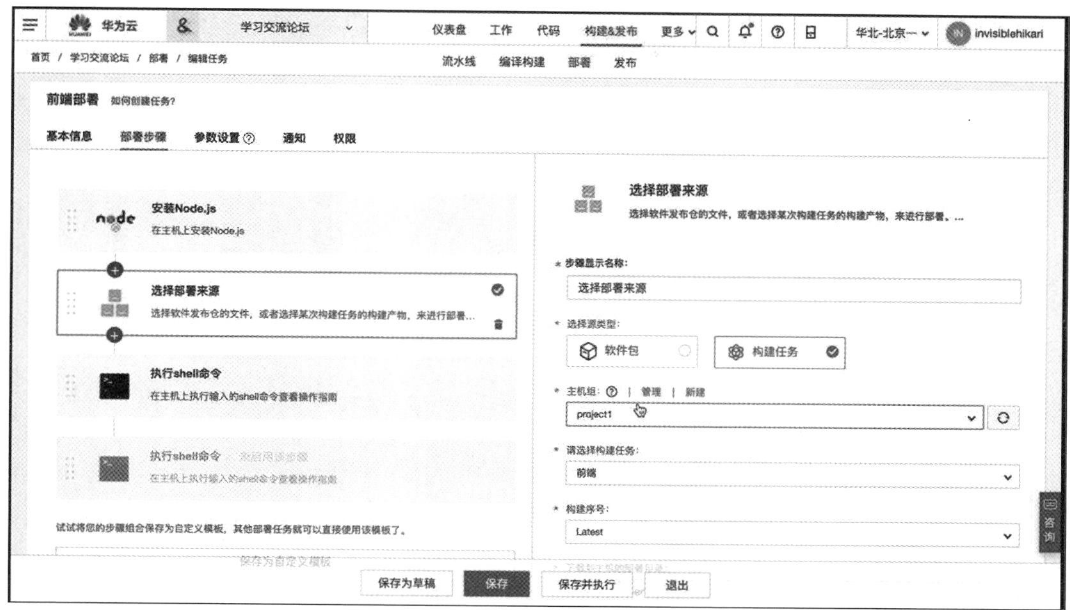

图 10.127　选择部署来源

(8) 项目部署成功页面如图 10.128 所示。

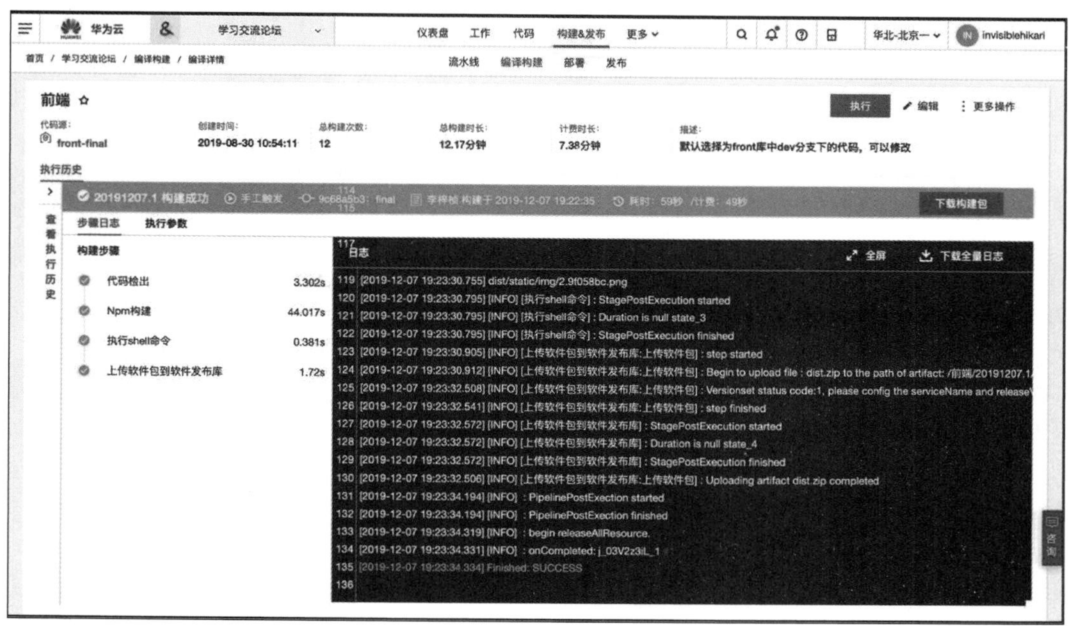

图 10.128　项目部署成功页面

(9) 部署成功之后即可通过 IP 访问部署在华为云上的项目，如图 10.129 所示。

图 10.129　通过 IP 访问部署在华为云上的项目

10.4.6　实验六：创建华为云服务器

华为云服务器的快速配置步骤如下。

(1) 在华为云服务器列表选择“主机组管理”，然后单击“添加主机”按钮，如图 10.130 所示。

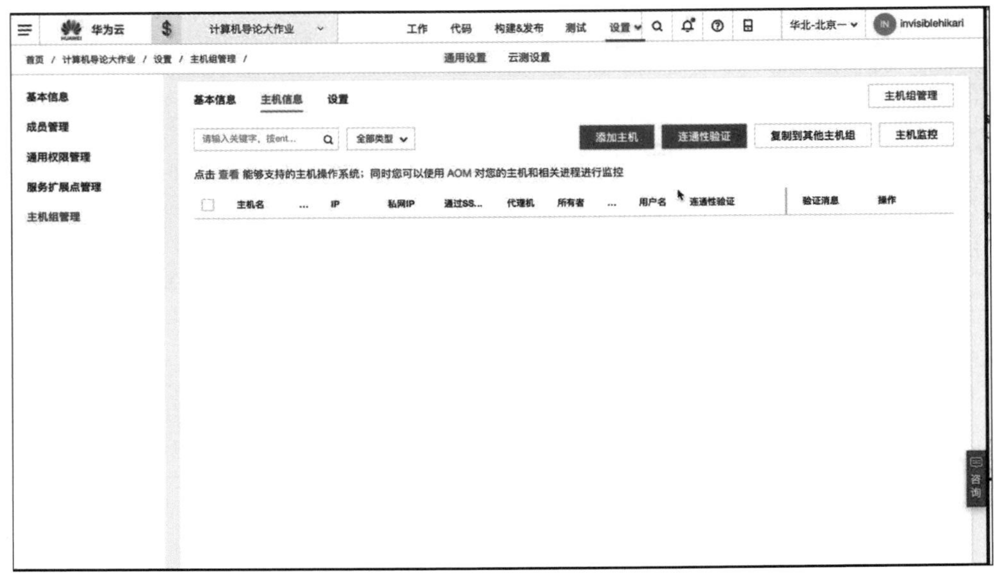

图 10.130　添加主机

（2）由于还未创建服务器，所以在添加主机页面购买虚拟机创建华为云服务器，如图 10.131 所示。

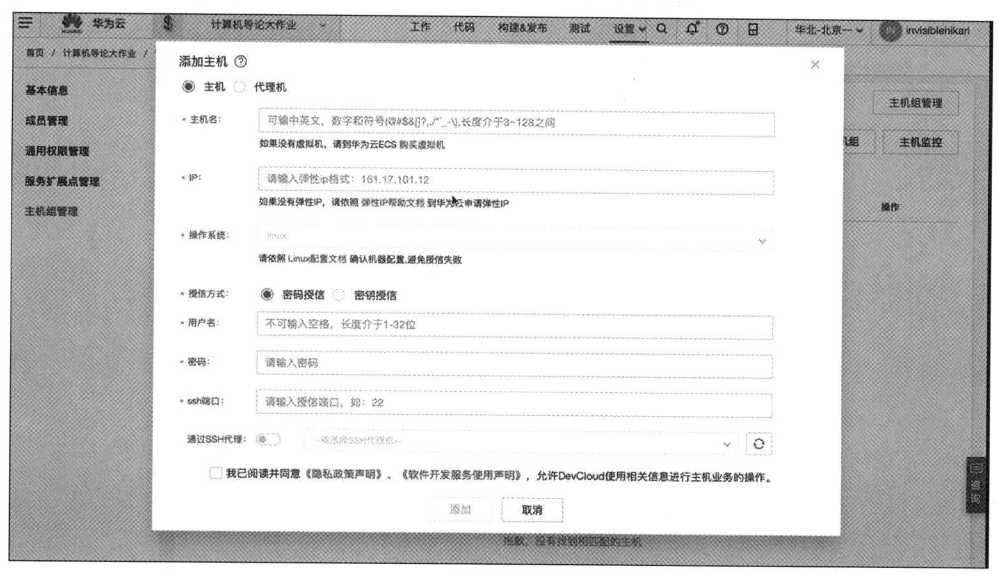

图 10.131 购买虚拟机创建华为云服务器

（3）在创建服务器时应该对服务器进行基本的配置，如计费模式、区域、规格等。按照服务器基础配置页面进行配置，如图 10.132 所示。由于对流量的需求不大，“计费模式”选择较为经济的“按需计费”，“区域”选择“北京”，如果没有特殊需求，服务器规格使用默认的“通用计算型”即可。

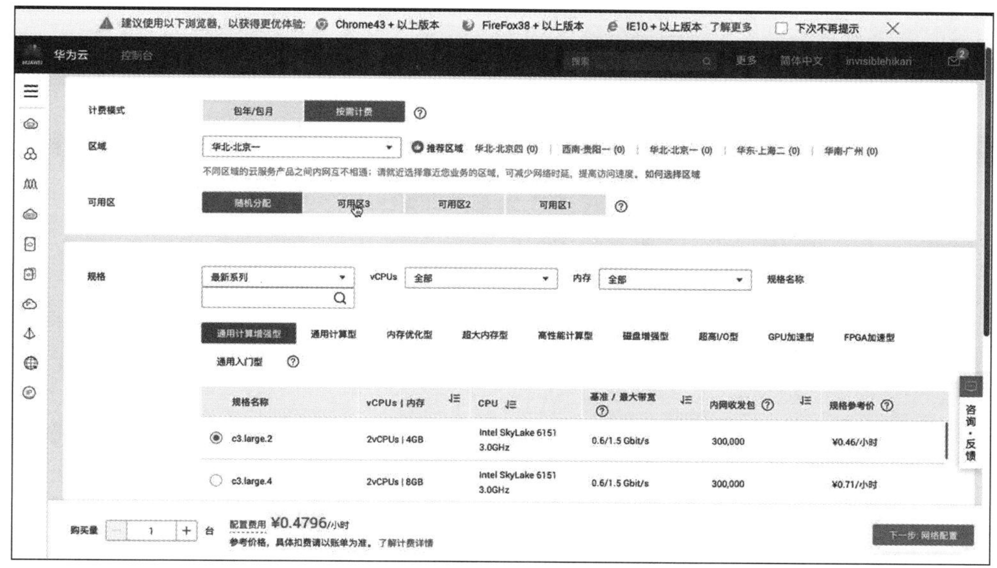

图 10.132 服务器基础配置页面

(4) 设置操作系统镜像,选择“公共镜像”中的 Ubuntu,如图 10.133 所示。

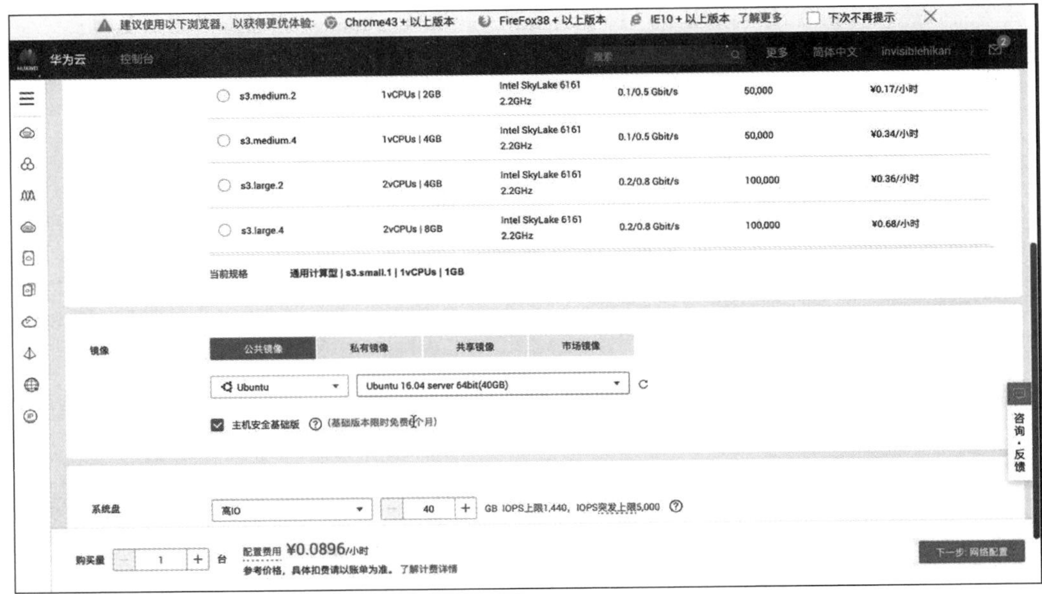

图 10.133 选择“公共镜像”中的 Ubuntu

(5) 在服务器网络配置页面,安全组、IP 等网络配置选择默认的即可,如图 10.134 所示。

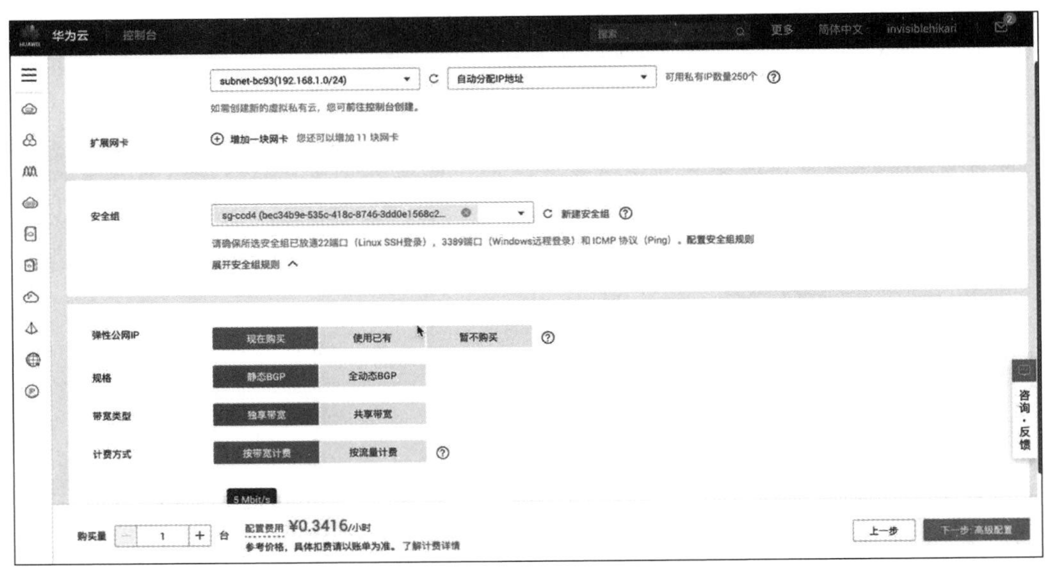

图 10.134 服务器网络配置页面

(6) 在高级配置中可以配置服务器名称和服务器账户密码等安全信息,还可以选择购买服务器的云备份服务,如图 10.135 所示。

图 10.135　服务器高级配置

(7) 在完成所有的配置后还需要对服务器配置进行确认，此时在服务器确认配置及付款页面已经出现了预期的配置费用，如图 10.136 所示。

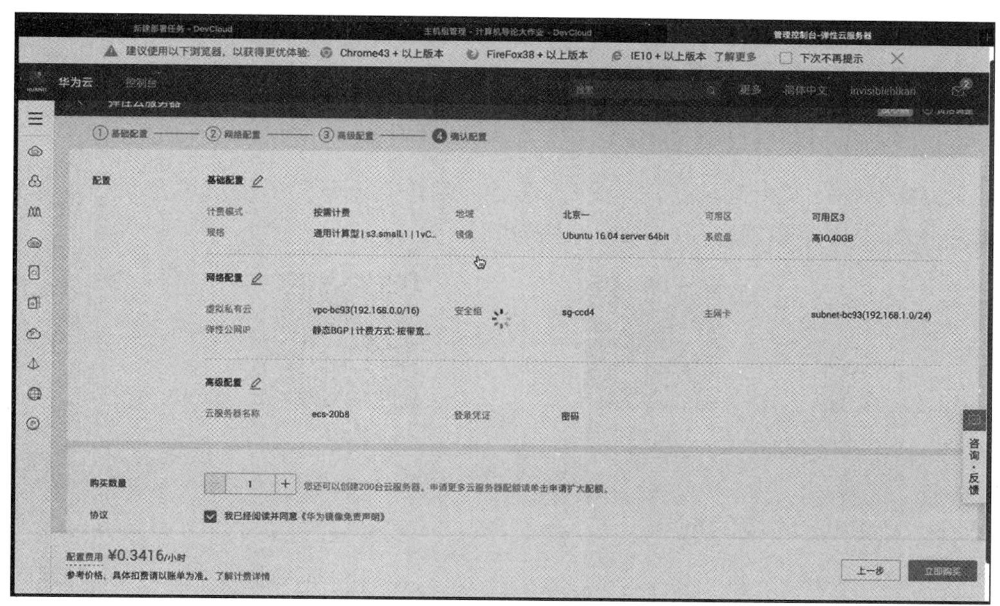

图 10.136　服务器确认配置及付款页面

(8) 付款购买成功后，服务器列表如图 10.137 所示。账户里的服务器列表中已经有了刚创建的云服务器信息，这里也可以对账户里的服务器进行编辑和删除。

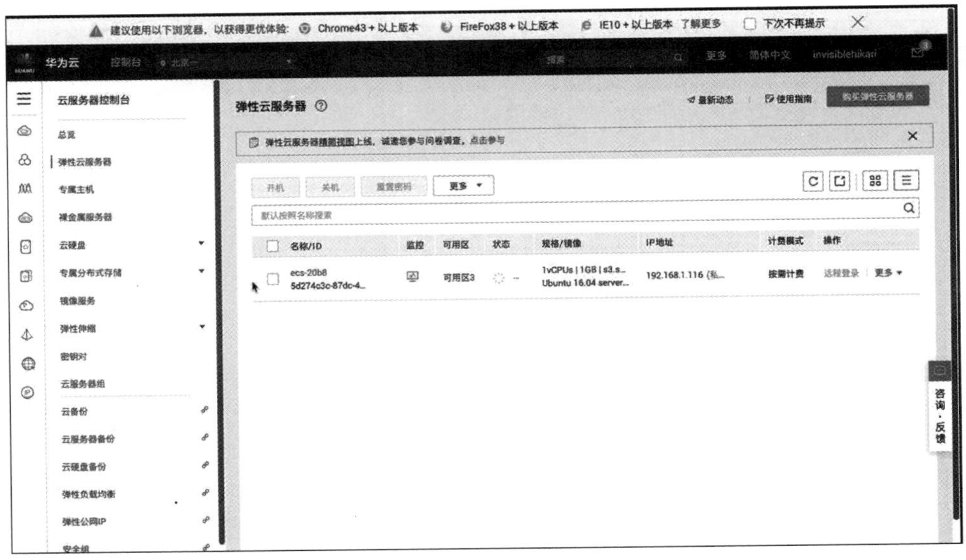

图 10.137　服务器列表

10.5　百度智能云

百度智能云专注云计算、智能大数据、人工智能服务，提供稳定的云服务器、云主机、云存储、CDN、域名注册、物联网等云服务，支持 API 对接、快速备案等专业解决方案。

10.5.1　实验：注册百度云账号、创建文字识别应用

本实验依托百度智能云服务完成，实现了百度智能云账户的注册以及文字识别应用的创建，介绍了文字识别应用的基本管理操作。

视频

文档

10.5.2　Python 环境的配置

本实验实现了计算机本地 Python 环境的安装与配置，为之后的实验创造条件。

视频

文档

10.5.3 编写 Python 文字识别程序

本实验使用 Python 语言编写了百度智能云文字识别应用的调用程序，实现了与文字识别服务的通信以及文字识别服务的鉴权认证。

视频

文档

视频讲解

10.6 Hadoop 平台搭建与数据分析

为了有效地演示实验，更好地将理论与实验相结合，本节使用虚拟机组网分布式部署 Hadoop 平台并完成小规模数据分析。

10.6.1 Hadoop 简介

Hadoop 是由 Apache 研发的开源分布式基础架构，它由 Hadoop 内核、MapReduce、Hadoop 分布式文件系统(HDFS)及一些相关项目组成。其中，HDFS 具有高容错性，负责大数据存储；MapReduce 则负责对 HDFS 中的大量数据进行复杂的分布式计算。

Hadoop 作为分布式架构，采用“分而治之”的设计思想：将大量数据分布式地存放于大量服务器上，采用分治的方式对大数据进行分析。在这种思想的驱使下，Hadoop 实现了 MapReduce 的编程范式。其中，“Map”意为映射，其工作是将一个键值对分解为多个键值对；“Reduce”意为归约，其工作是将多组键值对处理合并后产生新的键值对写入 HDFS。通过上述工作原理，MapReduce 实现了将大数据工作拆分为多个小规模数据任务在大量服务器上分布式处理。

10.6.2 实验一：构建虚拟机网络

本实验的 Hadoop 平台搭建共使用 3 台 Ubuntu 虚拟机来完成，其中一台为 master 节点，两台为 slave 节点。

1. VirtualBox 的安装及配置

本实验采用 VirtualBox 进行虚拟机的创建，用户可以前往 VirtualBox 官网下载页面(https://www.virtualbox.org/wiki/Downloads)下载其安装包进行安装。

为了实现 3 台虚拟机之间的网络联通，在 VirtualBox 安装完成后首先创建一个主机网络(Host-Only Ethernet Adapter)。选择菜单栏中的“管理”→“主机网络管理器”打开主机网络管理器，如图 10.138 所示。之后单击“创建”按钮可以新建一个 VirtualBox Host-Only Ethernet Adapter。在创建过程中可能会遇到系统权限请求，允许即可。

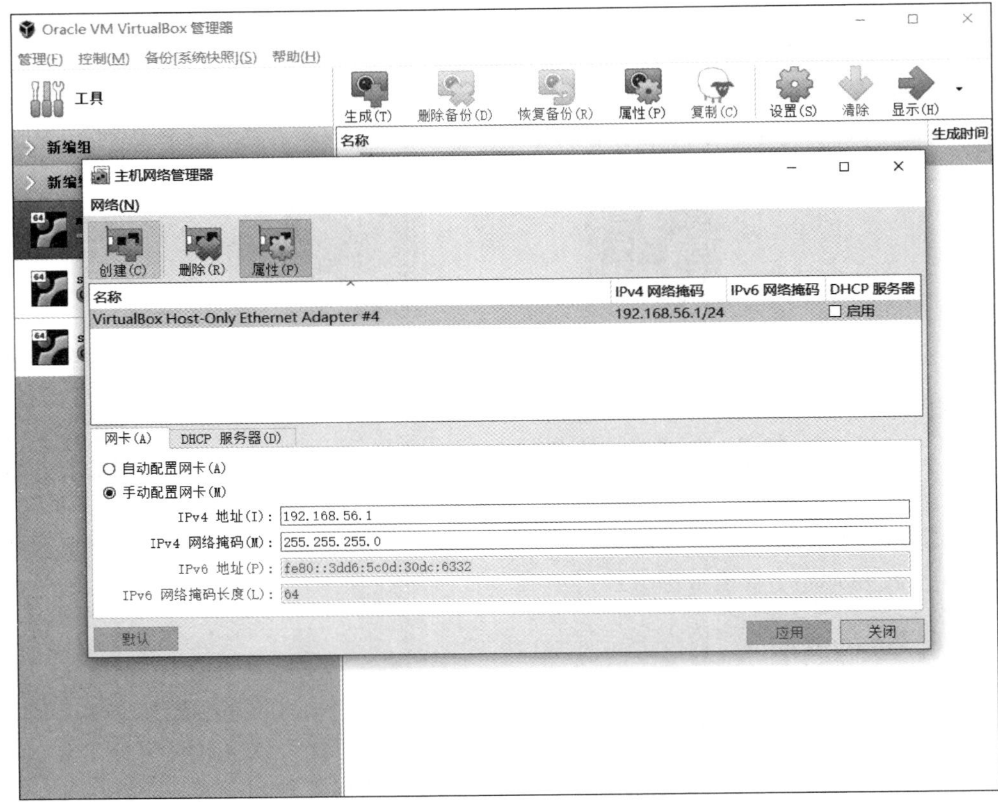

图 10.138　VirtualBox 主机网络管理器

VirtualBox Host-Only Ethernet Adapter 创建好之后，在主机网络管理器下方的网卡选项中选择手动配置网卡，将 IPv4 地址设置为 192.168.56.1，IPv4 网络掩码设置为 255.255.255.0，IPv6 地址及网络掩码长度不需要修改，本次实验中不会用到，同时注意保持 DHCP 服务器不开启。

2. Ubuntu 虚拟机的安装及配置

之后可以创建 3 台虚拟机，在 VirtualBox 主界面单击“新建”按钮创建新的虚拟机，如图 10.139 所示。

这里需要设置虚拟机的名称，在本实验中建议将 3 台虚拟机分别命名为 master、slave1、slave2，以便识别。类型选择“Linux”，版本选择“Ubuntu(64-bit)”。单击“下一步”按钮可以进行虚拟机配置的设置，虚拟机内存至少设置为 2GB，以保证运行流畅，并为虚拟机创建足够大小的虚拟硬盘。

在创建完成后选中虚拟机，打开右侧的虚拟机设置，选择“网络”选项。其中网卡 1 默认为“网络地址转换(NAT)”，不需要更改。选择网卡 2，选中“启用网络连接”复选框，连接方式选择“仅主机(Host-Only)网络”，界面名称选择前面建立的 VirtualBox Host-Only Ethernet Adapter。在高级选项中设置混杂模式为“全部允许”，其他选项保持默认，如图 10.140 所示。

图 10.139　虚拟机新建页面

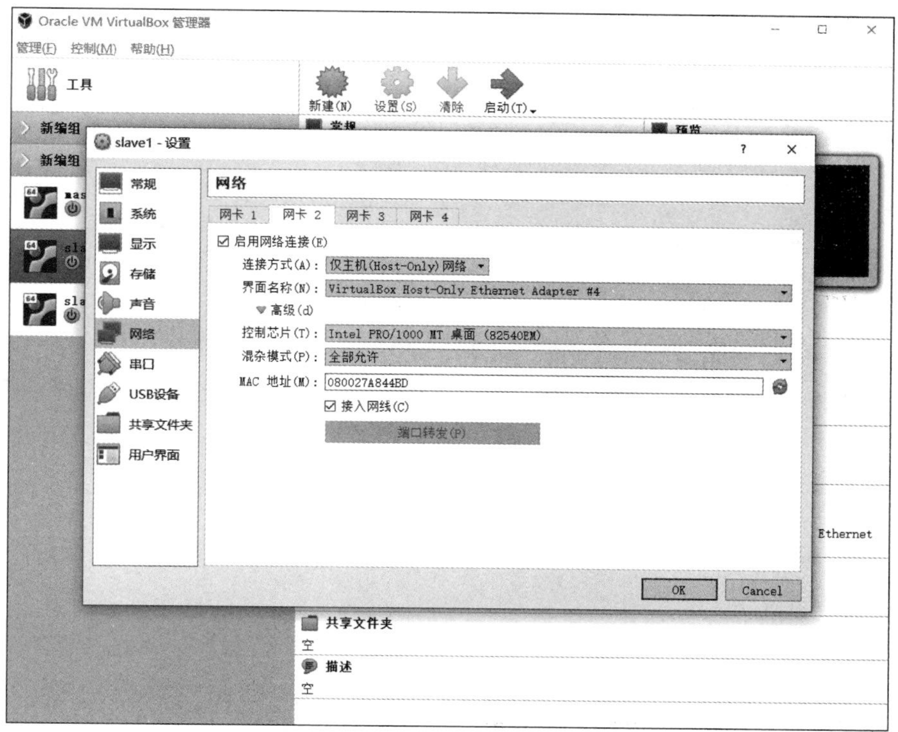

图 10.140　虚拟机网卡 2 设置页面

对3台虚拟机都进行上述网络设置，完成后可启动虚拟机，在启动时选择加载Ubuntu镜像即可进行虚拟机安装。本实验选用的是Ubuntu-16.04-Desktop版本的系统镜像，读者可前往Ubuntu官网或各镜像站下载。

3. 修改Ubuntu系统内的网络配置

在系统安装成功后需要进行网络配置，主要包括3台虚拟机的互联与设置SSH免密登录。

在进入虚拟机系统后打开终端，先输入ifconfig -a命令查看当前网卡状态，如图10.141所示。可以看到enp0s3网卡与enp0s8网卡，enp0s3网卡是虚拟机网络设置中的网卡1，负责通过主机连接互联网；enp0s8为Host-Only网络，负责3台虚拟机组网内互通。不同机器的网卡名称可能不同，且Host-Only网卡默认为关闭状态。

```
skyvot@hadoop-master: ~
File Edit View Search Terminal Help
skyvot@hadoop-master:~$ ifconfig -a
enp0s3    Link encap:Ethernet  HWaddr 08:00:27:79:48:b4
          inet addr:10.0.2.15  Bcast:10.0.2.255  Mask:255.255.255.0
          inet6 addr: fe80::4347:2372:9451:5548/64 Scope:Link
          UP BROADCAST RUNNING MULTICAST  MTU:1500  Metric:1
          RX packets:14 errors:0 dropped:0 overruns:0 frame:0
          TX packets:81 errors:0 dropped:0 overruns:0 carrier:0
          collisions:0 txqueuelen:1000
          RX bytes:1797 (1.7 KB)  TX bytes:8924 (8.9 KB)

enp0s8    Link encap:Ethernet  HWaddr 08:00:27:f5:c1:f9
          inet addr:192.168.56.1  Bcast:192.168.56.255  Mask:255.255.255.0
          inet6 addr: fe80::a00:27ff:fef5:c1f9/64 Scope:Link
          UP BROADCAST RUNNING MULTICAST  MTU:1500  Metric:1
          RX packets:7 errors:0 dropped:0 overruns:0 frame:0
          TX packets:61 errors:0 dropped:0 overruns:0 carrier:0
          collisions:0 txqueuelen:1000
          RX bytes:511 (511.0 B)  TX bytes:6698 (6.6 KB)

lo        Link encap:Local Loopback
          inet addr:127.0.0.1  Mask:255.0.0.0
          inet6 addr: ::1/128 Scope:Host
          UP LOOPBACK RUNNING  MTU:65536  Metric:1
          RX packets:40 errors:0 dropped:0 overruns:0 frame:0
          TX packets:40 errors:0 dropped:0 overruns:0 carrier:0
          collisions:0 txqueuelen:1000
          RX bytes:2978 (2.9 KB)  TX bytes:2978 (2.9 KB)

skyvot@hadoop-master:~$
skyvot@hadoop-master:~$
```

图10.141 Ubuntu系统的网络状态

接下来需要配置网络启动Host-Only网卡，通过以下指令更改配置文件：

```
sudo vim /etc/network/interfaces
```

在文件中添加如下信息：

```
auto enp0s8
iface enp0s8 inet static
address 192.168.56.1
netmask 255.255.255.0
```

注意，enp0s8 需要替换为自己的对应的网卡名称，3 台虚拟机的 address 在保证前面是 192.168.56 的前提下主机号不能相同。修改完成后保存文件，输入以下指令启动网卡：

```
sudo ifup enp0s8
```

此时如果配置成功，3 台主机之间应该可以相互 ping 通。

接下来配置 SSH 免密登录。因为 Hadoop 中的部分操作需要依赖 SSH 完成，配置 SSH 免密登录便于 Hadoop 配置与运行。首先需要在 3 台主机上安装 SSH 工具，命令如下：

```
sudo apt-get install openssh-server openssh-client
```

之后修改 3 台主机的 hosts 配置文件，命令如下：

```
vim /etc/hosts
```

在每台主机的该文件中加入另外两台主机的 IP 和主机名的对应信息，这里的主机名是安装 Ubuntu 系统时设置的主机名，这里使用的是 hadoop-master、hadoop-slave1、hadoop-slave2，如图 10.142 所示。

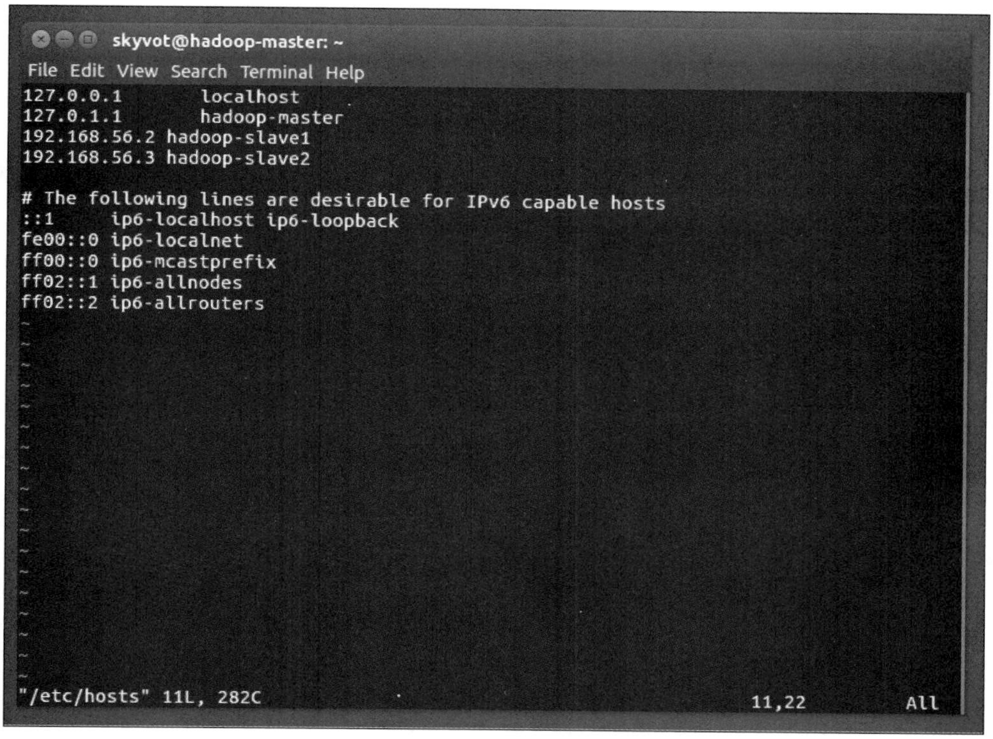

```
skyvot@hadoop-master: ~
File Edit View Search Terminal Help
127.0.0.1       localhost
127.0.1.1       hadoop-master
192.168.56.2 hadoop-slave1
192.168.56.3 hadoop-slave2

# The following lines are desirable for IPv6 capable hosts
::1     ip6-localhost ip6-loopback
fe00::0 ip6-localnet
ff00::0 ip6-mcastprefix
ff02::1 ip6-allnodes
ff02::2 ip6-allrouters
"/etc/hosts" 11L, 282C                                    11,22         All
```

图 10.142　hosts 文件示例

在 master 节点主机上配置 SSH 免密登录，创建 master 节点的 SSH 密钥并分发到两个 slave 节点。使用以下指令：

```
ssh-keygen -t rsa -P '' -f ~/.ssh/id_rsa
ssh-copy-id username@hadoop-slave1
ssh-copy-id username@hadoop-slave2
```

指令中的 username 为对应主机系统安装时采用的用户名，且免密登录配置完成后默认会以该用户登录对应主机。

配置成功后可以使用“ssh 主机名”的命令形式进行 SSH 免密登录。

10.6.3 实验二：大数据环境安装

在安装完 OpenStack 并安装 OpenStack 之上的虚拟机镜像之后，在上面搭建大数据分析平台。

当前的大数据分析任务主要采用 Hadoop 和 Spark 相结合作为运行平台，其中 Spark 利用 HDFS 作为大数据分析输入源以及利用 YARN 作为 Spark 分析任务的资源调度器。本节主要从实践的角度讲述如何结合大数据分析工具进行大数据分析，所讲解的例子既可以使用 Hadoop，也可以使用 Spark，因为相关的函数调用上述两种大数据系统都可以实现。为了不再增加部署 Spark 的麻烦，本节主要采用 Hadoop 作为运行环境，下面讲述 Hadoop 等的安装。

1. Java 的安装

Hadoop 是一个大数据分析框架，集成了分布式文件系统 HDFS、分布式资源调度系统 YARN 以及分布式计算框架 MapReduce。Hadoop 主要采用 Java 语言编写，运行在 Java 虚拟机上面。为了更好地调试以及开发，建议采用 Oracle 的 JDK 工具包，其具体下载地址为“http://www.oracle.com/technetwork/java/javase/downloads/index.html”。

这里下载的是 jdk1.8.0，解压 JDK 到指定目录并更改环境变量。安装配置 Java 采用的具体命令如下：

```
tar -xvf jdk-8u241-linux-x64.tar.gz
sudo cp -r jdk1.8.0_241/ /usr/java
```

这样就将 Java 文件安装到了/usr/java 目录下，接下来修改环境变量，需要使用以下命令：

```
sudo vim /etc/profile
```

在 profile 文件中添加以下内容：

```
export  JAVA_HOME=/usr/java
export  CLASSPATH=.:$JAVA_HOME/lib:$JRE_HOME/lib:$CLASSPATH
export  PATH=$JAVA_HOME/bin:$JRE_HOME/bin:$PATH
export  JRE_HOME=$JAVA_HOME/jre
```

保存并退出，使用以下命令使 profile 文件的修改生效：

```
source /etc/profile
```

输入以下命令测试 Java 的安装是否成功：

```
java - version
```

输出如图 10.143 所示，表示 Java 安装成功。

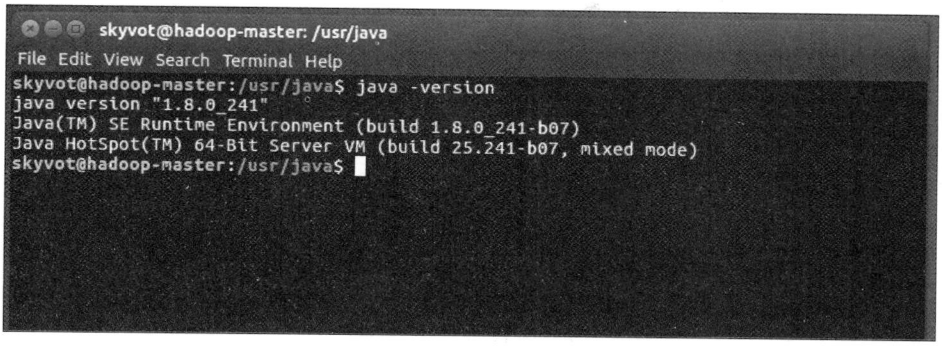

```
skyvot@hadoop-master: /usr/java
File Edit View Search Terminal Help
skyvot@hadoop-master:/usr/java$ java -version
java version "1.8.0_241"
Java(TM) SE Runtime Environment (build 1.8.0_241-b07)
Java HotSpot(TM) 64-Bit Server VM (build 25.241-b07, mixed mode)
skyvot@hadoop-master:/usr/java$
```

图 10.143 Java 的安装验证

2. Hadoop 的安装

接下来安装 Hadoop 运行环境。从 Hadoop 官网上下载 Hadoop 的软件包，这里以 Hadoop-2.7.3 为运行环境，具体下载地址为“https://archive.apache.org/dist/hadoop/core/”。

执行解压命令，复制到 Hadoop 目录：

```
tar - xvf hadoop - 2.7.3.tar.gz
sudo cp - r hadoop - 2.7.3 /usr/hadoop
```

解压完成后配置 Hadoop 环境变量，与 Java 相同，也是编辑 profile 文件：

```
vim /etc/profile
```

在 profile 文件中添加以下内容：

```
export HADOOP_HOME = /usr/hadoop
export CLASSPATH = $ ( $ HADOOP_HOME/bin/hadoop classpath): $ CLASSPATH
export HADOOP_COMMON_LIB_NATIVE_DIR = $ HADOOP_HOME/lib/native
export PATH = $ PATH: $ HADOOP_HOME/bin: $ HADOOP_HOME/sbin
```

保存并退出后使 profile 文件生效：

```
source /etc/profile
```

为了达到 Hadoop 集群环境安装，需要更改配置文件，具体需要配置 HDFS 集群和 YARN 集群信息，包括 NameNode、DataNode 等端口信息。集群节点配置如下：

```
NameNode: hadoop - master
DataNode: hadoop - master Hadoop - slave1 hadoop - slave2
ResourceManager: hadoop - master
NodeManager: hadoop - master
```

为实现 Hadoop 的分布式配置，需要修改 Hadoop 的配置信息，主要需要修改的是/usr/hadoop/etc/hadoop 文件夹中的 hadoop-env. sh、slaves、core-site. xml、hdfs-site. xml、mapred-site. xml、yarn-site. xml 文件，具体需要修改的内容如下：

- hadoop-env. sh 需要修改 Java 目录为绝对路径，即/usr/java，防止启动 Hadoop 找不到 Java 目录而报错。
- slaves 文件指定了 Hadoop 的 DataNode，这里让 3 台主机都充当 DataNode，文件修改为如下内容：

```
hadoop - master
hadoop - slave1
hadoop - slave2
```

- core-site. xml 修改为如下内容：

```
<configuration>
        <property>
                <name>hadoop.tmp.dir</name>
                <value>file:/usr/hadoop/tmp</value>
        </property>
        <property>
                <name>fs.defaultFS</name>
                <value>hdfs://hadoop-master:9000</value>
        </property>
</configuration>
```

- hdfs-site. xml 文件修改为如下内容：

```
<configuration>
        <property>
                <name>dfs.replication</name>
                <value>2</value>
        </property>
        <property>
                <name>dfs.namenode.secondary.http-address</name>
                <value>hadoop-master:50090</value>
        </property>
        <property>
                <name>dfs.namenode.name.dir</name>
                <value>file:/usr/hadoop/tmp/dfs/name</value>
        </property>
        <property>
                <name>dfs.datanode.data.dir</name>
                <value>file:/usr/hadoop/tmp/dfs/data</value>
        </property>
</configuration>
```

- mapred-site. xml 修改为如下内容：

```
<configuration>
        <property>
```

```
            <name>mapreduce.framework.name</name>
            <value>yarn</value>
        </property>
        <property>
            <name>mapreduce.jobhistory.address</name>
            <value>hadoop-master:10020</value>
        </property>
        <property>
            <name>mapreduce.jobhistory.webapp.address</name>
            <value>hadoop-master:19888</value>
        </property>
</configuration>
```

- yarn-site.xml 修改为如下内容：

```
<configuration>
        <property>
            <name>yarn.resourcemanager.hostname</name>
            <value>hadoop-master</value>
        </property>
        <property>
            <name>yarn.nodemanager.aux-services</name>
            <value>mapreduce_shuffle</value>
        </property>
        <property>
            <name>yarn.log-aggregation-enable</name>
            <value>true</value>
        </property>
        <property>
            <name>yarn.nodemanager.log-dirs</name>
            <value>${yarn.log.dir}/userlogs</value>
        </property>
</configuration>
```

在实验所需的 3 台主机上都需要进行以上 Java、Hadoop 的所有安装配置工作，保证 3 台主机都正确安装配置后再进行下面的实验内容。

3 台虚拟机全部配置完成后，在 master 节点执行如下指令格式化 HDFS 文件系统：

```
hdfs namenode -format
```

在 master 节点启动 Hadoop 集群：

```
start-all.sh
```

查看 Hadoop 集群系统状态，如图 10.144 所示。

HDFS 集群的网页信息显示如图 10.145 所示。

YARN 集群的网页信息显示如图 10.146 所示。

10.6.4 实验三：大数据分析案例

上面讲述了如何安装和部署 Hadoop 环境，下面从两个案例来具体说明 Hadoop 在大数据分析中的应用，具体包括日志分析和交通流量分析。

```
skyvot@hadoop-master:~$ hdfs dfsadmin -report
20/02/12 11:56:58 WARN util.NativeCodeLoader: Unable to load native-hadoop libra
ry for your platform... using builtin-java classes where applicable
Configured Capacity: 66496286720 (61.93 GB)
Present Capacity: 54826962944 (51.06 GB)
DFS Remaining: 54451720192 (50.71 GB)
DFS Used: 375242752 (357.86 MB)
DFS Used%: 0.68%
Under replicated blocks: 14
Blocks with corrupt replicas: 0
Missing blocks: 0
Missing blocks (with replication factor 1): 0
```

图 10.144　查看 Hadoop 集群系统状态

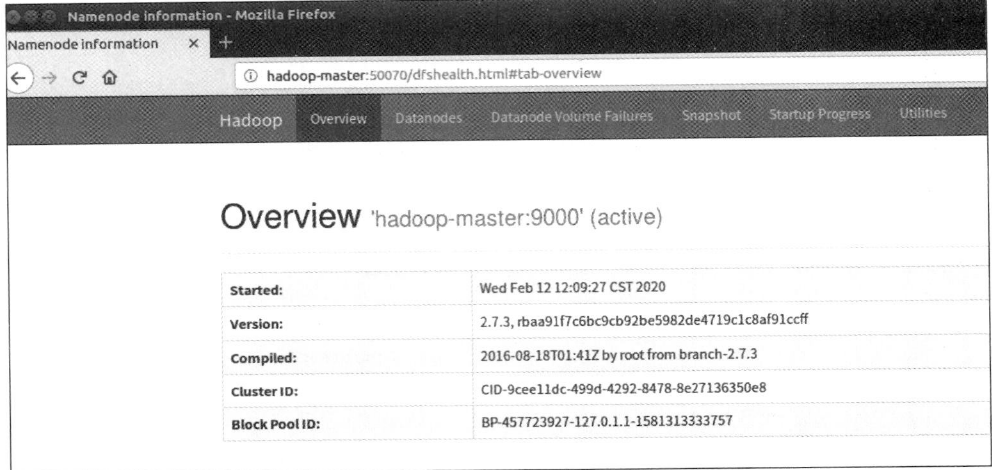

图 10.145　HDFS 集群的网页信息显示

Cluster Metrics

Apps Submitted	Apps Pending	Apps Running	Apps Completed	Containers Running	Memory Used	Memory Total	Memory Reserved	VCores Used	VCores Total	VCores Reserved	Active Nodes	Decommissioned Nodes	Lost Nodes	Unhealthy Nodes	Rebooted Nodes
25	0	0	25	0	0 B	24 GB	0 B	0	24	0	3	0	0	0	0

Scheduler Metrics

Scheduler Type	Scheduling Resource Type	Minimum Allocation	Maximum Allocation
Capacity Scheduler	[MEMORY]	<memory:1024, vCores:1>	<memory:8192, vCores:8>

Show 20 entries　Search:

ID	User	Name	Application Type	Queue	StartTime	FinishTime	State	FinalStatus	Progress	Tracking UI	Blacklisted Nodes
application_1488091925119_0025	yangyaru	traffic statistics	MAPREDUCE	default	Sun Mar 19 09:17:38 +0800 2017	Sun Mar 19 09:17:53 +0800 2017	FINISHED	SUCCEEDED		History	N/A
application_1488091925119_0024	yangyaru	traffic statistics	MAPREDUCE	default	Sun Mar 19 09:00:22 +0800 2017	Sun Mar 19 09:00:38 +0800 2017	FINISHED	SUCCEEDED		History	N/A
application_1488091925119_0023	yangyaru	shop count	MAPREDUCE	default	Sat Mar 18 21:38:09 +0800 2017	Sat Mar 18 21:38:22 +0800 2017	FINISHED	SUCCEEDED		History	N/A

图 10.146　YARN 集群的网页信息显示

1. 日志分析

大规模系统每天会产生大量的日志，日志是企业后台服务系统的重要组成部分，企业每天通过日志分析监控可以及时发现系统运行中出现的问题，从而尽量将损失减到最少。

由于企业中的日志数据一般规模比较庞大，需要 Hadoop 这样的大数据处理系统来处理大量的日志。

下面以一个运行一段时间的 Hadoop 集群产生的日志文件为例来说明使用 Hadoop 进行日志分析的过程。现在我们有 Hadoop 运行的日志文件，需要找出 WARN 级别的日志记录信息，输出结果信息包括日志文件中的行号和日志记录内容。

该问题的解决方法是采用类似 Grep 的方法，在 Map 阶段对输入的每条日志记录匹配查找，如果有匹配关键字 WARN，则产生<行号，记录内容>这样的 Key-Value（键值）对；在 Reduce 阶段，基本上不采取任何操作，只是把所有的 Key-Value（键值）对输出到 HDFS 文件中。

其中关键部分代码如图 10.147 所示。

```
public static class MyMapper extends Mapper<LongWritable, Text, LongWritable, Text> {
        public void map(LongWritable linenumber, Text line, Context context)
                throws IOException, InterruptedException {
                 String pattern = context.getConfiguration().get("grep");

                 String linecontent = line.toString();
                 if (linecontent.indexOf(pattern) == -1) {
                         return ;
                 }

                 context.write(linenumber, line);
        }
}

public static class MyReducer extends Reducer<LongWritable, Text, LongWritable, Text> {
        public void reduce(LongWritable linenumber, Iterable<Text> line,  Context context)
                throws IOException, InterruptedException {
                 for (Text element : line) {
                         context.write(linenumber, element);
                 }
        }
}
```

图 10.147 Map 和 Reduce 关键代码

详细、完整的代码和数据可以从 github 上下载（https://github.com/bdintro/bdintro.git）。

编译源代码采用 mvn package 的方式，测试数据为 hadoop-user-datanode-dell119.log.zip。

在测试之前先把对应数据上传到 HDFS 集群中，把使用 mvn package 编译好的 JAR 文件复制到 Hadoop 集群节点上，当前测试复制到 dell119 机器上。

启动如图 10.148 所示的命令，执行日志分析任务。

```
#!/bin/bash

./bin/hdfs dfs -rm -R /user/root/log/output

./bin/hadoop jar /home/qzhong/bigdata-0.0.1.jar \
                 bigdata.bigdata.Grep     \
                 WARN                     \
                 /user/root/log/input/hadoop-yangyaru-datanode-dell119.log \
                 /user/root/log/output
```

图 10.148 执行日志分析任务

运行结果如图 10.149 所示，图中左边是原始日志文件中对应 WARN 记录的行号，右边是对应 WARN 级别日志记录的具体内容。

```
409104  2017-02-24 04:05:46,056 WARN org.apache.hadoop.hdfs.server.datanode.DataNode: Problem connecting to server:
411577  2017-02-24 04:06:01,064 WARN org.apache.hadoop.hdfs.server.datanode.DataNode: Problem connecting to server:
414050  2017-02-24 04:06:16,071 WARN org.apache.hadoop.hdfs.server.datanode.DataNode: Problem connecting to server:
416523  2017-02-24 04:06:31,079 WARN org.apache.hadoop.hdfs.server.datanode.DataNode: Problem connecting to server:
418996  2017-02-24 04:06:46,086 WARN org.apache.hadoop.hdfs.server.datanode.DataNode: Problem connecting to server:
421469  2017-02-24 04:07:01,093 WARN org.apache.hadoop.hdfs.server.datanode.DataNode: Problem connecting to server:
423942  2017-02-24 04:07:16,100 WARN org.apache.hadoop.hdfs.server.datanode.DataNode: Problem connecting to server:
426415  2017-02-24 04:07:31,108 WARN org.apache.hadoop.hdfs.server.datanode.DataNode: Problem connecting to server:
452961  2017-02-24 04:17:55,462 WARN org.apache.hadoop.hdfs.server.datanode.DataNode: IOException in offerService
531203  2017-02-24 06:26:37,584 WARN org.apache.hadoop.hdfs.server.datanode.DataNode: IOException in offerService
605792  2017-02-24 07:26:16,723 WARN org.apache.hadoop.hdfs.server.datanode.DataNode: IOException in offerService
630880  2017-02-24 08:03:22,833 WARN org.apache.hadoop.hdfs.server.datanode.DataNode: IOException in offerService
733149  2017-02-25 22:49:15,269 WARN org.apache.hadoop.hdfs.server.datanode.DataNode: IOException in offerService
773075  2017-02-26 01:51:24,215 WARN org.apache.hadoop.hdfs.server.datanode.DataNode: IOException in offerService
```

图 10.149 部分运行结果

2. 交通流量分析

现在车辆迅速增多，交通产生了大量的数据，为了有效地减少交通事故以及减少交通拥堵时间，需要有效地利用交通数据进行海量数据分析。

现在有交通违规的数据信息，需要找出每天的交通违规数据的统计信息。交通流量的数据是 CSV 格式文件，详细的交通流量数据格式描述如网站所述，其网址为“https://www.kaggle.com/jana36/us-traffic-violations-montgomery-county-polict”，采用 MapReduce 的方式来解决上述问题。在 Map 阶段，产生<日期，1>这样的 Key-Value 键值对；在 Reduce 阶段，对相同的日期做总数相加统计操作。

对应的关键代码如图 10.150 所示。

```
public static class MyMapper extends Mapper<Object, Text, Text, IntWritable> {
        public void map(Object obj, Text line, Context context)
            throws IOException, InterruptedException {
                String[] words = line.toString().split(",");
                if (words.length == 0 || words[0] == null || words[0].charAt(0) > '9' ||
                                    words[0].charAt(0) < '0')
                        return ;

                context.write(new Text(words[0]), new IntWritable(1));
        }
}

public static class MyReducer extends Reducer<Text, IntWritable, Text, IntWritable> {
        private static IntWritable result = new IntWritable();

        public void reduce(Text key, Iterable<IntWritable> values, Context context)
            throws IOException, InterruptedException {
            int sum = 0;
            for (IntWritable element : values) {
                sum += element.get();
            }

            result.set(sum);
            context.write(key, result);
        }
}
```

图 10.150 交通违规统计关键部分代码

完整的代码可以从 github 上下载(https://github.com/bdintro/bdintro.git),测试数据为 Traffic_Violations.csv.zip。采用 mvn package 编译运行的 JAR 文件,方式和上述的日志分析类似。

为了执行分析任务,执行如下命令,如图 10.151 所示。

```
#!/bin/bash

./bin/hdfs dfs -rm -R /user/root/traffic/output

./bin/hadoop jar /home/c[illegible]/bigdata-0.0.1.jar \
              bigdata.bigdata.TrafficTotal     \
              /user/root/traffic/input/Traffic_Violations.csv    \
              /user/root/traffic/output
```

图 10.151 交通违规任务分析命令

执行结果如图 10.152 所示。

```
12/27/2013      527
12/27/2014      462
12/27/2015      452
12/28/2012      409
12/28/2013      519
12/28/2014      335
12/28/2015      425
12/29/2012      326
12/29/2013      388
12/29/2014      444
12/29/2015      484
12/30/2012      300
12/30/2013      562
12/30/2014      678
12/30/2015      757
12/31/2012      386
12/31/2013      573
12/31/2014      536
12/31/2015      902
```

图 10.152 交通违规任务执行部分结果

10.7 Docker

视频讲解

如图 10.153 所示,各种各样的散货通过海运进行运输,困扰托运人和承运人的问题是不同大小、样式以及质量的商品放在一起容易出现挤压、破损等不良现象,例如将一批钢材和一把香蕉压在一起,等等。此外,不同运输方式之间的转运也相当麻烦。不同商品和不同运输手段结合组成了一个巨大的二维矩阵,最后在美国海陆运输公司的推动下,海运界制定了国际标准集装箱来解决这个棘手的问题,如图 10.154 所示。

同样的问题也出现在互联网行业,在软件应用开发过程中,需要有一种东西能够像集装箱一样方便地打包应用程序,隔离它们之间的不良影响,使应用能够在各种运行环境下运行并且在平台之间易于移植。如图 10.155 所示,Docker 的初衷就是将各种应用程序和它们所依赖的运行环境打包成标准的容器,进而发布到不同的平台上运行。

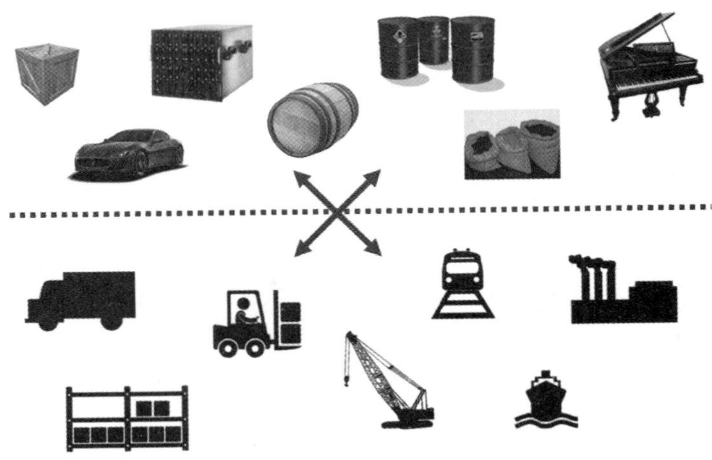

图 10.153 传统的货运

货物的多样性
一个标准集装箱可以打包任何货品,并且可以一直密闭直到到达目的地
运输的多样性
集装箱在运输中可以被装卸、堆积和运输,并且可以在多种方式下长距离运输

图 10.154 标准集装箱的出现

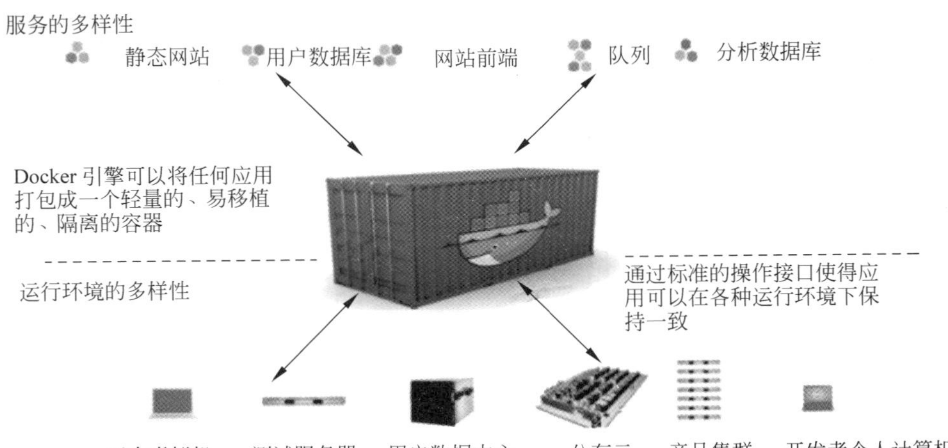
服务的多样性
静态网站
用户数据库
网站前端
队列
分析数据库
Docker 引擎可以将任何应用打包成一个轻量的、易移植的、隔离的容器
运行环境的多样性
通过标准的操作接口使得应用可以在各种运行环境下保持一致
开发虚拟机
测试服务器
用户数据中心
公有云
产品集群
开发者个人计算机

图 10.155 一个软件应用的集装箱

Docker 是一个开源项目，诞生于 2013 年初，最初是 dotCloud 公司内部的一个业余项目。它基于 Google 公司推出的 Go 语言实现。

Docker 的基础是 Linux 容器（Linux Container，LXC）技术，Docker 是一种实现轻量级的操作系统虚拟化解决方案。在 LXC 的基础上，Docker 进行了进一步封装，让用户不需要去关心容器的管理，使得操作更为简便。用户操作 Docker 的容器就像操作一个快速轻量级的虚拟机一样简单。表 10.1 所示为容器与虚拟机的对比。

表 10.1 容器与虚拟机的对比

	容　　器	虚　拟　机
相同点	(1) 在不同的主机之间迁移 (2) 具备 root 权限 (3) 可以远程控制 有备份、回滚操作	
操作系统	在性能上有优势，能够轻易地同时运行多个操作系统	可以安装任何系统，性能不及容器
资源管理	弹性的资源分配：资源可以在没有关闭容器的情况下添加	虚拟机里的操作系统需要处理新加入的资源，例如增加一块磁盘，则需要重新分区
远程管理	根据操作系统的不同，会通过 shell 或者远程桌面进行	远程控制由虚拟化平台提供，可以在虚拟机启动之前连接
配置	快速，秒级，由容器提供者处理	配置时间长，从几分钟到几小时，具体取决于操作系统
性能	接近原生态	弱于原生态
系统支持量	单机支持上千个容器	一般不多于几十个

如表 10.1 所示，容器和虚拟机各有优缺点，容器并不是虚拟机的替代品，只是二者在适应不同的需求时各有优点。容器相对于虚拟机的优势在于效率更高，资源占用更少，管理更为便捷。当需要部署的系统是同一系列的操作系统时，这种性能和便捷性上的优势非常明显。作为一种新兴的虚拟化方式，Docker 与传统的虚拟化方式相比具有众多的优势。

(1) 更快速的交付和部署：对开发和运维人员来说，最希望的就是一次创建或配置，可以在任意地方正常运行。

开发者可以使用一个标准的镜像来构建一套开发容器，在开发完成之后，运维人员可以直接使用这个容器来部署代码。Docker 可以快速创建容器，快速迭代应用程序，并让整个过程全程可见，使团队中的其他成员更容易理解应用程序是如何创建和工作的。Docker 容器很轻、很快，容器的启动时间是秒级的，大量地节约了开发、测试、部署的时间。

(2) 更高效的虚拟化：Docker 容器的运行不需要额外的 Hypervisor 支持，它是内核级的虚拟化，因此可以实现更高的性能和效率。

(3) 更轻松的迁移和扩展：Docker 容器几乎可以在任意平台上运行。这种兼容性可以让用户把一个应用程序从一个平台直接迁移到另外一个。

(4) 更简单的管理：使用 Docker，只需要小小的修改，就可以替代以往大量的更新工作。所有的修改都以增量的方式被分发和更新，从而实现自动化并且高效的管理。

10.7.1 Docker 的核心概念

Docker 采用的是 C/S 架构，具体如图 10.156 所示。Docker 客户端是 Docker 可执行程序，可以通过命令行和 API 的形式与 Docker 守候程序进行通信，Docker 守候程序提供 Docker 服务。

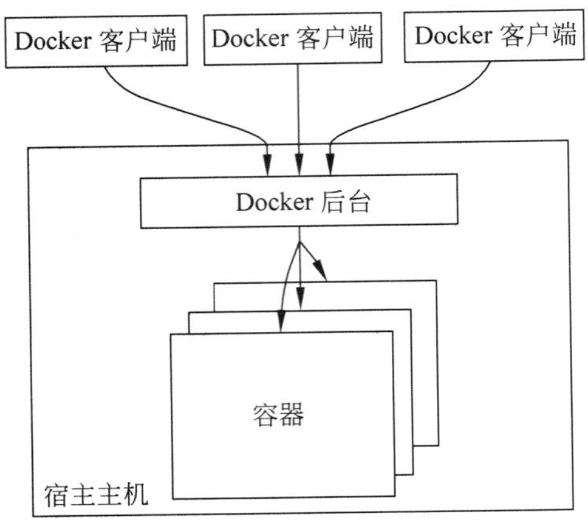

图 10.156 Docker 的 C/S 架构

Docker 包括 3 个核心组件，即镜像(Image)、容器(Container)和仓库(Repository)。图 10.157 所示为核心组件的互相作用，用户理解了这 3 个核心组件，就能很好地理解 Docker 的整个生命周期，并且对于 Docker 和 Linux 的区别会有更深的认识。

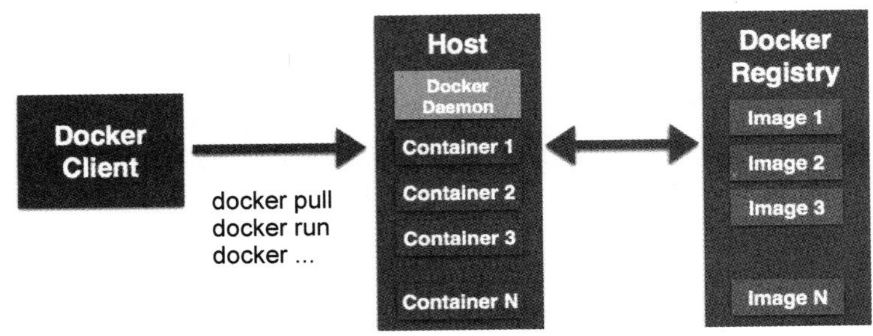

图 10.157 Docker 的核心组件

1. Docker 镜像

Docker 镜像是 Docker 容器运行时的只读模板，它保存着容器需要的环境和应用的执行代码，可以把镜像看成容器的代码，当代码运行起来后就成了容器。

每一个镜像由一系列的层(layers)组成。当改变了一个 Docker 镜像时，例如升级某个程序到新的版本，一个新的层会被创建。因此不用替换原先的整个镜像或者重新建立(在使用虚拟机的时候可能会这么做)，只是一个新的层被添加或升级了。现在不用重新发布整个镜像，只需要升级，层使得分发 Docker 镜像变得简单和快速。

2. Docker 仓库

Docker 仓库用来保存镜像，可以理解为代码控制中的代码仓库，它是 Docker 集中存放镜像文件的场所。

通常，一个用户可以建立多个仓库来保存自己的镜像。从这里可以看出仓库是注册服务器(Registry)的一部分，一个个仓库组成了一个注册服务器。简单来说，Docker 仓库的概念跟 Git 类似，注册服务器可以理解为 GitHub 这样的托管服务。

Docker 仓库有公有和私有之分。其中，公有仓库如 Docker 官方的 Docker Hub。Docker Hub 提供了庞大的镜像集合供用户使用。对于这些镜像，用户可以自己创建，或者在别人的镜像的基础上创建。国内的公有仓库有 Docker Pool 等，可以提供稳定的国内访问。如果用户不希望公开分享自己的镜像文件，Docker 也支持用户在本地网络内创建一个只能自己访问的私有仓库。

在用户创建了自己的镜像之后，就可以使用 push 命令将它上传到公有或者私有仓库，这样下次在另外一台机器上使用这个镜像的时候，只需要从仓库上 pull 下来就可以了。

3. Docker 容器

Docker 容器和文件夹很类似，一个 Docker 容器包含了某个应用运行需要的所有环境。相对于静态的镜像而言，容器是镜像执行的动态表现。每一个 Docker 容器都是从 Docker 镜像创建的。Docker 容器可以运行、开始、停止、移动和删除。每一个 Docker 容器都是独立和安全的应用平台，Docker 容器是 Docker 的运行部分。

容器易于交互、便于传输、易移植、易扩展，非常适合进行软件开发、软件测试以及软件产品的部署。

10.7.2 实验一：Docker 的安装

Docker 的安装非常容易。目前，Docker 支持在主流的操作系统平台上使用，例如 Ubuntu、CentOS、Windows 以及 MacOS 系统等。但是，在 Linux 系统平台上是原生支持，使用体验也最好。

就目前而言，Docker 的运行环境也有限制，具体如下：

(1) 必须是在 64 位机器上运行，并且目前仅支持 x86_64 和 AMD64，32 位系统暂时不支持。

(2) 系统的 Linux 内核必须是 3.8 或者更加新的，内核支持 Device Mapper、AUFS、VFS、Btrfs 等存储格式。

(3) 内核必须支持 cgroups 和命名空间。

接下来说明 Ubuntu、CentOS、Windows 操作系统平台下 Docker 环境的安装。

1. Ubuntu

Docker 支持以下 Ubuntu 版本：

- Ubuntu Trusty 14.04 (LTS),64 位；
- Ubuntu Precise 12.04 (LTS),64 位；
- Ubuntu Raring 13.04 and Saucy 13.10,64 位。

Ubuntu Trusty 的内核是 3.13.0,在这个系统下安装时默认的 Docker 安装包是 0.9.1。

1) Ubuntu 14.04 版本

首先运行以下命令进行安装：

```
$ sudo apt-get update
$ sudo apt-get install docker.io
```

之后重启伪终端即可生效。

如果想安装最新的 Docker,首先需要确认自己的 APT 是否支持 HTTPS,如果不支持,则需通过如下命令进行安装：

```
$ sudo apt-get update
$ sudo apt-get install apt-transport-https
```

然后将 Docker 库的公钥加入本地 APT 中：

```
$ sudo apt-key adv --keyserver hkp://keyserver.ubuntu.com:80
--recv-keys 36A1D7869245C8950F966E92D8576A8BA88D21E9
```

再将安装源加入 APT 源中,并更新和安装：

```
$ sudo sh -c "echo deb https://get.docker.com/ubuntu docker main\> /etc/apt/sources.list.d/
docker.list"
$ sudo apt-get update
$ sudo apt-get install lxc-docker
```

为了验证 Docker 是否安装成功,可以运行如下命令：

```
$ sudo docker info
```

2) Ubuntu 14.04 以下版本

如果是较低版本的 Ubuntu 系统,需要先更新内核。

```
$ sudo apt-get update
$ sudo apt-get install linux-image-generic-lts-raring
linux-headers-generic-lts-raring
$ sudo reboot
```

然后重复上面的步骤。安装之后启动 Docker 服务。

```
$ sudo service docker start
```

2. CentOS

Docker 支持在以下版本的 CentOS 上安装：

- CentOS 7，64 位；
- CentOS 6.5(64 位)或更高版本。

由于 Docker 具有的局限性，Docker 只能运行在 64 位的系统中。目前的 CentOS 项目，仅发行版本中的内核支持 Docker。如果打算在非发行版本的内核上运行 Docker，内核的改动可能会导致出错。

Docker 运行在 CentOS 6.5 或更高版本的 CentOS 上，需要的内核版本是 2.6.32-431 或者更高，因为这是允许它运行的指定内核补丁版本。

1) CentOS 7 版本

Docker 软件包已经包含在默认的 CentOS-Extras 软件源里，安装命令如下：

```
$ sudo yum install - y docker
```

开始运行 Docker Daemon。

需要注意的是，CentOS 7 中 firewall 的底层是使用 iptables 进行数据过滤，它建立在 iptables 之上，这可能会与 Docker 产生冲突。当 firewalld 启动或者重启的时候，将会从 iptables 中移除 Docker 的规则，从而影响 Docker 的正常工作。

当用户使用的是 Systemd 的时候，firewalld 会在 Docker 之前启动，但是如果在 Docker 启动之后再启动或者重启 firewalld，用户就需要重启 Docker 进程了。

2) CentOS 6.5 版本

在 CentOS 6.5 版本中，Docker 包含在 Extra Packages for Enterprise Linux (EPEL) 提供的镜像源中，该组织致力于为 RHEL 发行版创建和维护更多可用的软件包。

首先，用户需要安装 EPEL 镜像源，在 CentOS 6.5 中，一个系统自带的可执行的应用程序与 Docker 包名发生冲突，所以重新命名 Docker 的 RPM 包名为 docker-io。

在 CentOS 6.5 中安装 docker-io 之前需要先卸载 docker 包：

```
$ sudo yum - y remove docker
```

下一步安装 docker-io 包，从而为主机安装 Docker：

```
$ sudo yum install docker - io
```

开始运行 Docker Daemon。

在 Docker 安装完成之后，需要启动 Docker 进程：

```
$ sudo service docker start
```

如果希望 Docker 默认开机启动，操作如下：

```
$ sudo chkconfig docker on
```

现在来验证 Docker 是否正常工作。第一步，需要下载最新的 centos 镜像。

```
$ sudo docker pull centos
```

下一步，运行下面的命令来看镜像，确认镜像是否存在：

```
$ sudo docker images centos
```

这将会输出包括 REPOSITORY、TAG、IMAGE ID、CREATED 以及 VIRTUAL SIZE 的信息。

```
$ sudo docker images centos
```

然后运行简单的脚本来测试镜像：

```
$ sudo docker run - i - t centos /bin/bash
```

如果正常运行，用户将会获得一个简单的 bash 提示，输入 exit 退出。

3. Windows

Docker 使用的是 Linux 内核特性，所以需要在 Windows 上使用一个轻量级的虚拟机(VM)来运行 Docker。一般使用 Windows 的 Docker 客户端来控制 Docker 虚拟化引擎的构建、运行和管理，推荐使用 Boot2Docker 工具，用户可以通过它来安装虚拟机和运行 Docker。

虽然使用的是 Windows 的 Docker 客户端，但是 Docker 容器依然运行在 Linux 宿主主机上(现在是通过 VirtualBox)。其主要步骤如下：

(1) 下载最新版本的 Docker for Windows Installer。

(2) 运行安装文件，它将会安装 VirtualBox、MSYS-git、Boot2Docker Linux 镜像和 Boot2Docker 的管理工具，如图 10.158 所示。

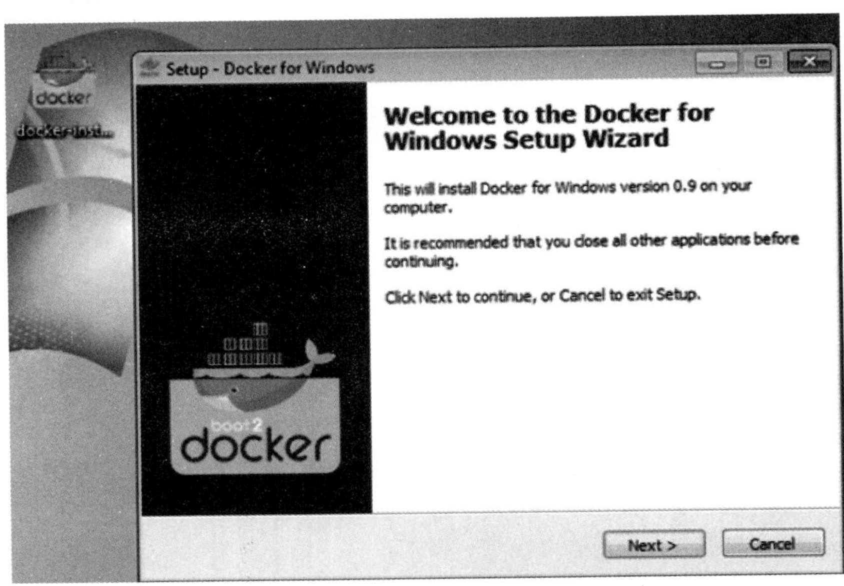

图 10.158　在 Windows 下安装 Docker

（3）从桌面或者 Program Files 中找到 Boot2Docker for Windows，运行 Boot2Docker Start 脚本。这个脚本会要求用户输入 SSH 密钥密码，输入后按 Enter 键即可，如图 10.159 所示。

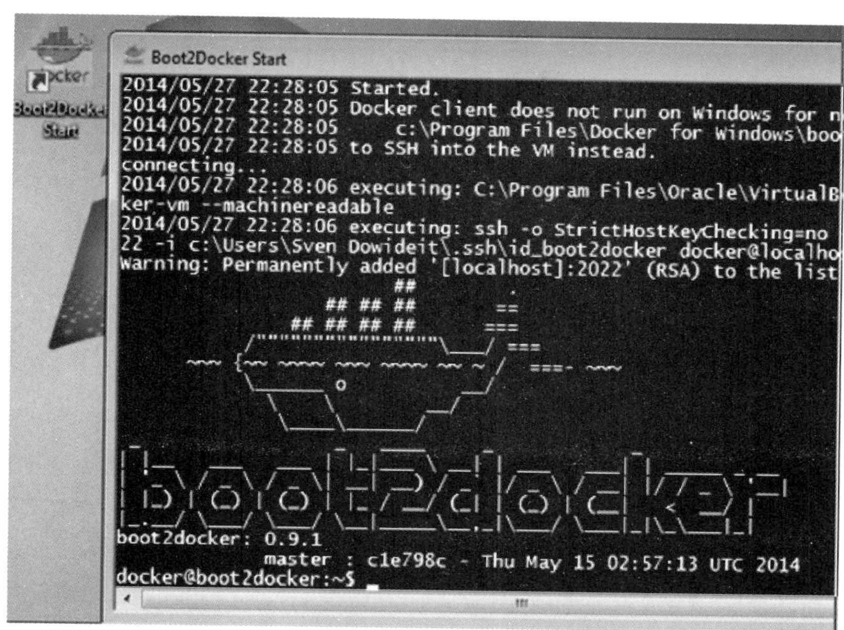

图 10.159　Windows 下 Docker 的运行

10.7.3　实验二：容器操作

简单地说，容器是独立运行的一个或一组应用，以及它们的运行态环境。对应地，虚拟机可以理解为模拟运行的一整套操作系统（提供了运行态环境和其他系统环境）和运行在上面的应用。本节将具体介绍如何管理一个容器，包括创建、启动和停止等。

1. 启动容器

启动容器有两种方式，一种是基于镜像新建一个容器并启动，另外一个是将在终止状态（stopped）的容器重新启动。因为 Docker 的容器是轻量级的，很多时候用户都是随时删除和新创建容器。

1）新建并启动

命令：docker run。

例如，下面的命令输出一个“hello world”，之后终止容器。

```
$ sudo docker run ubuntu:14.04 /bin/echo 'hello world'
hello world
```

这跟在本地直接执行“/bin/echo 'hello world'”几乎感觉不出任何区别。

下面的命令则启动一个 bash 终端，允许用户进行交互。

```
$ sudo docker run -t -i ubuntu:14.04 /bin/bash
```

其中,-t 选项让 Docker 分配一个伪终端(pseudo-tty)并绑定到容器的标准输入上,-i 则让容器的标准输入保持打开。

在交互模式下,用户可以通过所创建的终端来输入命令。

```
#pwd
/
#ls
bin boot dev etc home lib lib64 media mnt opt proc root run sbin srv sys tmp usr var
```

当利用 docker run 创建容器时,Docker 在后台运行的标准操作如下:

(1) 检查本地是否存在指定的镜像,若不存在就从公有仓库下载。

(2) 利用镜像创建并启动一个容器。

(3) 分配一个文件系统,并在只读的镜像层外面挂载一个可读/写层。

(4) 从宿主主机配置的网桥接口中桥接一个虚拟接口到容器中。

(5) 从地址池配置一个 IP 地址给容器。

(6) 执行用户指定的应用程序。

(7) 执行完后容器被终止。

(8) 启动已终止容器。

2) 启动已终止容器

用户可以利用 docker start 命令直接将一个已经终止的容器启动。

容器的核心为所执行的应用程序,需要的资源都是应用程序运行所必需的。除此之外,并没有其他的资源。用户可以在伪终端利用 ps 或 top 来查看进程信息。

```
/#ps
PID  TTY          TIME      CMD
1    ?            00:00:00  bash
11   ?            00:00:00  ps
```

可见,容器中仅运行了指定的 bash 应用。这种特点使得 Docker 对资源的利用率极高,是货真价实的轻量级虚拟化。

2. 守护态运行

更多的时候,需要让 Docker 容器在后台以守护态(Daemonized)形式运行,此时可以通过添加-d 参数来实现。

例如下面的命令会在后台运行容器。

```
$ sudo docker run -d ubuntu:14.04 /bin/sh -c "while true; do echo hello world; sleep 1; done"
1e5535038e285177d5214659a068137486f96ee5c2e85a4ac52dc83f2ebe4147
```

容器启动后会返回一个唯一的 ID,用户也可以通过 docker ps 命令来查看容器信息。

```
$ sudo docker ps
```

如果要获取容器的输出信息,可以通过 docker logs 命令。

```
$ sudo docker logs insane_babbage
hello  world
hello  world
hello  world
```

其中 insane_babbage 是容器的 NAMES 属性,也可以用容器的 CONTAINER ID 完成此操作。

3. 终止容器

用户可以使用 docker stop 来终止一个运行中的容器。

此外,当 Docker 容器中指定的应用终结时,容器也会自动终止。例如对于前面只启动了一个终端的容器,用户通过 exit 命令或按 Ctrl+D 键退出终端时,所创建的容器立刻终止。

终止状态的容器可以用 docker ps -a 命令看到。例如:

```
sudo docker ps  - a
```

处于终止状态的容器,可以通过 docker start 命令重新启动。此外,docker restart 命令会将一个运行态的容器终止,然后再重新启动它。

10.7.4 实验三:搭建一个 Docker 应用栈

Docker 的设计理念是希望用户能够保证一个容器只运行一个进程,即只提供一种服务。然而,对于用户而言,单一容器是无法满足需求的。通常用户需要利用多个容器,分别提供不同的服务,并在不同容器间互连通信,最后形成一个 Docker 集群,以实现特定的功能。

下面通过示例搭建一个一台机器上的简化的 Docker 集群,让用户了解如何基于 Docker 构建一个特定的应用,即 Docker 应用栈。

如图 10.160 所示,本实验将搭建一个包含 6 个节点的 Docker 应用栈,其中包括一个代理节点(HAProxy:负载均衡代理节点)、3 个 Web 应用节点(App1、App2、App3:使用 Python 语言设计的一个单一数据库的基础 Web 应用)、一个主数据库节点(Master-redis)和两个从数据库节点(Slave-redis1、Slave-redis2)。

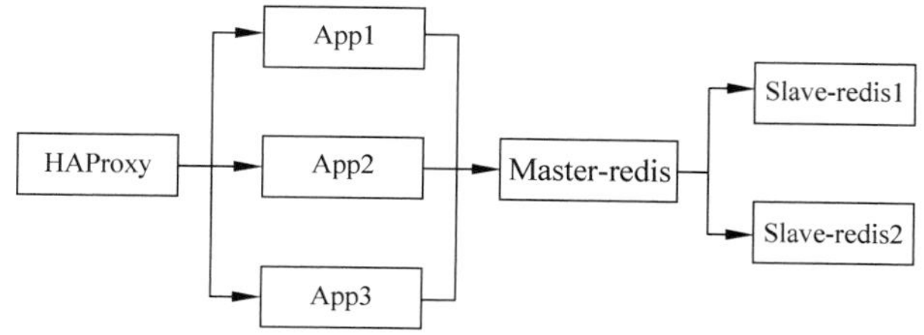

图 10.160　Docker 应用栈的结构图

1. 获取镜像

在搭建过程中,可以从 docker hub 获取现有可用的镜像,并在这些镜像的基础上启动容器,按照需求进行修改来实现既定的功能。该做法既提高了应用开发的效率,也降低了开发的难度。

根据图 10.160 所示的结构图,需要从 docker hub 获取 HAProxy、Redis 以及 Django 的镜像。具体操作示例如表 10.2 所示。

```
$ sudo docker pull ubuntu
$ sudo docker pull django
$ sudo docker pull haproxy
$ sudo docker pull redis
$ sudo docker images
```

表 10.2 获取可用镜像

REPOSITORY	TAG	IMAGE ID	CREATED	VIRTUAL SIZE
Redis	latest	3b7234aa3098	9 days ago	110.8MB
Haproxy	latest	380557f8f7b3	9 days ago	97.91MB
Django	latest	8b9d8caad0d9	9 days ago	885.8MB
Ubuntu	latest	8eaa4ff06b53	2 weeks ago	188.3MB

2. 应用栈容器节点互连

在搭建第一个 hello world 应用栈时,将在同一主机下进行 Docker 应用栈的搭建。如果是一个真正的分布式架构集群,还需要处理容器的跨主机通信问题,在这里对此不做介绍。鉴于在同一主机下搭建容器应用栈的环境,只需要完成容器互连来实现容器间的通信即可,这里采用 docker run 命令的--link 选项建立容器间的互连关系。

下面介绍--link 选项的用法,通过--link 选项能够进行容器间安全的交互通信,其使用格式为 name:alias。用户可在一个 docker run 命令中重复使用该参数,使用示例如下:

```
$ sudo docker run -- link redis: redis -- name console ubuntu bash
```

上例将在 Ubuntu 镜像上启动一个容器,并命名为 console,同时将新启动的 console 容器连接到名为 redis 的容器上。在使用--link 选项时,连接通过容器名来确定容器,这里建议启动容器时自定义容器名。

通过--link 选项来建立容器间的连接,不仅可以避免容器的 IP 和端口暴露在外网所导致的安全问题,还可以防止容器在重启后 IP 地址变化导致的访问失效,它的原理类似于 DNS 服务器的域名和地址映射。当容器的 IP 地址发生变化时,Docker 将自动维护映射关系中的 IP 地址,示例如下:

```
$ sudo docker run - it -- name redis -- slave1 -- link redis -- master :master redis/
bin/bash
```

在容器内查看/etc/hosts 文件。

```
#cat /etc/hosts
172.17.0.6      08df6a2ch468
127.0.0.1       localhost
…
172.17.0.5      master
```

该容器的/etc/host 文件中记录了名为 master 的连接信息，其对应 IP 地址为 172.17.0.5，即 Master-redis 容器的 IP 地址。

通过上面的原理可以将--link 设置理解为一条 IP 地址的单向记录信息，因此在搭建容器应用栈时需要注意各个容器节点的启动顺序，以及对应的--link 参数设置。应用栈各节点的连接信息如下：

- 启动 Master-redis 容器节点；
- 两个 Slave-redis 容器节点启动时要连接到 Master-redis 上；
- 3 个 App 容器节点启动时要连接到 Master-redis 上；
- HAProxy 容器节点启动时要连接到 3 个 App 节点上。

综上所述，容器的启动顺序如下：

```
Master - redis→Slave - redis→App→HAProxy
```

此外，为了能够从外网访问应用栈，并通过 HAProxy 节点来访问应用栈中的 App，在启动 HAProxy 容器节点时需要利用-p 参数暴露端口给主机，这样即可通过主机 IP 以及暴露的端口从外网访问搭建的应用栈。

3. 应用栈容器节点启动

之前已经对应用栈的结构进行了分析，获取了所需的镜像资源，同时描述了应用栈中各个容器之间的互连关系，下面开始利用所获得的镜像资源来启动各个容器。应用栈各容器节点的启动命令如下：

```
$ sudo docker run - it -- name master - redis redis /bin/hash
$ sudo docker run - it -- name redis - slave1 -- link master - redis:master redis /bin/bash
$ sudo docker run - it -- name redis - slave2 -- link master - redis:master redis /bin/bash

#启动 Django 容器

$ sudo docker run - it -- name App1 -- link master - redis:db - v ~/projects /Django /App1:
/usr/src/app django /bin/bash
$ sudo docker run - it -- name App2 -- link master - redis:db - v ~/projects /Django /App2:
/usr/src/app django /bin/bash
$ sudo docker run - it -- name App3 -- link master - redis:db - v ~/projects /Django /App3:
/usr/src/app django /bin/bash

#启动 HAProxy 容器

$ sudo docker run - it -- name HAProxy -- link App1: App1 -- link App2: App2 -- link App3:
```

```
App3 -- p 6301: 6301  - v ~/projects/HAProxy:/tmp haproxy /bin/bash
```

说明：以上容器启动时，为了方便后续与容器进行交互操作，统一设定启动命令为/bin/bash，请在启动每个新的容器时都分配一个终端执行。如果系统不方便进行多终端操作，可将上述命令全部改为 run -itd，使容器后台运行。

启动的容器信息可以通过 docker ps 命令查看，示例如表 10.3 所示。

```
$ sudo docker ps
```

表 10.3 启动容器信息

CONTATNER ID PORTS	IMAGE NAMES	COMMAND	CREATED	STATUS
bc0a13093fd1 0.0.0.0:6301->6301/tcp	haproxy:latest HAProxy	"/bin/bash"	5 days ago	Up 21 seconds
b34e589t6c5f	django: latest App3	"/bin/bash"	5 days ago	Up 27 seconds
f92e470d7c3f	django: latest App2	"/bin/bash"	5 days ago	Up 34 seconds
a1705c6e06a8	django: latest App1	"/bin/bash"	5 days ago	Up 46 seconds
7a9e537b661b 6379/tcp	redis: latest Slave-redis2	"/entrypoint. sh/bin"	5 days ago	Up 53 seconds
08df6a2cb468 6379/tcp	redis: latest Slave-redis1	"/entrypoint. sh/bin"	5 days ago	Up 57 minutes
bc8e79b3e66c 6379/tcp	redis: latest Master-redis	"/entrypoint. sh/bin"	5 days ago	Up 58 minutes

至此，搭建应用栈所需容器的启动工作已经完成。

4. 应用栈容器节点配置

在应用栈的各容器节点都启动后，需要对它们进行配置和修改，以便实现特定的功能和通信协作，下面按照容器的启动顺序依次进行解释。

1）Redis Master 主数据库容器节点的配置

Redis Master 主数据库容器节点启动后，需要在容器中添加 Redis 的启动配置文件，以启动 Redis 数据库。

需要说明的是，对于需要在容器中创建文件的情况，由于容器的轻量化设计，其中缺乏相应的文本编辑命令工具，这时可以利用 volume 来实现文件的创建。在容器启动时，利用-v 参数挂载 volume，在主机和容器间共享数据，这样就可以直接在主机上创建和编辑相关的文件，省去了在容器中安装各类编辑工具的麻烦。

在利用 Redis 镜像启动容器时，镜像中已经集成了 volume 挂载命令，所以需要通过 docker inspect 命令来查看所挂载 volume 的情况。打开一个新的终端，执行如下命令：

```
$ docker inspect -- format "{{.Mounts}}" master - redis
[{ volume31c69dc3d561b6233ac0787c4e73990942917854c094c1da236d83655b587deb    /var/lib/
```

```
docker/volumes/31c69dc3d561b6233ac0787c4e73990942917854c094c1da236d83655b587deb/_ data
/data local true }]
```

从上述命令中可以发现，该 volume 在主机中的目录为/var/lib/docker/volumes/31c69dc3d561b6233ac0787c4e73990942917854c094c1da236d83655b587deb/_data，在容器中的目录为/data。此时可以进入主机的 volume 目录，利用启动配置文件模板来创建主数据库的启动配置文件，执行命令如下：

```
$ cd /var/lib/docker/volumes/31c69dc3d561b6233ac0787c4e73990942917854c094c1da236d83655b587deb/
_data
$ wget https://raw. githubusercontent. com/antirez/redis/4. 0/redis. conf - 0 conf/redis. conf
redis. conf
$ vim redis. conf
```

对于 Redis 主数据库，需要修改模板文件中的以下几个参数：

```
daemonize yes
bind 0.0.0.0
```

在主机创建好启动配置文件后，使用以下命令切换到容器中的 volume 目录：

```
docker exec - it master - redis /bin/bash
```

复制启动配置文件到 Redis 的执行工作目录，然后启动 Redis 服务器，执行过程如下：

```
# cp redis. conf /usr/local/bin
# cd /usr/local/bin
# redis - server redis. conf
```

以上就是配置 Redis Master 容器节点的全部过程，在配置另外两个 Redis Slave 节点后，再对应用栈的数据库部分进行整体测试。

2）Redis Slave 从数据库容器节点的配置

与 Redis Master 容器节点类似，在启动 Redis Slave 容器节点后，需要首先查看 volume 信息：

```
$ docker inspect -- format "{{.Mounts}}" redis - slave1
[{volume 3852c02463d136985a4dfcd987e4e06f52d704d36e00523e2e61d13b679f79b8 /var/lib/docker/
volumes/3852c02463d136985a4dfcd987e4e06f52d704d36e00523e2e61d13b679f79b8/_ data /data local
true }]
$ wget https://raw. githubusercontent. com/antirez/redis/4. 0/redis. conf - 0 conf/redis. conf
redis. conf
$ vim redis. conf
```

对于 Redis 的从数据库，需要修改以下几个参数。

```
daemonizes yes
slaveof master 6379
```

需要注意的是，slaveof 参数的使用格式为 slaveof < masterip >< masterport >，可以

看到对于 masterip 使用了--link 参数设置的连接名来替代实际的 IP 地址。当通过连接名互联通信时,容器会自动读取它的 host 信息,将连接名转换为实际 IP 地址。

在主机创建好启动配置文件后,切换到容器中的 volume 目录,并复制启动配置文件到 Redis 的执行工作目录,然后启动 Redis 服务器,执行过程如下:

```
#cd redis.conf /usr/local/bin
#cd /usr/local/bin
#redis-server redis.conf
```

同理,可以完成对另一个 Redis Slave 容器节点的配置。至此便完成了所有 Redis 数据库容器节点的配置。

3) Redis 数据库容器节点的测试

在完成 Redis Master 和 Redis Slave 容器节点的配置以及服务器的启动后,可以通过启动 Redis 的客户端程序来测试数据库。

首先在 Redis Master 容器内启动 Redis 客户端程序,并存储一个数据,执行过程如下:

```
#redis-cli
127.0.0.1:6379>set master master-redis
OK
127.0.0.1:6379>get master
"master-redis"
```

随后在两个 Redis Slave 容器内分别启动 Redis 的客户端程序,查询先前在 Master 数据库中存储的数据,执行过程如下:

```
#redis-cli
127.0.0.1:6379>get master
"master-redis"
```

由此可以看到,Master 数据库中的数据已经自动同步到了 Slave 数据库中。至此,应用栈的数据库部分已搭建完成,并通过测试。

4) App 容器节点(Django)的配置

在 Django 容器启动后,需要利用 Django 框架开发一个简单的 Web 程序。为了访问数据库,需要在容器中安装 Python 语言的 Redis 支持包,执行如下命令:

```
#pip install redis
```

安装完成后进行简单的测试,以验证支持包是否安装成功,执行过程如下:

```
#python
>>> import redis
>>> print(redis.__file__)
/usr/local/lib/python3.4/site-packages/redis/__init__.py
```

如果没有报错,说明已经使用 Python 语言来调用 Redis 数据库。接下来开始创建 Web 程序。以 App1 为例,在容器启动时挂载了-v ~/Projects /Django /App1: /usr/

src/app 的 valume,方便进入主机的 volume 目录对新建 App 进行编辑。

在容器的 volume 目录/usr/src/app/下开始创建 App,执行过程如下:

```
# 在容器内
# cd /usr/src/app/
# mkdir dockerweb
# cd dockerweb
# django-admin startproject redisweb
# ls
redisweb
# cd redisweb/
# ls
manage.py redisweb
# python manage.py startapp helloworld
# ls
helloworld manage.py redisweb
```

在容器内创建 App 后,切换到主机的 volume 目录~/Projects/Django/App1,进行相应的编辑来配置 App,执行过程如下:

```
# 在主机内
$ cd ~/projects/Django/App1
$ ls
dockerweb
```

可以看到,在容器内创建的 App 文件在主机的 volume 目录下同样可见。之后,修改 helloworld 应用的视图文件 views.py。

```
$ cd dockerweb/redisweb/helloworld
$ ls
admin.py __init__.py migrations models.py tests.py views.py
# 利用 root 权限修改 views.py
# sudo su
# vim views.py
```

为了简化设计,只要求完成 Redis 数据库信息的输出,以及从 Redis 数据库存储和读取数据的结果输出。views.py 文件如下:

```
from django.shortcuts import render
from django.http import HttpResponse

# 在此处创建视图
import redis
def hello(request):
    str = redis.__file__
    str += "<br>"
    r = redis.Redis(host = 'db', port = 6379, db = 0)
    info = r.info()
    str += ("Set Hi <br>")
    r.set('Hi', 'HelloWorld-App1')
```

```
    str += ("Get Hi: %s<br>" % r.get('Hi') )
    str += ("Redis Info:<br>")
    str += ("Key: Info Value")
    for key in info:
        str += ("%s: %s<br>" % (key,info[key]))
    return HttpResponse(str)
```

需要注意的是，在连接 Redis 数据库时使用了--link 参数创建 db 连接来代替具体的 IP 地址；同理，对于 App2，使用相应的 db 连接即可。

在完成 views. py 文件的修改后，接下来修改 redisweb 项目的配置文件 setting. py，添加新建的 helloworld 应用，执行过程如下：

```
# cd ../redisweb/
# ls
__init__.py __pycache__ settings.py urls.py wsgi.py
# vim setting.py
```

在 setting. py 文件中的 INSTALLED_APPS 选项下添加 helloworld，执行过程如下：

```
# Application definition
INSTALLED_APPS = [
django.contrib.admin',
django.contrib.auth',
django.contrib.contenttypes,
django.contrib.sessions',
django.contrib.messages',
django.contrib.stasticfiles'
'helloworld',
]
```

最后修改 redisweb 项目的 URL 模式文件 urls. py，它将设置访问应用的 URL 模式，并为 URL 模式调用的视图函数之间的映射表。执行如下命令：

```
# vim urls.py
```

在 urls. py 文件中引入 helloworld 应用的 hello 视图，并为 hello 视图添加一个 urlpatterns 变量。urls. py 文件的内容如下：

```
    from django.conf.urls import patterns, include, url
    from django.contrib import admin
    from helloworld.views import hello

    urlpatterns = patterns['',
url(r'^admin/', include(admin.site.urls)),
url(r'^helloworld$',hello),
]
```

在主机下修改完成这几个文件后，需要再次进入容器，在目录/usr/src/app/dockerweb/redisweb 下完成项目的生成。执行过程如下：

```
# cd /usr/src/app/dockerweb/redisweb/
# python manage.py makemigrations
No changes detected
# python manage.py migrate
Operations to perform:
    Apply all migrations: sessions, contenttypes, admin, auth
Running migrations:
    Applying contenttypes.0001_initial...OK
    Applying auth.0001_initial...OK
    Applying admin.0001_initial...OK
    Applying sessions.0001_initial...OK
# python manage.py syncdb
Operations to perform:
    Apply all migrations: admin, auth, sessions, contenttypes
Running migrations:
    No migrations to apply.

You have installed Django's auth system, and don't have any superusers defined.
Would you like to create one now? (yes/no): yes
Username (leave blank to use 'root'): admin
Email address: sel@sel.com
Password:
Password (again):
Superuser created successfully.
```

至此所有 App1 容器已经完成，App2 和 App3 容器的配置也是同样的过程，只需要稍作修改即可。在配置完成 App1 和 App2、App3 容器后，就完成了应用栈的 App 部分的全部配置。

在启动 App 的 Web 服务器时，可以指定服务器的端口和 IP 地址。为了通过 HAProxy 容器节点接受外网所有的公共 IP 地址访问，实现均衡负载，需要指定服务器的 IP 地址和端口。对于 App1 使用 8001 端口，而 App2 使用 8002 端口，App3 使用 8003 端口，同时都使用 0.0.0.0 地址。以 App1 为例，启动服务器的过程如下：

```
# python manage.py runserver 0.0.0.0:8001
Performing system checks...

System check identified no issues (0 silenced).
January 20, 2015 - 13:13:37
Django version 1.7.2, using setting 'redisweb.setting'
Starting development server at http://0.0.0.0:8001/
Quit the server with CONTRLO - C
```

5）HAProxy 容器节点的配置

在完成数据库和 App 部分的应用栈部署后，最后部署一个 HAProxy 负载均衡代理的容器节点，所有对应应用栈的访问将通过它来实现负载均衡。

首先利用容器启动时挂载的 volume 将 HAProxy 的启动配置文件复制到容器中，在主机的 volume 目录～/projects/HAProxy 下，执行过程如下：

```
$ cd ~/projects/HAProxy
$ vim haproxy.cfg
```

其中,haproxy.cfg配置文件的内容如下:

```
global
    log 127.0.0.1 localo       #日志输出配置,所有日志都记录在本机,通过 localo 输出
    maxconn 4096               #最大连接数
    chroot /usr/local/sbin     #改变当前工作目录
    daemon                     #以后台形式运行 HAProxy
    nbproc 4                   #启动 4 个 HAProxy 实例
    pidfile /usr/local/sbin/haproxy.pid      #PID 文件位置

defaults
    log 127.0.0.1 local3       #日志文件的输出定向
    mode http                  #{tcp|http|health}设定启动实例的协议类型
    option dontlognull
              #保证 HAProxy 不记录上级负载均衡发送过来的用于检测状态没有数据的心跳包
    option redispatch          #当 serverId 对应的服务器挂掉后,强制定向到其他健康的服务器
    retries 2               #重试两次连接失败就认为服务器不可用,主要通过后面的 check 检查
    maxconn 2000               #最大连接数
    balance roundrobin         #负载均衡算法,roundrobin 表示轮询,source 表示按照 IP
    timeout connect 5000ms     #连接超时时间
    timeout client 50000ms     #客户端连接超时时间
    timeout server 50000ms     #服务器端连接超时时间

listen redis_proxy 0.0.0.0:6301
    stats enable
    stats uri /haproxy-stats
        server App1 App1:8001 check inter 2000 rise 2 fall 5     #均衡点
        server App2 App2:8002 check inter 2000 rise 2 fall 5
        server App3 App3:8003 check inter 2000 rise 2 fall 5
```

随后进入容器的volume目录/tmp下,将HAProxy的启动配置文件复制到HAProxy的工作目录中。执行过程如下:

```
#cd /tmp
# cp haproxy.cfg /usr/local/sbin/
# cd /usr/local/bin/
# is
haproxy haproxy-systemd-wrapper haproxy.cfg
```

接下来利用该配置文件来启动HAProxy代理,执行命令如下:

```
#haproxy -f haproxy.cfg
```

需要注意的是,如果修改了配置文件的内容,需要先结束所有的HAProxy进程,并重新启动代理。用户可以使用killall命令来结束进程,如果镜像中没有安装该命令,则需要先安装psmisc包,执行命令如下:

```
# apt - get install psmisc
# killall haproxy
```

至此完成了 HAProxy 容器节点的全部部署,同时也完成了整个 Docker 应用栈的部署。

10.7.5 实验四:实现私有云

1. 启动 Docker

```
#service docker start
Starting cgconfig service: [ OK ]
Starting docker: [ OK ]
```

2. 获取镜像

由于镜像仓库在国内很慢,所以推荐以 import 方式使用镜像,在"http://openvz.org/Download/templates/precreated"中有很多压缩的镜像文件,用户可以将这些文件下载后采用 import 方式使用镜像。

```
#wget http://download.openvz.org/template/precreated/Ubuntu - 14.04 - x86_64 - minimal.tar.gz
# cat ubuntu - 14.04 - x86_64 - minimal.tar.gz|docker import - ubuntu:14.04
# docker images
REPOSITORY TAG IMAGE ID CREATED VIRTUAL SIZE
Ubuntu 14.0405ac7c0b938317 seconds ago 215.5 MB
```

这样用户就可以使用这个镜像作为自己的 Base 镜像。

3. 实现 SSHD,在 Base 镜像的基础上生成一个新镜像

```
#docker run - t - i ubuntu:base /bin/bash
#vim /etc/apt/sources.list
deb http://mirrors.163.com/ubuntu/ trusty main restricted universe multiverse
deb http://mirrors.163.com/ubuntu/ trusty - security main restricted universe multiverse
deb http://mirrors.163.com/ubuntu/ trusty - updates main restricted universe multiverse
deb http://mirrors.163.com/ubuntu/ trusty - proposed main restricted universe multiverse
deb http://mirrors.163.com/ubuntu/ trusty - backports main restricted universe multiverse
deb - src http://mirrors.163.com/ubuntu/ trusty main restricted universe multiverse
deb - src http://mirrors.163.com/ubuntu/ trusty - security main restricted universe multiverse
deb - src http://mirrors.163.com/ubuntu/ trusty - updates main restricted universe multiverse
deb - src http://mirrors.163.com/ubuntu/ trusty - proposed main restricted universe multiverse
deb - src http://mirrors.163.com/ubuntu/ trusty - backports main restricted universe multiverse
# apt - get update
```

安装 supervisor 服务:

```
# apt - get supervisor
# cp supervisord.conf conf.d/
# cd conf.d/
# vi supervisord.conf; supervisor config file
```

```
[unix_http_server]
file = /var/run/supervisor.sock; (the path to the socket file)
chmod = 0700; sockef file mode (default 0700)
[supervisord]
logfile = /var/log/supervisor/supervisord.log;(main log file;default $ CWD/supervisord.log)
pidfile = /var/run/supervisord.pid; (supervisord pidfile;default supervisord.pid)
childlogdir = /var/log/supervisor; ('AUTO' child log dir, default $ TEMP)
nodaemon = true;(修改该软件的启动模式为非 daemon,否则 Docker 在执行的时候会直接退出)
[include]
files = /etc/supervisor/conf.d/ * .conf
[program:sshd]
command = /usr/sbin/sshd -D;
# mkdir /var/run/sshd
# passwd root
# vi /etc/ssh/sshd_config
# exit
```

退出之后自动生成一个容器,接下来把容器 commit 生成封装了 SSHD 的镜像。

```
# docker commit f3c8 ubuntu:sshd
5c21b6cf7ab3f60693f9b6746a5ec0d173fd484462b2eb0b23ecd2692b1aff6b
# docker images
REPOSITORY TAG IMAGE ID CREATED VIRTUAL SIZE
ubuntu sshd 02c4391d40a0 47 minutes ago 661.4 MB
```

4. 开始分配容器

```
# docker run -p 301:22 -d --name test ubuntu /usr/bin/supervisord
# docker run -p 302:22 -d --name dev ubuntu /usr/bin/supervisord
# docker run -p 303:22 -d --name client1 ubuntu /usr/bin/supervisord
...
# docker run -p xxxxx:22 -d --name clientN ubuntu /usr/bin/supervisord
```

这样就顺利地隔离了 N 个容器,且每一个都是以 centos 为中心的纯净的 Ubuntu 系统,按这种分配方式,所有容器的性能和宿主机一样。

5. 搭建自己的私有仓库

服务的封装是 Docker 的“撒手锏”,用户可以搭建自己的私有仓库。这有点类似 github 的方式,将封装好的镜像 push 到仓库,在其他主机装好 Docker 后,pull 下来即可。

参考文献

[1] 韩燕波，王磊，王桂玲，等. 云计算导论——从应用视角开启云计算之门[M]. 北京：电子工业出版社，2015.

[2] Thomas Erl，Zaigham Mahmood. 云计算概念、技术与架构[M]. 龚奕利，贺莲，胡创，译. 北京：机械工业出版社，2014.

[3] Carlin S，Curran K. Cloud Computing Security[J]. International Journal of Ambient Computing and Intelligence (IJACI)，2011，3(1)：14-19.

[4] 王惠莅，杨晨，杨建军. 云计算安全和标准研究[J]. 信息技术与标准化，2012，(5)：16-19.

[5] Tom White. Hadoop 权威指南[M]. 周敏，曾大聃，周傲英，译. 2 版. 北京：清华大学出版社，2011.

[6] James E Smith，Ravi Nair. 虚拟机：系统与进程的通用平台[M]. 安虹，等译. 北京：机械工业出版社，2008.

[7] 喻坚，韩燕波. 面向服务的计算和应用[M]. 北京：清华大学出版社，2006.

[8] "IBM 虚拟化与云计算"小组. 虚拟化与云计算[M]. 北京：电子工业出版社，2009.

[9] 韩燕波，王桂玲，刘晨，等. 互联网计算的原理与时间[M]. 北京：科学出版社，2010.

[10] 卢锡城，怀进鹏. 面向互联网资源共享的虚拟计算环境专刊前言[J]. Journal of Software，2007，18(8)：1855-1857.

[11] Hagit Attiya，Jennifer Welch. 分布式计算[M]. 骆志刚，等译. 北京：电子工业出版社，2008.

[12] Andrew S，Tanenbaum，Maarten Van Steen. 分布式系统原理与范型[M]. 辛春生，陈宗斌，译. 北京：清华大学出版社，2008.

[13] Marinescu D C. Cloud Computing：Theory and Practice[M]. Newnes，2013.

[14] Foster I，Zhao Y，Raicu I，et al. Cloud Computing and Grid Computing 360-degree Compared[C]. Grid Computing Environments Workshop，GCE'08. IEEE，2008：1-10.

[15] Barroso L A，Dean J，Holzle U. Web Search for a Planet：the Google Cluster Architecture [C]. IEEE micro，2003. 23(2)：22-28.

[16] 王庆喜，陈小明，王丁磊. 云计算导论[M]. 北京：中国铁道出版社，2018.

[17] 李伯虎，李兵. 云计算导论[M]. 北京：机械工业出版社，2018.

[18] 吕云翔，张璐，王佳玮. 云计算导论[M]. 北京：清华大学出版社，2017.

图书资源支持

感谢您一直以来对清华版图书的支持和爱护。为了配合本书的使用，本书提供配套的资源，有需求的读者请扫描下方的“书圈”微信公众号二维码，在图书专区下载，也可以拨打电话或发送电子邮件咨询。

如果您在使用本书的过程中遇到了什么问题，或者有相关图书出版计划，也请您发邮件告诉我们，以便我们更好地为您服务。

我们的联系方式：

地　　址：北京市海淀区双清路学研大厦 A 座 714

邮　　编：100084

电　　话：010-83470236　010-83470237

客服邮箱：2301891038@qq.com

QQ：2301891038（请写明您的单位和姓名）

资源下载：关注公众号“书圈”下载配套资源。

资源下载、样书申请

书圈

图书案例

清华计算机学堂

观看课程直播